养禽与禽病防治

主　编　和茂盛（兴安职业技术学院）
　　　　王宏刚（黑龙江农业经济职业学院）
副主编　赵海山（乌兰浩特市嘉禾牧业）
　　　　华旭光（鼎大牧业公司）
　　　　朝克图（兴安职业技术学院）
　　　　梁武英（兴安职业技术学院）
参　编　王发明（兴安职业技术学院）
　　　　刘　锋（兴安职业技术学院）
　　　　佟慧媛（兴安职业技术学院）
　　　　卜艳明（兴安职业技术学院）
　　　　宫淑艳（兴安职业技术学院）
　　　　陈振峰（兴安职业技术学院）
　　　　朱　蒙（兴安职业技术学院）
　　　　赵华宣（兴安职业技术学院）
　　　　王春华（兴安职业技术学院）
　　　　侯玉辉（鼎大牧业公司）
　　　　陈墨菲（鼎大牧业公司）
　　　　高　魁（鄂尔多斯市东胜区城郊动物卫生监督站）
　　　　李石友（云南职业技术学院）
审　稿　胡景艳（兴安职业技术学院）

北京理工大学出版社
BEIJING INSTITUTE OF TECHNOLOGY PRESS

内 容 提 要

本书共分 10 章，主要内容为家禽的外貌和品种、家禽的繁育、家禽的饲养管理、禽病的发生与控制、育雏鸡常发病的诊断与防治、育成鸡常发病的诊断与防治、产蛋鸡常发病的诊断与防治、水禽常发病的诊断与防治、寄生虫病、营养代谢病。本书内容先进、实用，布局合理，文字简明扼要，通俗易懂，有针对性地减少理论知识内容，实现理论知识够用、不烦冗。

本书可作为全国高等农业院校畜牧兽医类相关专业的教学用书，也可作为动物疫病防治人员的参考书。

图书在版编目（CIP）数据

养禽与禽病防治 / 和茂盛，王宏刚主编 .—北京：北京理工大学出版社，2019.3
ISBN 978-7-5682-6875-2

Ⅰ . ①养…　Ⅱ . ①和…②王…　Ⅲ . ①养禽学②禽病－防治　Ⅳ . ① S83 ② S858.3

中国版本图书馆 CIP 数据核字（2019）第 052155 号

出版发行 / 北京理工大学出版社有限责任公司
社　　　址 / 北京市海淀区中关村南大街 5 号
邮　　　编 / 100081
电　　　话 / （010）68914775（总编室）
　　　　　　（010）82562903（教材售后服务热线）
　　　　　　（010）68948351（其他图书服务热线）
网　　　址 / http://www.bitpress.com.cn
经　　　销 / 全国各地新华书店
印　　　刷 / 河北鸿祥信彩印刷有限公司
开　　　本 / 787 毫米 ×1092 毫米　1/16
印　　　张 / 13
字　　　数 / 292 千字
版　　　次 / 2019 年 3 月第 1 版　2019 年 3 月第 1 次印刷
定　　　价 / 50.00 元

责任编辑 / 李玉昌
文案编辑 / 李玉昌
责任校对 / 周瑞红
责任印制 / 边心超

  近年来，随着我国教育教学改革的不断深入、人才培养模式的不断发展和创新，我们对企业及行业人才进行市场调研，对职业核心岗位与工作过程进行分析，明确核心岗位典型工作任务，以职业岗位工作任务和职业标准为载体，全面提升对技术技能人才的培养能力。

  本书按照养禽生产过程中的职业岗位、素质和技能以及实际工作任务要求进行编写，而且尽可能做到理论与实践内容一体化。教师在实施教学时，自然按照养禽生产工作过程进行理论与实践内容一体化教学，便于将工作与学习结合在一起，有利于学生实践能力和职业能力的培养。学生学习知识和技能更为直接，职业素质和职业能力更符合企业的要求。

  本书主要针对畜牧兽医专业养禽与禽病防治课程编写，根据课程教学目标，有针对性地减少理论知识内容，力求内容先进、实用，布局合理，实现理论知识够用，不烦冗。

  本书在编写的过程中得到相关高校和企业的大力支持，在此表示衷心的感谢！

  由于编写人员水平有限，书中难免存在疏漏与不足之处，恳请读者批评指正，以便修改！

编　者

前言 Prologue

Contents **目 录**

第一章　家禽的外貌和品种

第一节　家禽的外貌

家禽的外貌与健康、生产性能有着密切的关系。根据家禽的外貌可以识别品种、辨别健康与否、判断生产性能。

一、鸡的外貌

鸡体外貌部位名称，如图1-1所示。

1. 头部　包括冠（单冠、豆冠、玫瑰冠、草莓冠）、肉髯、喙、鼻孔、眼、脸、耳孔、耳叶。

2. 颈部　蛋用型鸡的颈部细长，肉用型鸡的颈部短粗。公鸡颈羽长有光泽，母鸡颈羽短缺乏光泽。

3. 体躯　由胸、腹、背腰三部分构成。

4. 尾部　肉用型鸡尾羽较短，蛋用型鸡尾羽较长。

5. 翅膀　紧扣体躯，不下垂。鸡的翅膀可分翼前羽、翼肩羽、主翼羽、副主翼羽、轴羽。

6. 腿部　肉用型鸡腿较短粗，蛋用型鸡腿较细长。鸡的腿部包括股、胫、飞节、跖、趾和爪，公鸡有距。

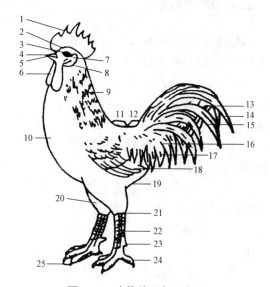

图 1-1　鸡体外貌部位名称

1—冠；2—头顶；3—眼；4—鼻孔；5—喙；6—肉髯；7—耳孔；8—耳叶；9—颈和颈羽；10—胸；11—背；12—腰；13—主尾羽；14—大镰羽；15—小镰羽；16—覆尾羽；17—鞍羽；18—翼羽；19—腹；20—胫；21—飞节；22—跖；23—距；24—趾；25—爪

二、鸭的外貌

鸭是水禽，在外貌上与鸡有较大的差别（见图1-2）。

1. 头部　鸭头部大而无冠、肉髯和耳叶，脸上覆有细毛。喙长宽而扁平（俗称扁嘴），喙的内侧有锯齿。

2. 颈部　颈部无嗉囊，食道成袋状，称食道膨大部。肉用型鸭的颈部粗，蛋用型鸭的颈部细。

3. 体躯　蛋用型鸭的体型较小，体躯较细长，后躯发达；肉用型鸭的体躯深宽而下垂，背长而平直，呈长方形。

4. 尾部　尾短，尾羽不发达，成年公鸭有雄性羽，尾脂腺发达。

5. 翅　翅小，覆翼羽较长。

6. 腿部　腿短，稍偏后躯，除第一趾外，其他趾间有蹼。

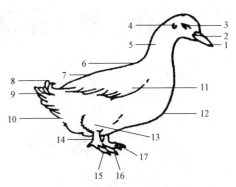

图 1-2　鸭体外貌部位名称

1—喙；2—鼻孔；3—眼；4—耳孔；5—颈；6—背；7—腰；8—雄性羽；9—尾羽；10—腹；11—翅；12—胸；13—飞节；14—跖；15—趾；16—爪；17—蹼

三、鹅的外貌

鹅是体重较大的水禽之一，在外貌上与鸭有所区别（见图 1-3）。

1. 头部　在头部前部长有肉瘤，母鹅较小，公鹅较大；在咽喉部长有咽袋。

2. 颈部　鹅颈部细长，其长度、粗细因品种不同而不一样。

3. 体躯　成年母鹅腹部有肉袋，俗称蛋包。成年公鹅尾部无性羽。

4. 翅　鹅翅羽较长，常重叠交叉于背上。

5. 腿部　鹅腿粗壮有力，跖骨较短。

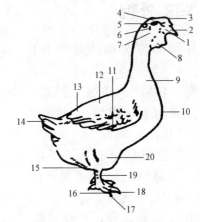

图 1-3　鹅体外貌部位名称

1—喙；2—鼻孔；3—肉瘤；4—头；5—眼；6—耳孔；7—脸；8—咽袋；9—颈；10—胸；11—翅；12—背；13—腰；14—尾羽；15—腹；16—趾；17—爪；18—蹼；19—跖；20—胫

第二节　家禽品种

一、鸡的品种

1. 标准型品种　家禽可按类型、品种和品变种分类。

类型按家禽原产地分为亚洲类、美洲类、地中海类、欧洲类等。

品种是指通过育种而形成的具有一定数量、有共同来源、相似的外貌特征、近似的生产性能且遗传性稳定的一个禽群。

品变种是按品种内羽毛颜色、羽毛斑纹或冠形分类，如单冠白来航鸡、玫瑰冠褐来航鸡等。

2．按家禽的经济用途划分

（1）蛋用型：以产蛋多为主要特征（见表1-1）。

表1-1　部分蛋鸡的主要生产性能

项目＼鸡种	罗曼褐壳蛋鸡	海赛克斯褐壳蛋鸡	海兰褐壳蛋鸡	迪卡蛋鸡
72周产蛋数（个）	300～305	324	281	290～310
50%产蛋率周龄（周）	21～23	20	22～23	20～21
高峰产蛋率周龄（周）	28～32	27～28	27～28	27～29
育成期成活率（%）	94.6	94.2	94	94～96
平均蛋重（g）	63.5～65.5	63.2	62.5	61.5

（2）肉用型：以产肉多、生长快、肉质好为主要特征（见表1-2）。

表1-2　部分肉鸡的主要生产性能

项目＼鸡种	AA肉鸡	艾维因鸡
出栏日龄（周）	7	7
出栏体重（kg）	2.675	2.52
饲料转化率	1.92	1.89

（3）兼用型：生产性能和体型外貌介于前两者之间（见表1-3）。

表1-3　部分兼用鸡的主要生产性能

项目＼鸡种	庄河鸡	芦花鸡
开产日龄（周）	25～30	21～26
年产蛋量（枚）	160～180	180～200
平均蛋重（g）	65～70	50～60
出栏日龄（周）	18	18
体重（kg）	2.3～2.5	4
外貌特征	体型魁伟，胸深且广，背宽而长，腿高粗壮，腹部丰满，墩实有力，觅食力强。公鸡羽毛呈棕红色，尾羽黑色并带金属光泽。母鸡多呈麻黄色。头颈粗壮，眼大明亮，单冠。冠、耳叶、肉垂均呈红色。喙、胫、趾均呈黄色	体型椭圆而大，单冠，羽毛黑白相间，公鸡斑纹白色宽于黑色，母鸡斑纹宽狭一致

（4）观赏鸡：属于专供人们观赏或竞赛和娱乐的鸡种。

①丝羽乌骨鸡。一般以鸡舌黑、纯白色、丝毛、健壮无病，皮、骨、肉俱乌者为上佳。其形态特征为全身羽毛洁白呈丝状，体型娇小玲珑，表现为头小、颈短、脚矮，体态紧凑，小巧轻盈。丝毛乌骨鸡的外貌奇特艳丽，风韵多姿，惹人喜爱。其外貌可概括为十大特征：一顶凤冠头上戴，绿耳碧环配两边；乌皮乌骨乌内脏，胡须飘逸似神仙；绒毛丝丝满身白，毛脚恰似一蒲扇；五爪生得很奇特，十大特征众口传。

a．丛冠：冠似草莓，母鸡冠形较小，形似桑葚，深黑色；公鸡冠形较大，呈锯齿状，紫色或鲜红色。

b．缨头：头顶长着一丛丝毛，形成毛冠，以母鸡尤为发达，形似"白绒球"，俗称凤头。

c．绿耳：耳叶为孔雀绿或湖蓝色，在性成熟期间更加鲜艳夺目。成年后，色泽逐渐变淡，公鸡较早褪色。

d．胡须：下颌和两颊有细丝状的丝羽，俗称胡须。母鸡的胡须略比公鸡长些，肉垂略小。

e．丝羽：全身羽毛呈绒丝状，洁白光滑，松散披盖在全身，主翼羽和尾羽末端除外。

f．毛脚：生于趾部与脚趾基部丛生白毛，尤以外部明显，俗称为"毛裤"。

g．五爪：每只脚有5趾，在第一趾与第二趾之间生有一趾。

h．乌皮：从上到下裸露部分及全身皮肤均呈乌色。

i．乌肉：全身肌肉及内脏膜均呈乌色，只有胸肌和腿部肌肉呈浅乌色。

j．乌骨：全身骨质为浅乌色。

②泰国斗鸡。一般雄鸡以青、红、紫、皂的羽色为上色。青色斗鸡即乌黑色羽毛，并略现青色光泽；红羽斗鸡，其颈、背羽色为红棕色，尾羽为黑色或白沙色；紫羽斗鸡的颈、背羽色为黑红或紫红色；皂羽斗鸡的全身羽色为暗黑褐色，而无光泽。头小而坚实是斗鸡良种的重要特征：耳叶冠形正直小而细者为上品，嘴粗直且尖锐，嘴壳尖利者为优良个体，嘴壳颜色以黄、白两色为良种。鼻孔需大而长。斗鸡的腿爪是战斗的利器，腿足强健而略有弯度，弯度大弹跳力强，腿基部肌肉坚实有力，适于战斗。双腿间的距离宽大，爪细利，宜于取胜。全身骨骼结构紧密，各部位骨骼的长短及粗细结构匀称，是斗鸡战胜对手的最有利条件。

3．地方品种（见表1-4）

表1-4　地方品种鸡

项目＼鸡种	北京油鸡	边鸡	麻鸡	狼山鸡	宫廷黄鸡	三黄鸡
产地	北京	内蒙古	广东	江苏	北京	广东
类型	兼用	兼用	肉用	兼用	兼用	兼用
体重（kg）	1.5	1.5	1.8～2.2	2.2～3.1	1.1～1.7	1.4～1.8
出栏日龄	120	150	180	130	100	120
开产日龄	170	240	245	150	150	130～150

续表

项目＼鸡种	北京油鸡	边鸡	麻鸡	狼山鸡	宫廷黄鸡	三黄鸡
年产蛋量（枚）	120	96～160	70～80	150	200～230	180～200
平均蛋重（g）	54	60	46.6	54	54.04	42～46
外貌特征	体型中等，羽色美观，主要为赤褐色和黄色羽色。赤褐色者体型较小，黄色者体型大。雏鸡绒毛呈淡黄色或土黄色。冠羽、胫羽、髯羽也很明显，惹人喜爱。成年鸡羽毛厚而蓬松。公鸡羽毛色泽鲜艳光亮，头部高昂，尾羽多为黑色。母鸡头、尾微翘，胫略短，体态墩实	体型中等，身躯宽深；前胸发达，肌肉丰满，背平而宽，胫长且粗壮。全身羽毛蓬松绒羽较密，体躯呈元宝形。边鸡以单冠为主，间有少量的草莓冠、豌豆冠与个别的冠羽。公鸡冠形直立，母鸡冠形较小，有明显的S状弯曲，冠色鲜红，喙短粗略向下弯，以黑色、褐色、黄色居多	体型特征可概括为"一楔""二细""三麻身"。"一楔"是指母鸡体型像楔形，前躯紧凑，后躯圆大，"二细"是指头细、脚细；"三麻身"是指母鸡背羽面主要有麻黄色、麻棕色、麻褐色三种颜色。公鸡颈部长短适中，头颈、背部的羽呈金黄色，胸羽、腹羽、尾羽及主翼羽呈黑色，肩羽呈枣红色。母鸡颈长短适中，头部和颈前三分之一的羽毛呈深黄色。背部羽毛分黄色、棕色、褐色三色，有黑色斑点，形成麻黄色、麻棕色、麻褐色三种颜色。单冠直立。胫趾短细，呈黄色	全身羽毛以黑色最多，黄羽次之，白羽最少。黑羽鸡黑中带绿，富有光泽。体格健壮，头昂尾翘，羽毛紧密，体似马鞍，具有典型的U字形特征	头顶凤毛，脚生羽翼，颌下生胡须，统称"三毛"。雏鸡毛茸茸似一团金黄色绒球，惹人喜爱。成年鸡凤冠毛髯，毛腿脚，步态蹒跚，举步生凤，形似古代传说中的凰鸟，象征高贵和吉祥。此外，全身羽披金黄色。主翼羽和尾羽：公鸡为黑色，母鸡往往是半轮黑半轮黄。元宝体形。喙呈玛瑙褐。单冠小而薄，呈S状曲折。"三黄""六翅"也是其特点	具备羽毛黄、皮黄、脚黄三个主要外貌特征。公鸡羽毛呈酱红色，颈羽颜色比体羽浅，翼羽常带黑边，尾羽多为黑色。母鸡均为黄羽，但主翼羽和副翼羽常带黑边或黑斑，尾羽也多为黑色。喙与胫呈黄色，也有胫白色。皮肤以白色居多，少数为黄色

二、鸭的品种

鸭为杂食水禽，生长快，觅食力强，适应性强，产蛋力、产肉力和饲料转化率高，育肥效果好，适宜分散饲养或集约化、工厂化饲养。鸭的品种有很多，可分为肉用型、蛋用型和兼用型。

1. 北京鸭　是闻名世界的肉用鸭标准品种，原产于北京近郊，是闻名中外的"北京烤鸭"的制作原料。本品种体形硕大丰满，全身羽毛洁白，眼大而明亮，喙、蹼呈橘红色。雏鸭初生时绒毛呈金黄色，长大后颜色逐渐变淡，至一月龄后变成白色，两月龄时羽毛长齐。该品种腿短，体躯笨重，行动迟缓，性情温顺，爱安静，喜合群，适于圈养。生长快，肉质好，成鸭体重为：公鸭 3.3～3.6 kg，母鸭 3.2～3.5 kg。无就巢性，产蛋性能好，年产蛋量为 200～240 枚，平均蛋重 90 g 以上。

2. 绍兴鸭　又称绍兴麻鸭、浙江麻鸭，是我国著名的蛋用品种，因产于浙江绍兴、萧山、诸暨而得名。绍兴鸭属小型麻鸭，体躯狭长，臀部丰满，腹略下垂，全身羽毛以褐色麻雀毛为基色，但有些绍兴鸭的主翼羽和颈、腹部羽毛有一些变化，因此可将其分为带圈白翼梢鸭和红毛绿翼梢鸭两种类型，每一种类型的绍兴公母鸭又有不同。

带圈白翼梢鸭：颈中间有 2～4 cm 宽的白色羽圈，主翼羽呈白色，腹中下部羽毛为浅白色，母鸭全身为浅褐色麻雀毛，喙、胫、蹼呈橘红色，爪白色，虹彩淡蓝色，皮肤黄色，公鸭除颈圈、主翼羽、腹中下部呈白色的特征与母鸭相同外，其余全身羽毛呈深褐色，颈上部及尾部均为墨绿色，有光泽。

红毛绿翼梢鸭：无三白特征，有镰羽，母鸭全身为深褐色麻雀羽毛，颈上部羽毛无麻点，喙、蹼呈黄褐色或青褐色，黑爪，黄皮肤，虹彩赭石色，公鸭头至颈部羽毛和镜羽及性羽呈墨绿色，有光泽，喙、胫、蹼为橘红色。

带圈白翼梢鸭，急躁好动，觅食力强，适宜放牧；红毛绿翼梢鸭体型略小，性情温顺，更适于圈养。

绍兴鸭未经选育年产蛋量为 250 枚左右，经选育后为 280～300 枚，高产者可达 300 枚以上，平均蛋重 66 g 左右。蛋壳色：带圈白翼梢鸭以白色为主，红毛绿翼梢鸭以青色为主。成鸭体重：公鸭为 1.30～1.45 kg，母鸭为 1.25～1.45 kg，带圈白翼梢鸭稍大于红毛绿翼梢鸭。公母鸭配比为 1：25～30，受精率达 90% 以上。

3. 金定鸭　是我国优良的蛋用鸭，原产于福建省龙海市紫泥乡金定村，本品种长期在海滩放牧，对海洋环境有良好的适应性。

该品种鸭体型小，体躯狭长，母鸭全身羽毛呈赤褐色，带麻雀斑，翼部有墨绿色镜羽，喙呈古铜色，胫、蹼呈橘红色，爪黑色；公鸭的喙呈黄绿色，胫、蹼呈橘红色，头颈羽毛呈墨绿色，前胸红褐色，背部灰褐色，腹部羽毛呈细芦花斑纹。年产蛋量为 260～300 枚，平均蛋重为 73.3 g，蛋壳呈青色，母鸭在 120 日龄左右开产，公母配比 1：25，受精率达 90%。成鸭体重：公鸭平均 1.76 kg，母鸭平均 1.73 kg。

4. 攸县鸭　又称攸县麻鸭，蛋用型品种，产于湖南省攸县境内的洣水和沙河流域。攸县鸭体型小，呈船形。颈细，体躯略长，前躯高抬，羽毛细致紧凑，公鸭头、颈上部呈墨绿色，有光泽，颈中部有白色羽圈，颈下部和胸部呈褐色，腹、翼灰褐相间，尾羽墨绿有光泽，喙青绿，胫、蹼呈橘黄色，虹彩黄褐色，母鸭全身羽毛呈黄褐色有黑羽斑，即麻雀羽，常有白眉，深麻羽占 70%，浅麻羽约 30%。成鸭体重为 1.16～1.35 kg，110～130 日龄开产，年产蛋为 200～250 枚，平均蛋重 62 g，蛋壳色：白色占 90%，青色占 10%。

5. 高邮鸭　又称高邮麻鸭，原产于江苏省高邮市，属蛋肉兼用型优良品种。高邮鸭头大颈粗，体型呈长方形。母鸭全身羽毛呈褐色，有雀斑（有深麻、浅麻两种），喙青铜色，胫蹼红色，黑爪；公鸭羽毛颜色深，头颈部呈墨绿色，背腰部有褐色芦花羽，臀部黑色，腹部灰白色，喙青绿色，虹彩深褐色，胫、蹼呈橘红色。成鸭体重：公鸭平均2.4 kg，母鸭平均2.6 kg，120～130日开产，年产蛋量为140～160枚，高产者可达200枚，平均蛋重76 g，蛋壳颜色为白色和青色两种，以白色为主（82.9%），该品种善产双黄蛋，约占总蛋数的0.3%。

6. 建昌鸭　简称建鸭，肉蛋兼用型，以生产肥肝而闻名，故又称大肝鸭，主要产于四川凉山彝族自治州境内安宁河谷地带的西昌、德昌、冕宁、米易、会理等县。

该品种体型宽阔，头大颈粗，公鸭头、颈上部羽毛呈墨绿色，具有光泽，颈中部有一白色颈圈，前胸及鞍羽呈红褐色，腹部羽毛呈银灰色，尾羽黑色，喙墨绿色，胫、蹼呈橙红色，母鸭羽毛以浅褐色麻雀羽居多，喙黄绿色，胫蹼呈橙红色。成鸭体重：公鸭为2～2.5 kg，母鸭平均2 kg，肥肝重：350～450 g（填肥3周），年产蛋量：120～140枚，平均蛋重72 g，蛋壳多为青色。

7. 瘤头鸭　又称麝香鸭、疣鼻栖鸭，南方称番鸭，北方称旱鸭，源于南美洲和中美洲热带地区，在引进我国后主要分布于长江中下游各省，是不太喜欢游水的森林禽种。

该品种具有骨架粗大耐旱，耐粗饲，生命力强等特点。体型宽，前后窄小呈纺锤形，与地面呈水平状态，喙基部和眼周围有红色或黑色皮瘤，瘤头鸭即由此而来。公鸭瘤较发达，喙短窄，头顶有一排纵向羽毛，受刺激时竖起呈冠状，颈中等长，胸宽，后腹不发达，尾狭长，翅膀长达尾部，胸腿肌发达，可短距离飞翔，腿短粗有力，步态平稳。我国主要有黑白两种羽色鸭，其次是褐色、灰色，也有黑白花杂交羽色鸭，黑白羽鸭有墨绿光泽，皮瘤黑红色，喙红色带黑斑，胫、蹼黑色，虹彩浅黄色；白羽鸭喙粉红色，皮瘤红色，胫、蹼呈橘红色，虹彩蓝灰色。瘤头鸭鸣叫声嘶哑，母鸭在孵化期发出唧唧叫声，公鸭在繁殖季节发出麝香味，所以被称为麝香鸭。

成鸭体重差别较大：公鸭为3.4 kg，母鸭为2.0 kg，年产蛋量：80～120枚，平均蛋重：70～80 g，蛋壳呈玉白色。

8. 康贝尔鸭　原产于英国，有黑色、白色、黄褐色三个变种鸭。我国从荷兰引进的黄褐色康贝尔鸭属蛋用型，雏鸭绒毛呈深褐色，喙和脚为黑色，长大后羽毛颜色逐渐变淡。公鸭的头部、颈部、翼、肩和尾部均为青铜色，其余羽毛为褐色，喙为灰色或黄褐色。

该品种性情温顺，觅食力强，喜潜水，能低飞，成活率高，瘦肉多，脂肪少，肉质鲜美，有野鸭肉香味。

该品种4月龄开产，第一个产蛋期达10个月，产蛋率达85%～90%，第二个产蛋期可达9个月，产蛋率达70%，合计可产蛋450枚以上，平均蛋重70～75 g。

9. 樱桃谷鸭　由英国樱桃谷鸭公司引入北京鸭选育而成，是世界著名的肉用型品种。该品种适应性强，饲养效果好，具有生长快、瘦肉率高、净肉率高和饲料转化率高以及抗病力强等优点。

因该鸭含北京鸭血统，外貌似北京鸭。全身羽毛洁白，头大，额宽，鼻脊较高，喙、胫、蹼呈橙黄色。颈粗短平，翅强健，贴附于躯干。背宽长，从肩至尾部稍倾斜，胸宽深，脚粗短。

樱桃谷鸭生产性能优良，成年公鸭重 4 ～ 4.5 kg，母鸭重 3.5 ～ 4 kg，年产蛋量为 210 ～ 220 枚。

10．狄高鸭　外形与北京鸭相似。雏鸭红羽黄色，脱换幼羽后，羽毛为白色。头大稍长，颈粗，背长阔，胸宽，体躯稍长，胸肌丰满，尾稍翘起，性指羽 2 ～ 4 根；喙黄色，胫、蹼呈橘红色。

该鸭性成熟期为 182 天，33 周龄产蛋进入高峰期，产蛋率达 90% 以上。年产蛋量在 200 ～ 230 个，平均蛋重 88 g，蛋壳为白色。初生雏鸭体重在 55 g 左右，30 日龄体重为 1 114 g，60 日龄体重为 2 713 g。7 周龄商品代肉鸭体重为 3.0 kg，肉料比 1：2.9 ～ 1：3.0。

三、鹅的品种

1．太湖鹅　原产于长江三角洲的太湖地区。本品种的公母鹅在外表上无太多差别。体型高大，全身羽毛贴紧，肉瘤圆而光滑，无皱褶，颈细长呈弓形，无咽袋。羽毛洁白（有少数鹅的眼梢、头顶或腰背部有少量灰褐色斑点），是生产羽绒的良好品种。喙、胫、蹼为橘红色，喙端色较浅，爪白色，眼睑淡黄色，虹彩呈灰蓝色。

成鹅体重：公鹅平均为 4.33 kg，母鹅平均为 3.23 kg。开产日龄日为 160 日左右，平均年产蛋量为 60 枚，平均蛋重为 135 g，高产者达 80 ～ 90 枚。

2．狮头鹅　我国唯一的大型品种，也是世界上著名的大型灰棕色鹅种，原产于广东省饶平县，现主产区在澄海区、汕头市郊。本品种之所以命名为狮头鹅是因为在鹅头前额有一发达的肉瘤，在公鹅和两岁以上的母鹅更突出，其形状如狮头。该品种鹅头大、颈粗、前躯稍高，体型呈方形，喙较短，呈黑色，与口腔交接处有角质锯齿，颌下咽袋发达，一直延伸到颈部。翼羽与前胸羽毛和背部羽毛为棕褐色，腹羽为白色或灰色，皮肤为米黄色或乳白色，体内侧有袋状的皮肤皱褶，胫和蹼为橙红色。

成鹅体重：公鹅平均为 8.85 kg，母鹅平均为 7.86 kg，160 ～ 180 天开产，肥肝平均可达 960.2 g（填肥 28 ～ 34 天）。平均蛋重为 176.3 ～ 217.2 g。

3．溆浦鹅　原产于湖南省溆浦县，觅食力强，饲料消耗少，生长快，蛋大。本品种鹅体躯较长，体型高大，头大，肉瘤突出，羽毛多为白色，有部分为灰色。一些鹅的额顶有一束"顶心毛"。白鹅全身羽毛洁白，喙、肉瘤、胫、蹼为橘红色，皮肤为浅黄色，眼睑黄色，虹彩灰色。灰鹅的颈背部和尾羽为灰褐色，腹羽为白色，喙为黑色，其他特征同白鹅。

成鹅体重：公鹅平均为 5.89 kg，母鹅平均为 3.3 kg，年产蛋量为 30 枚，肥肝平均重为 650 克（填肥后）。

4．豁眼鹅　又称五龙鹅、豁鹅和疤拉鹅，原产于山东省莱阳山区，现辽宁昌图、吉林通化、黑龙江延寿县饲养量大，本品种鹅成熟早，产蛋性能优良。本品种鹅体型小，呈卵圆形，额前有一三角形肉瘤，很光滑，颌下有咽袋，上眼睑有一疤状缺口，颈为弓形，较长，背部宽而平，丰满而突出，前躯高抬，母鹅成年后腹部丰满下垂，脚腿粗壮。羽毛为白色，喙、肉瘤、胫、蹼呈橘红色，虹彩蓝灰色。

成鹅体重：公鹅平均为 3.72 ～ 4.58 kg，母鹅平均为 3.12 ～ 3.82 kg，年产蛋量为

80 ～ 100 枚，蛋重为 120 ～ 130 g。

5．四川白鹅　原产于四川省温江、乐山、宜宾、永川和达县等地，为中国鹅的中型品变种。本品种鹅体型细长，全身羽毛洁白，喙、肉瘤和胫、蹼呈橘红色，虹彩灰蓝色。公鹅的头颈较粗，额上有一圆形肉瘤，母鹅头清秀，颈细长。

成鹅体重：公鹅平均为 5.0 kg，母鹅平均为 4.9 kg，年产蛋量为 60 ～ 80 枚，平均蛋重为 146.3 g，开产日龄为 200 ～ 240 日。

6．皖西白鹅　产于安徽省西部丘陵地区和河南省固始县一带。本品种鹅全身羽毛为白色，颈长呈弓形，喙、肉瘤呈橘黄色，喙端色淡，胫、蹼为橘红色，虹彩灰蓝色，少数鹅头顶有"顶心毛"，部分鹅颌下有咽袋。

成鹅体重：公鹅平均为 6.12 kg，母鹅平均为 5.56 kg，年产蛋量为 25 枚左右，平均蛋重为 142 g，开产日龄为 6 个月。

7．清远鹅　原产于广东省清远市，体躯宽短而背平，羽毛呈黑灰色，故称"乌鬃鹅"。嘴、额瘤和趾、蹼为黑色。该鹅早熟，育肥性能较好，骨细肉嫩，味道鲜美，适应性强，食量少，觅食力强。成年鹅体重为 2.5 ～ 3.5 kg，开产日龄为 140 ～ 160 日，年产蛋量为 30 ～ 35 枚。

8．雁鹅　原产于安徽省六安地区的霍邱、寿县、六安、舒城、肥西及河南省的固始等县。雁鹅体型中等，体质结实，全身羽毛紧贴。头部圆形略方、大小适中，头上有黑色肉瘤，质地柔软，呈桃形或半球形向上方突出。眼球黑色，大而灵活，虹彩灰蓝色。喙扁阔，黑色。个别鹅颌下有小咽袋。颈细长，胸深广，腹下有皱褶，胫、蹼多为橘黄色，个别有黑斑，爪黑色。皮肤多为黄白色。

在放牧条件下，雁鹅饲养 5 ～ 6 个月，体重可达 5 kg 以上。成年雁鹅的公母平均体重分别为 6.02 kg 和 4.77 kg。雁鹅有就巢性，每产一窝蛋即休产就巢孵化。雁鹅的开产日龄为 8 ～ 9 月龄，早的也可为 7 月龄，年产蛋量为 25 ～ 35 枚，蛋的平均重量为 150 g 左右。

9．莱茵鹅　原产于德国的莱茵河流域，经法国克里莫公司选育，成为世界著名的肉蛋兼用型品种。莱茵鹅体型中等。初生雏鹅绒毛为黄褐色，背面羽毛为灰褐色，从 2 周龄开始逐渐转为白色，至 6 周龄时已为全身白羽。喙、胫、蹼均为橘黄色。头上无肉瘤，颌下无皮褶，颈粗短而直。

莱茵鹅在 8 周龄时体重可达 4.0 ～ 4.5 kg，肉料比为 1 ∶ 2.5 ～ 1 ∶ 3.0，成年公鹅体重为 5 ～ 6 kg，母鹅体重为 4.5 ～ 5 kg。该鹅的开产日龄为 210 ～ 240 天，正常产蛋期在 1 ～ 6 月末，年产蛋量为 50 ～ 60 枚，平均蛋重为 150 ～ 190 g。

10．朗德鹅　又称西南灰鹅，原产于法国西南部靠比斯开湾的朗德省，是世界著名的肥肝专用品种。毛色灰褐，颈部、背部接近黑色，胸部毛色较浅，呈银灰色，腹下部则呈白色，也有部分为白羽色个体或灰白色个体。通常情况下，灰羽毛较松，白羽毛较紧贴，喙为橘黄色，胫、蹼为肉色，灰羽毛在喙尖部有一部分为深色。

朗德鹅的性成熟期为 180 天。210 天开产，一般在头年 11 月至次年 5 月为产蛋期。平均年产蛋量为 30 ～ 40 枚，平均蛋重为 160 ～ 200 g。成年公鹅体重为 7 ～ 8 kg，成年母鹅体重为 6 ～ 7 kg。8 周龄朗德鹅体重为 4.5 千克左右，肉用朗德鹅经填肥后重达 10 ～ 11 kg，肥肝均重 700 ～ 800 g。

第二章　家禽的繁育

第一节　家禽的生产性能及遗传力

一、蛋用性能

1. 开产日龄　个体记录以产第一枚蛋的日龄计算。群体记录鸡、鸭按日产蛋率达 50% 的日龄计算，鹅按日产蛋率达 5% 的日龄计算。遗传力为 0.15～0.30。

2. 产蛋量　指母禽在一定时期内产蛋的数量。产蛋量分为个体产蛋量和群体产蛋量两种。个体产蛋量一般是指一只母禽 500 日龄的产蛋枚数。群体产蛋量是指测定母禽平均产蛋量。可用饲养日产蛋量和入舍母禽产蛋量表示，计算公式如下

$$饲养日产蛋量（枚）= \frac{统计期内的总产蛋量}{统计期内的总饲养日 \div 统计日数}$$

1 只母禽饲养 1 天为 1 个饲养日。

$$入舍母禽产蛋量（枚）= \frac{统计期内的总产蛋量}{入舍母禽数}$$

饲养日产蛋量不受禽群死亡、淘汰的影响，反映实际存栏家禽的平均产蛋能力，而入舍母禽产蛋量则综合体现了禽群的产蛋能力及存活率高低。目前普遍使用的 500 日龄（72 周龄）入舍母禽产蛋量，遗传力较低，仅有 0.15。

3. 产蛋率　指母禽在统计期内的产蛋百分率。

$$饲养日产蛋率 = \frac{统计期内的总产蛋量}{统计期内的总饲养日} \times 100\%$$

$$饲养日产蛋率 = \frac{统计期内的总产蛋量}{入舍母鸡数 \times 统计日数} \times 100\%$$

4. 蛋重　指蛋的大小。蛋重是现代养禽生产十分重要的指标。蛋重用平均蛋重和总蛋重表示。

平均蛋重从 300 日龄开始计算，以克为单位。个体记录需连续称取 3 枚以上的蛋重求平均数；群体记录时需连续取 3 天的总蛋重，求平均数；大型禽场按日产蛋量 5% 称测蛋重，求平均数。

总蛋重（公斤）＝平均蛋重（克）×产蛋量÷1000

蛋重的遗传力较高，一般为 0.5。

5．蛋的品质　测定蛋品质的蛋数应不少于 50 枚，每批种蛋应在产出后 24 小时内进行。蛋的品质包括蛋形指数（遗传力 0.25）、蛋壳强度（遗传力 0.3）、蛋壳厚度（遗传力 0.3～0.4）、蛋的密度（遗传力 0.3～0.6）、蛋壳颜色（遗传力 0.3）、蛋黄色泽（遗传力 0.15）、哈氏单位、血斑率（遗传力 0.25）、肉斑率（遗传力 0.25）等。

二、肉用性能

1．生长速度　现代肉禽生产取决于早期生产速度，所以测定肉鸡的早期生长速度多以 6～7 周龄体重来表示。遗传力较高，为 0.4～0.8。

2．体重　体重也是肉用性能的一项指标，包括初生重、出栏重和成禽重。遗传力为 0.2～0.6。

3．屠宰率　指屠体重占活重的百分率。

$$屠宰率＝\frac{屠体重}{活重}×100\%$$

屠体重是指放血去羽毛后的重量；活重是指在屠宰前停喂 12 小时的重量。以克为单位。遗传力为 0.2～0.6。

4．半净膛率　指半净膛重占屠体重的百分率。

$$半净膛率＝\frac{半净膛重}{屠体重}×100\%$$

半净膛重是指屠体重除去食管、气管、嗉囊、肠、脾脏、胰和生殖器官，保留心、肝脏（去胆囊）、肺、肾脏、肌胃（除去内容物和角质层）和腹脂的重量。

5．全净膛率　指全净膛重占屠体重的百分率。

$$全净膛率＝\frac{全净膛重}{屠体重}×100\%$$

全净膛重是指半净膛重除去心、肝脏、肌胃和腹脂的重量。

6．屠体品质　屠体品质有胸部肌肉、胸部囊肿、肌肉纤维的粗细和拉力等项指标。测量胸部肌肉量的多少，可用胸角器测量 8 周龄胸角大小。8 周龄胸角的遗传力为 0.4。

三、繁殖力

1．种蛋合格率　指母禽在规定的产蛋期内所产符合本品种或品系要求的种蛋数量占产蛋总数的百分比。一般要求种蛋合格率达 90% 以上。

$$种蛋合格率＝\frac{合格种蛋数}{产蛋总数}×100\%$$

2．受精率　指受精蛋数占入孵蛋数的百分比。

$$受精率 = \frac{受精蛋数}{入孵蛋数} \times 100\%$$

受精率的遗传力低，不到 0.10。

3．孵化率

（1）受精蛋孵化率是指出雏数占受精蛋数的百分比。遗传力为 0.09。

$$受精蛋孵化率 = \frac{出雏数}{受精蛋数} \times 100\%$$

（2）入孵蛋孵化率是指出雏数占入孵蛋数的百分比。遗传力为 0.14。

$$入孵蛋孵化率 = \frac{出雏数}{入孵蛋数} \times 100\%$$

4．健雏率　指健康雏禽数占出雏数的百分比。一般要求应达到 98% 以上。

$$健雏率 = \frac{健康雏禽数}{出雏数} \times 100\%$$

5．种母禽提供的健雏数　指每只种母禽在规定产蛋期内提供的健康雏禽数。

四、生活力

生活力主要受环境因素的影响，遗传力很低，几乎不会超过 0.10。

1．雏禽成活率　指育雏期末成活雏禽数占入舍雏禽数的百分比。

$$雏禽成活率 = \frac{育雏期末成活雏禽数}{入舍雏禽数} \times 100\%$$

其中：雏鸡育雏期为 0～6 周龄，蛋用雏鸭育雏期为 0～4 周龄，肉用雏鸭育雏期为 0～3 周龄，雏鹅育雏期为 0～4 周龄。

2．育成禽成活率　指育成期末活育成禽数占育雏期末入舍雏禽数的百分比。

$$育成禽成活率 = \frac{育成期末活育成禽数}{育雏期末入舍雏禽数} \times 100\%$$

其中：蛋用鸡育成期为 7～20 周龄，肉用种鸡育成期为 7～22 周龄，蛋用鸭育成期为 5～16 周龄，肉用种鸭育成期为 4～22 周龄，鹅育成期为 5～30 周龄。

3．母禽存活率　指入舍母禽数减去死亡、淘汰个体后的存活数占入舍母禽数的百分比。

$$母禽存活率 = \frac{入舍母禽数 - 死亡数 - 淘汰数}{入舍母禽数} \times 100\%$$

第二节　家禽的繁殖

一、公母比例与种禽利用年限

1. 公母比例　为保证种蛋受精率，在种禽群中公、母比例应适当，公禽过多、过少都会影响受精率。

2. 利用年限　家禽的繁殖性能与年龄有直接的关系，种禽的利用年限因种类和禽场的性质而不同。鸡、鸭性成熟后第一个产蛋年的产蛋量和受精率最高，第二个产蛋年比第一个产蛋年下降 15%～20%。因此，商品场和繁殖场一般利用一个产蛋年。育种场的优秀禽群，可利用 3～4 年。鹅的生长期较长，成熟较晚，第二年产蛋量比第一年增加 15%～20%，第三年比第一年增加 30%～40%，以后逐年下降，所以，鹅一般利用3～5 年。

二、配种的方法

（一）自然交配

1. 大群配种　大群配种是指公母禽同群饲养，按一定比例搭配，公禽可随时与母禽交配，配种群的大小一般为 100～1 000 只。

2. 小间配种　一个配种小间，一般容纳母鸡 8～15 只，配 1 只公鸡。这种方法适用于育种场。公母鸡均编号，配置自闭产蛋箱，能确知雏鸡父母。此法受精率低于大群配种。

公、母禽自然交配的比例，见表 2-1。

表 2-1　公、母禽自然交配的比例

品种	公母比例	品种	公母比例
轻型蛋鸡	1：12～1：15	蛋用型鸭	1：15～1：20
中型蛋鸡	1：10～1：12	兼用型鸭	1：10～1：15
肉用种鸡	1：8～1：10	肉用型鸭	1：8～1：10
火鸡	1：10～1：12	鹅	1：4～1：6

（二）人工授精

1. 国内外人工授精技术概况　自从 1935—1939 年 Burrown 和 Quinm 用按摩法成功采集到公鸡精液以后，在很长的一段时间里，人工授精技术未在鸡的繁殖上应用。其主要原因是种鸡采用平养，单间或小群自然交配，受精率高；同时由于鸡的精液保存困难，采集的精液必须在 30 分钟内使用完毕，输精间隔时间又短，因此，需要劳动力多，成本高，从而使鸡的人工授精技术发展受到一定的限制。60 年代以来，现代化养禽业迅速发展，饲养管理制度改变，种鸡由原来的平养改为笼养，特别是肉用鸡母系矮小化，公、母鸡体重相差悬殊，自然交配困难，人工授精技术受到普遍重视和大力推广。许多养禽业发达国家，为了适应新的饲养管理制度，不仅在育种中放弃单间配种方法，在祖代鸡场和父母代鸡场也改用笼养人工授精技术生产种蛋。

由于人工授精技术受到重视，许多国家纷纷研究有关大规模进行人工授精的新技术，使受精率显著提高。如美国使用人工授精技术，受精率达 96.2%。人工授精技术使雏鸡成本下降 10%，生产种蛋的饲料消耗降低 10%～15%。

近年来，许多国家为了进一步提高人工授精技术的效果，进行了多方面新的试验研究并取得了进展。例如：鸡的精液保存技术的新突破。Lake 和 Sextan 等使鸡精液在 2 ℃～5 ℃条件下保存 24 小时，受精率如同新鲜精液一样。Lake（1988）在 37 ℃～49 ℃条件下保存鸡的精液试验成功，据苏联报道，冷冻精液曾在生产中使用，受精率达 85%。

历史上对笼养种公鸡营养需要量有许多试验报道，基本明确了繁殖期种公鸡饲喂低蛋白质日粮，有利于提高其繁殖性能和延长种用期。

提高人工授精的工效，节省劳动力，是普及人工授精技术的重要课题之一。为此，一方面是研制自动的输精器，提高输精速度，如以色列研制的输精器，每小时可输给 750～900 只母鸡。另一方面研究延长输精间隔时间而又获得高受精率的技术。据第 7 届欧洲家禽会议报道，目前已有国家开始研究鸡在两周内不超过一次输精的技术。

测定体外精子品质，选择优秀公鸡，是提高受精率的重要方法。据 Wishart 等（1985）报道，应用光扩散技术可测量精子的 ATP 浓度和精子活力，并证实这些参数与受精率紧密相关。1988 年又提出更为简便的染色法，使用这种方法，就可以根据公鸡的体外精子来评定其本身的繁殖性能，无须做受精率试验就可以选出优秀公鸡，提高受精率。

仅就上述所了解到的研究成果，可以预测未来的人工授精技术，在鸡的育种和繁殖上将起到更大的作用。

我国鸡的人工授精技术源于 20 世纪 50 年代，但研究和应用都比较少。真正开发这项技术是在 20 世纪 70 年代末至 80 年代初，首先在某些教学、科研单位开展人工授精技术的研究试验，随后开始在某些育种场和繁殖场应用，并获得了很高的受精率。如 1981 年在大连鸡场，1983 年在中日友好鸡场，生产上万枚种蛋，受精率均在 90% 以上。这些成果，为人工授精技术的优越性做了有力宣传。

20 世纪 80 年代中期到 90 年代初期，我国人工授精技术可以说是大面积推广应用和大发展时期。有人曾做过估计，就我国蛋用型种鸡来说，目前可能有三分之一左右的种鸡接受人工授精，而肉用型种鸡可能不及六分之一，但人工授精比例正在增加。

2. 人工授精的优越性及缺点

（1）人工授精的优越性：

①可以扩大公母比例。自然交配公母比例为 1：8～1：10，采用人工授精技术可以扩大到 1：30～1：50，提高了良种公鸡的利用率。

②提高种蛋受精率。自然交配的受精率前期蛋鸡或肉鸡一般都在 90% 以上，有的高

达95％以上，但后期的受精率比较低，平均在80％左右，最低受精率在60％左右，整个生产期的受精率平均在85％左右。而人工授精的受精率前期在93～96％，有时高达98％以上，后期的受精率在90～92％，整个生产期的平均受精率在92％左右。

③解决了配种的困难。特大型肉种鸡体型较大，自然交配困难，直接影响到种蛋的受精率。而采用人工授精技术，就可以解决这种配种困难的问题。

④降低饲养成本。采用人工授精技术可以大量减少种公鸡饲养量，节省饲料和设备费用。由于种鸡人工授精技术的成功，种母鸡也实行笼养，笼养后种鸡耗料量减少，特别是肉种鸡一个生产周期可以节省5公斤以上饲料，大大降低了饲养成本。

⑤克服了公母鸡的选相交配。在自然交配中，无论公鸡或母鸡都存在偏爱，影响受精率，特别是小群配种受精率极低，只有采用人工授精技术才能解决这种选相交配，提高受精率。

⑥可以充分利用优秀种公鸡，提高优秀种公鸡的利用价值。自然交配公母配比为1：8～1：10，而用人工授精公母配比扩大到1：30以上，若采用精液稀释的方法，可以扩大到1：60以上。另外，个别优秀种公鸡由于外伤，特别是腿部受伤无法自然交配，而采用人工授精技术就可以充分发挥优秀种公鸡的利用价值。

⑦是育种工作的一大改革。采用笼养人工授精技术，不需单间配种和记录，不仅记录准确，而且通过公鸡精液质量的检测，可以提高后代的生产性能，加快了育种进程。

⑧减少疾病的传播。主要是指公鸡交配器官疾病的传播。在公鸡交配器官有病时，公鸡精液受到污染，如果自然交配，将导致母鸡阴道疾病。

⑨扩大基因库。精液冷冻技术能使受精率达到80～90％，不受公鸡年龄、时间、地区及国界的限制，无论年限多久，用冷冻技术都可将优秀品系保存，利用它的精液繁殖后代。

⑩便于推广。人工授精技术操作简单，易行，不需要比较精密及复杂的设备。一般具有初中以上文化水平经10～15天学习和实际操作训练，就能基本掌握。

（2）人工授精的缺点：

①人工授精需要大量的劳动力，人工费用高于自然交配繁殖。

②人工授精的人员比较辛苦，大约每天都要做1～2小时人工授精工作。另外，人工授精技术工作要求严肃认真、责任心较强的人员参加；在具体操作时，要爱护鸡群，动作不能粗暴。

3．采集精液

（1）采集精液前的准备：

①公鸡的选择。公鸡经育成期多次选择之后，还应在配种前2～3周内，进行最后一次的选择，此时应特别注意选留健康，体重达标，发育良好，腹部柔软，按摩时有肛门外翻、交配器勃起等性反射的公鸡，并结合训练采精，对精液品质进行检查。

②隔离与训练。公鸡在使用前3～4周，转入单笼饲养，便于熟悉和管理。

在配种前2～3周，开始训练公鸡采集精液，每天1次，或隔天1次，一旦训练成功，则应坚持隔天采集精液。公鸡经3～4次训练，大部分公鸡都能采集到精液，有些发育良好的公鸡，在采集精液技术熟练的情况下，开始训练天天采集精液。但也有些公鸡虽经多次训练仍不能建立条件反射，这样的公鸡如果没达到性成熟应继续训练，加强饲养管理，反之应淘汰，此类公鸡在正常情况下淘汰 3%～5%。

③预防污染精液。公鸡开始训练之前，将泄殖腔外周 1 cm 左右的羽毛剪除。采集精液当天，公鸡须于采集精液前 3～4 小时绝食，以防排粪、尿。所有人工授精用具，应清洗、消毒、烘干。

④人工授精器械的准备。

a. 器械的准备。授精盒包括器具箱、集精管和输精器。器具箱中间有一层隔板，一侧放消毒干燥的注头，另一侧放用后的注头，挎带长短可调节。集精管为 15×100 mm 的试管。输精器由注头 500 支、注射器 1 支、微量吸头 1 个组成。

b. 洗刷与消毒。先用清水冲洗再用清水泡，然后加入洗衣粉反复洗刷，再用清水冲洗干净，最后用蒸馏水冲洗一次，注头和微量吸头应甩去管内的水分，全部放入干燥箱，升温至 80 ℃左右。要保证全部器械清洁干燥。如无烘干设备，清洗干净后，用蒸馏水煮沸消毒，再用生理盐水冲洗 2～3 次方可使用。

（2）采集精液的方法。采集精液的方法有按摩法、隔截法、台禽法和电刺激法。其中以按摩法最适宜于生产中使用，是目前国内外采集精液的基本方法。除电刺激法和台禽法仍用于水禽和特种禽类，或做特殊科学试验外，其他方法很少使用。

①按摩法采集精液简便、安全、可靠，采出的精液干净，技术熟练者只需数秒钟，即可采到精液。按摩法采集精液分腹部按摩、背部按摩、腹背结合按摩三种。

腹背按摩通常由两人操作，一人保定公鸡，另一人按摩与收集精液。

a. 保定公鸡。常用的是保定员用双手各握住公鸡一只腿，自然分开，拇指扣其翅，使公鸡头部向后，类似自然交配姿势。第二种是用特制的采精台保定，台面垫泡沫塑料再覆盖胶布，易于清洁。保定员将公鸡置于台上，用右手握住双腿，左手握住两翅基部。再一种方法是保定员将公鸡从笼内拖出，固定两腿并将公鸡胸部贴于笼门外，前两种方法有利于公鸡性反射，无损于公鸡胸部。后一种方法虽速度快，但长期采用损害公鸡健康，影响性反射，特别是不适用于肉用型公鸡。

b. 按摩与收集精液。操作者右手的中指与无名指间夹着采精杯，杯口朝外。左手掌向下，贴于公鸡背部，从翼根轻轻推至尾羽区，按摩数次，引起公鸡性反射后，左手迅速将尾羽拨向背部，并使拇指与食指分开，跨捏于泄殖腔上缘两侧，与此同时，左手虎口状紧贴于泄殖腔下缘腹部两侧，轻轻抖动触摸，当公鸡露出交配器时，左手拇指与食指做适当挤压，精液即流出，右手便可用采精杯承接精液。

按摩法采集精液也可一人操作，即采精员坐在凳上，将公鸡保定于两腿间，公鸡头朝左下侧，此时便可空出两手，照上述按摩方法收集精液，此法简便、速度快，可节省劳动力。

c. 注意事项。不粗暴对待公鸡，环境要安静。不污染精液。采精按摩时间不宜过久，捏挤时不能用力过大，否则会引起公鸡排粪、尿，透明液增多，或损伤黏膜导致出血，从而污染精液，和降低精子的密度和活力（肉用型鸡比蛋用型鸡的透明液更多，采精时应注意）。采集到的精液应立刻置于 25 ℃～30 ℃水温的保温瓶内，并于采精后 30 分钟内使用完毕。

②电刺激法采集精液。用 3.4 ～ 10 V 交流电源，地线一端插入公鸡泄殖腔 1.5 ～ 2.0 cm 深，火线末端点触公鸡任何一侧的股骨上端外某一部位，接触 1 ～ 2 秒，间歇 4 ～ 5 秒，如此反复 4 ～ 5 次，翻出泄殖腔，便可用手挤出精液。

（3）采集精液的次数。鸡的精液量和精子密度，随射精次数增多而减少，公鸡经连续射精 3 ～ 4 次之后，精液中几乎找不到精子。建议采用隔日采集精液制度。若配种任务大，也可以在 1 周之内连续采集精液 3 ～ 5 天，休息 2 天，但应注意公鸡的营养状况及体重变化。连续采集精液最好从公鸡 30 周龄以后开始。

4. 精液常规检查项目

（1）外观检查。正常精液为乳白色，不透明液体。混入血液为粉红色；被粪便污染为黄褐色；尿酸盐混入时，呈粉白色棉絮状块；过量的透明液混入，则呈水渍状；凡受污染的精液，品质均急剧下降，受精率不高。

（2）精液量的检查。可使用具有刻度的吸管、结核菌素注射器或其他度量器，将精液吸入，然后读数。

（3）活力检查。于采集精液后 20 ～ 30 分钟内进行，取精液及生理盐水各一滴，置于载玻片一端，混匀，放上盖玻片，精液不宜过多，以布满载玻片与盖玻片的空隙，而又不溢出为宜。在 37 ℃条件下，使用 200 ～ 400 倍显微镜进行检查。按下面三种活动方式估计评定：直线前进运动，有受精能力，占其中比例多少评为 0.1 至 0.9 级；圆周运动、摆动两种方式均无受精能力，活力高，密度大的精液，在显微镜下可见精子呈旋涡翻滚状态。

（4）密度检查：

①血细胞计数法：用血细胞计数板来计算精子数较为准确。先用红细胞吸管，吸取精液至 0.5 处，再吸入 3% 的氯化钠溶液至 101 处，即为稀释 200 倍。摇匀，排出吸管前的空气，然后将吸管尖端放在计数板与盖玻片间的边缘，使吸管的精液流入计算室内。在显微镜下计数精子，计 5 个方格的精子总数。5 个方格应选位于一条对角线上的或四个角各取一方格，再加中央一方格。计算时只数精子头部 3/4 或全部在方格中的精子（见图 2-1）。最后按照公式，算出每毫升精液的精子数。例如：5 个方格中共计 350 个精子，即 $350 \div 100 = 3.5 \times 10$ 亿 /ml。计算结果为 1 ml 精液精子数为 35 亿。

②精子密度估测法，图 2-2 是精子密度示意图。

a. 密等精子。在显微镜下，可见整个视野布满精子，精子间距离几乎无空隙。每毫升精液中，鸡有 40 亿以上精子，鹅有 6 亿～ 10 亿以上精子，火鸡有 80 亿以上精子。

b. 中等精子。在一个视野中，精子之间距离明显。每毫升精液中，鸡有 20 亿～ 40 亿精子，鹅有 3 亿～ 6 亿精子，火鸡有 50 亿～ 80 亿精子。

c. 稀等精子。在精子间有很大空隙。每毫升精液中，鸡有 20 亿以下精子，鹅有 3 亿以下精子，火鸡有 50 亿以下精子。

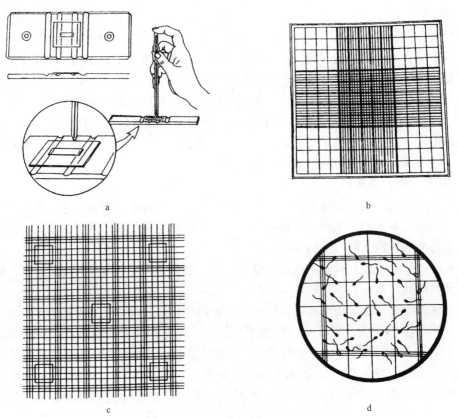

图 2-1　血细胞计数法检查精子密度
（a）在计算室上滴加稀释后的精液；（b）计算室平面图
（c）计数的五个大方格；（d）精子计数顺序（计左不计右，计上不计下）

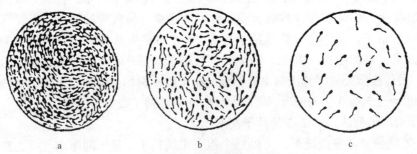

图 2-2　精子密度示意图
（a）密等精子；（b）中等精子；（c）稀等精子

5. 精液稀释

（1）精液稀释的目的：

①鸡的精液量少，密度大，稀释后可增加输精母鸡数，提高公鸡的利用率。

②精液经稀释后可使精子均匀分布，保证输精剂量有足够的精子数。

③便于输精操作。

④稀释液主要是给精子提供能量，保障精细胞的渗透平衡和离子平衡，提供缓冲

剂，防止 pH 变化，延长精子寿命，有利于保存。

⑤ pH 值检查。使用精密试纸或酸度计，便可测出 pH 值。

⑥畸形率检查。取精液一滴于玻片上，抹片，自然干燥后，用 95% 酒精固定 1 ～ 2 分钟冲洗，再用 0.5% 龙胆紫（或红、蓝墨水）染 3 分钟，冲洗，干后即可在显微镜下检查，统计 300 ～ 500 个精子中有多少个畸形精子。

（2）稀释液的配制。配制稀释液应严格按照操作规程。

①化学药剂应为化学纯或分析纯。使用新鲜的 pH 呈中性的蒸馏水或离子水。

②一切用具均应彻底洗涤干净、消毒，烘干。

③准确称量各种药物，充分溶解后，过滤、密封消毒（隔水煮沸或蒸气消毒 30 分钟）加热须缓慢，防止容器破裂及水分丢失。

④按要求调整 pH 值和渗透压，扩量用的稀释液 pH 值可在 6 ～ 8。用于保存的稀释液 pH 值为 7 ～ 4，则渗透压以 360 ～ 400mOsmol/kg 为宜。

⑤短期保存的稀释液中所用糖类、奶类和鸡蛋，除作为营养剂外，还有防止精子发生"冷休克"的作用。所以应取鲜奶煮沸，去奶皮；取鲜蛋，消毒蛋壳，抽取纯净卵黄，以上两种物质应待稀释液冷却后加入。

⑥抗生素等生物制剂，亦应在稀释液冷却后加入。

（3）稀释方法与稀释比例。采集精液后应尽快稀释，将精液和稀释液分别装于试管中，并同时放入 30 ℃保温瓶或恒温箱内，使精液和稀释液的温度相等或接近，避免两者温差过大，造成突然降温，影响精子活力。稀释时稀释液应沿装有精液的试管壁缓慢加入，轻轻转动，使两者均匀混合。做高倍稀释时应分次进行，防止突然过激改变精子所处的环境。

精液稀释的比例，根据精液品质和稀释液的质量而定。精液经过适当稀释有利于体外保存，如果室温（18 ℃～ 22 ℃）保存不超过 1 小时，稀释比例以 1 ∶ 1 ～ 1 ∶ 2 为宜。在 0 ～ 5 ℃保存 24 ～ 48 小时，稀释比例宜为 1 ∶ 3 ～ 1 ∶ 4。冷冻精液，稀释比例常在 1 ∶ 4 ～ 1 ∶ 5，或更高。但稀释比例太高，难以保证输入精子数，尤其做阴道输精时，输精量若超过 0.4 ml，输入的精液就可能倒流至泄殖腔内。

（4）常用稀释液的成分，见表 2-2。

表 2-2　常用稀释液的成分　　　　　　单位：克 /100 毫升

成分	生理盐水	等渗溶液	Lake 液	BPSE 液	Broun 液	磷酸缓冲液
葡萄糖		5.7			0.5	
果糖			1	0.5		
棉籽糖	3.864				3.864	
肌醇					0.22	
谷氨酸钠			1.92	0.867	0.234	
氯化镁			0.068	0.034	0.013	
醋酸钠			0.857	0.43		

续表

成分	生理盐水	等渗溶液	Lake 液	BPSE 液	Broun 液	磷酸缓冲液
柠檬酸钠			0.128	0.064	0.231	
柠檬酸					0.039	
氯化钙					0.01	
磷酸二氢钾				0.065		1.456
磷酸氢二钾				1.27		0.837
TES				0.195	2.235	
氯化钠	0.9					

6. 精液保存

（1）常温保存。新鲜精液常用隔水降温，在 18 ℃～ 20 ℃范围内，保存不超 1 小时便用于输精，可使用简单的无缓冲的稀释液如生理盐水、等渗溶液。目前我国常用的是生理盐水（0.9％氯化钠）或复方生理盐水，后者更接近于血浆的电解质成分，稀释效果更好。稀释比例为 1 : 1。

（2）低温保存。新鲜无污染精液经稀释后，在 0 ～ 5 ℃条件下短期保存，使精子处于休眠状态，降低代谢率，从而达到保存精子活力和受精能力。

低温保存方法是在用适宜的稀释液稀释之后进行的，降温的速度要缓慢。可以将 30 ℃的稀释精液，先置于 30 ℃水槽中，再放入调到 2 ℃～ 5 ℃的电冰箱中。如无电冰箱，可将装有稀释精液的试管，用 1 cm 厚的棉花包好，再放入塑料袋内或烧杯内。然后直接放入装有冰块的广口保温瓶中。这样便可以达到逐渐降温的目的。

精液若在 0 ～ 5 ℃，保存 5 ～ 24 小时，则应使用缓冲溶液来稀释，稀释比例可按 1 : 1 ～ 1 : 2，甚至 1 : 4 ～ 1 : 6。稀释液的 pH 值宜在 6.8 ～ 7.1。

7. 输精

（1）输精操作。输精母鸡必须先进行白痢检疫，凡阳性者一律淘汰，同时还须选择无泄殖腔炎症，中等营养体况的母鸡，产蛋率达 70％时开始输精，更为理想。输精时两人操作，助手用左手握住母鸡的双翅，提起，令母鸡头朝上，肛门朝下，右手掌置于母鸡耻骨下，在腹部柔软处施以一定压力，泄殖腔内的输卵管开口便翻出。输精员便可将输精器，向输卵管口正中轻轻插入输精。

（2）输精部位和深度。阴道输精，输精器插入 1 ～ 2 cm 为阴道始端输精（浅阴道输精），4 ～ 5 cm 为中阴道输精，6 ～ 8 cm 为深阴道输精。

在生产中应采用浅阴道输精，更符合自然状态，而且输精速度快，受精率高，由于品种、体型的差异，推荐采用浅阴道输精，轻型蛋鸡以 1 ～ 2 cm 为宜，中型蛋鸡和肉用型鸡以 2 ～ 3 cm 为宜。但在母鸡产蛋率下降，精液品质较差的情况下，可采用中阴道输精。

（3）输精量与输精次数。输精量与输精次数，取决于精液品质和持续受精时间的长短。根据精子在输卵管内的存活时间，及母鸡受精规律，母鸡须在1周之内，输入一定数量的优质精液，才可获得理想受精率。但由于品种、个体、年龄、季节之间的差异，不能长期以固定剂量、固定间隔时间输精，否则不能持续获得高的受精率。应按上述因素调整输精量。

根据实践，建议每次给母鸡输入 $70 \times 10^6 \sim 100 \times 10^6$ 个优质精子；蛋用型母鸡盛产期，每次输入原精液 0.025 ml，每 5 ~ 7 天输入一次；产蛋中、末期以 0.05 ml 原精液，每 4 ~ 5 天输入一次；肉用型母鸡每次输入 0.03 ml 原精液，每 4 ~ 5 天输入一次，中、末期以 0.05 ~ 0.06 ml，每周输入 2 次，或 4 天输入一次。

（4）输精时间。一天之内，用同样剂量的精液在不同时间输精，受精率有明显差异，主要原因是子宫内有硬壳蛋，以及产蛋使输卵管内环境出现暂时异常，从而影响精子在输卵管中存活与运行。在一天之内，于光照开始 4 ~ 5 小时内母鸡产蛋与排卵最为集中，此时输精受精率一般低于下午输精，而且容易引起母鸡内产卵而造成腹腔炎。

建议输精时间选择在一天内大部分母鸡产蛋后，或母鸡产蛋前 4 小时，产蛋 3 小时以后输精。具体输精时间可按照当时当地光照制度而定，通常在 16 ~ 17 点输精。

第三章　家禽的饲养管理

第一节　蛋鸡的饲养管理

蛋鸡的一生可分为三个时期，即 0～6 周龄的育雏期，7～20 周龄的育成期，20 周龄后的产蛋期。只有做好每个时期的饲养管理工作，才能获得最大的经济效益。但是各个时期由于蛋鸡生理特点、饲养目标不同，在饲养管理上有各自的特点。

一、雏鸡的饲养管理

（一）雏鸡的生理特点

1. 生长发育极为迅速　蛋用雏鸡的体重，在饲养管理得当的情况下，两周龄时比初生体重增加 2 倍，6 周龄时增加 10 倍，8 周龄时增加 15 倍。肉鸡的增长速度更高。这是其他任何家畜都不能比的。

2. 体温调节机能较弱　雏鸡出壳后，本身体温调节功能较弱，外表仅有绒羽，在自然条件下不能维持需要，体温比成年鸡要低约 3 ℃，10 日龄后才接近成年鸡的正常值。随着羽毛开始生长和脱换，雏鸡的体温调节机能逐渐加强。因此，在育雏开始时必须提供较高的环境温度，第二周起可逐步降温，以后视季节和房舍设备、外部温度等条件，于 4～6 周前后在自然温度下培育。

3. 雏鸡胃肠容积小，消化能力差，但新陈代谢强，所需新鲜空气和呼吸 CO_2、水蒸气量相对较多；生长快，饲料报酬高，要求用全价配合饲料。

4. 雏鸡无自卫能力，神经敏感，易受蛇、鼠、猫、狗、野兽的侵袭，并需要有安静的环境。

5. 雏鸡敏感性强，抗病力差，多种疾病对雏鸡都有威胁。

（二）育雏的方式

育雏的方式主要有立体育雏和平面育雏两种。

1. 立体育雏　又叫多层笼育，采用 3～5 层的专用育雏笼，采用叠层式排列，每层笼底均设承粪板，实行"全进全出"的管理方式。笼内采用电热丝或热水管、灯泡等做热源。笼的四周设食槽和水槽。

笼养方式的优点有很多：

（1）饲养密度大，一般要比平养多容纳 3～5 倍的雏鸡，每平方米可养 1 周龄雏鸡

60 只，而平养仅能容纳 20 ～ 24 只；

（2）有利于实行机械化、自动化养鸡，劳动生产率高，经济效益好；

（3）局部环境良好，便于集约化管理，使雏鸡生长规格一致；

（4）不用垫料，雏鸡不与粪便接触，患病率明显下降；

（5）节约饲料；

（6）便于观察和淘汰不良鸡群。但笼养鸡舍建造投资较大，如饲养管理不当，容易出现营养缺乏症、脂肪肝综合征、笼养疲劳症和骨折等。随着蛋鸡饲养业的发展，今后笼养方式将更为普及，技术也在不断改进，将成为蛋鸡的主要饲养方式。蛋鸡生产者可根据各地的条件，因地制宜，采用合理的育雏方式，提高育雏的效率。

2. 平面育雏　根据各地条件，平面育雏又可分为地面平养、火坑平养和网上平养三种。

（1）地面平养是小规模饲养的常规方式，即在地面铺垫 5 ～ 10 cm 厚的稻草、麦秸、刨花等柔软垫料。秸秆均铡切成 5 cm 的小段。1 ～ 3 日龄，利用纸板等材料设置围栏，热源（保护伞）设于围栏中心；此后扩大围栏，以利雏鸡活动。6 ～ 9 日龄可撤出围栏。

（2）火坑平养，适宜北方地区采用，即利用火坑作为热源和活动场所，坑面同样铺设柔软垫料。以上两种方式的优点是设施简单，便于管理，有利于雏鸡扩大活动范围。缺点是雏鸡接触被粪便污染的垫料后，容易感染疾病。

（3）网上平养，是利用网栅代替地面。网栅距地面 50 ～ 80 cm，以利清扫网下粪便和残料。网架通常采用角钢焊成，能够承受管理人员体重。其突出优点是雏鸡不再与垫料接触（不再铺设垫料），大大减少了球虫病、白痢等疾病发生率。

蛋用雏鸡饲养密度参考标准，如表 3-1 所示。

表 3-1　蛋用雏鸡饲养密度参考标准　　　　　单位：只 / 米²

周龄	地面平养		笼养	
	轻型鸡	中型鸡	轻型鸡	中型鸡
0 ～ 2	35 ～ 30	30 ～ 26	60 ～ 50	55 ～ 45
3 ～ 4	28 ～ 20	25 ～ 18	45 ～ 35	40 ～ 30
5 ～ 6	16 ～ 12	15 ～ 12	30 ～ 25	25 ～ 20

（三）雏鸡的饲养与管理

1. 育雏前的准备

（1）育雏舍准备：进雏前应根据饲养的雏鸡数和饲养密度准备好育雏舍、育雏笼及垫料。进雏数应考虑雏鸡的成活率、公母鉴别率。

（2）育雏用具的准备：育雏时须准备好雏鸡的料槽长：2.55 cm/ 只或料盘：50 只 / 个，中料桶：70 只 / 个。小饮水器：65 只 / 个，大饮水器：100 只 / 个。供暖设备，打扫卫生用具及药品。

入雏前用高压清水冲洗屋顶、地面、育雏架，清洗开食盘、饮水器等育雏用具，把育雏工具全部放入育雏舍内，再用消毒剂进行喷雾消毒，待干后关闭门窗，用 1%～2%NaOH 或 10%～20% 石灰溶液喷雾或浸泡地面，舍内再用福尔马林 15～40 ml＋7.5～20 g 高锰酸钾熏蒸 12 小时以上，再打开门窗。

2．雏鸡的选择与运输

（1）雏鸡的选择：应在无疫区、无疫场，种鸡群健壮，孵化技术规范，消毒严密的鸡场进雏。要求雏鸡毛丰满，眼有神，肚脐愈合好，行动灵敏，经兽医部门检查无疫病的雏鸡购进。

（2）雏鸡的运输：

①运输车辆和雏鸡箱要用碘酒或杀毒氧消毒晾干，每箱雏数要适宜。

②运输车辆要有保温设备，雏鸡所处温度在 33 ℃～35 ℃而且空气新鲜。

③要有专人看护，检查温度、空气新鲜度及其他情况。

④行速要慢，特别是上下坡和不平的道路及开始和停车时。

3．雏鸡的饲养

（1）开水（初饮）：初饮最好在出壳 24 小时左右，饮水中可添加 1%～2% 的葡萄糖，水温在 35 ℃左右，用新鲜卫生的凉开水，开水后不可断水。

（2）开食：以出壳后 36 小时为宜。开食过早，容易引起消化不良；开食过晚，会消耗雏鸡体力，另外雏鸡因饥饿吃得过猛或过多，也会造成消化不良。开食前先饮水，一般在给料前 2 小时左右提供饮水。开食可用料盘，以方便更多的雏鸡采食，一般 3 天后可逐渐撤换掉料盘，换成料槽或料桶任其自由采食。

4．雏鸡的管理

（1）鸡舍温度：进雏前育雏舍要先预温，达到育雏的温度要求。1～2 日龄伞下或热源周围温度在 34 ℃～35 ℃，测量点位于离地面 10～15 cm 处，舍内温度为 30 ℃～32 ℃，以后每天下降 0.5 ℃，一周龄后每周递减 2 ℃～3 ℃，直到可以使用自然温度，最适温度为 20 ℃～22 ℃。鸡群所处的温度是否适宜以鸡群活泼好动、不扎堆为标准（见表 3-2）。

表 3-2　蛋用雏鸡的育雏温度　　　　　单位：℃

周龄	0～1	1～2	2～3	3～4	4～5
育雏器温度	35～32	32～29	29～27	27～21	21～18
育雏室温度	30～26	26～24	24～22	22～21	21～18

（2）光照：雏鸡在 1～2 日龄需要连续 24 小时光照，强度一般为每 20 m² 鸡舍安装一盏 25 W 白炽灯为宜，要求离地面高度 1.5 m；3～14 日龄，需要 17 小时光照，强度一般为每 20 m² 鸡舍安装一盏 15 W 白炽灯为宜；2 周龄以后，需要 12～15 小时光照或自然光照，强度一般为每 20 m² 鸡舍安装一盏 10 W 白炽灯为宜。

（3）湿度：雏鸡适宜在相对湿度 60%～65% 的环境下生活。如果育雏室湿度过大，可勤换垫料，不让饮水打湿垫草，同时可以通过加强室内通风来降低室内湿度；如果育雏室湿度过小，可以在热源上烧水，或在人行道上洒水增湿。

（4）通风换气：育雏舍应特别注意通风换气，窗户可钉塑料布，中午气温高时，可进行通风换气。

（5）雏鸡饲养密度：指每平方米饲养的雏鸡数（见表3-3）。

表3-3 蛋用雏鸡饲养密度参考标准 单位：/m²

周龄	地面平养		笼养	
	轻型鸡	中型鸡	轻型鸡	中型鸡
0～2	35～30	30～26	60～50	55～45
3～4	28～20	25～18	45～35	40～30
5～6	16～12	15～12	30～25	25～20

（6）雏鸡断喙：

①断喙时间。雏鸡断喙一般进行2次，第一次是在8～10日龄进行，第二次是在第一次断喙不彻底时。在第12周龄补断一次。断喙前后应在饮水或饲料中添加维生素K和维生素C，以减少断喙而产生的应激。

②断喙方法。手术者一手握住雏鸡的双脚，一手固定雏鸡头部（大拇指置于雏鸡头部后面，食指置于颈部下方轻按紧靠喙底的咽喉处，使雏鸡舌头缩回），使其略微向下倾斜，将鸡喙插入适当的断喙孔，大约切去雏鸡上喙的1/2，下喙的1/3，注意切掉生长点，烧灼约2秒钟止血，剩余部分的长度离鼻孔要有2 mm。切断部位的横切面上呈焦黄色，精确断喙后雏鸡可以一直保持到产蛋期不再断喙。

③注意事项：

a. 禁止上下喙张开进入断喙孔，否则易将雏鸡舌头切断或烫伤。

b. 最好用全自动切嘴机。刀片要锋利，刀片与断喙孔板结合处要严密。刀片呈暗红色，温度大约在650 ℃时为断喙适宜温度。温度低时鸡喙会被撕下而不是被切下；温度高时，鸡喙就会粘在刀片上，而使鸡喙受到损伤。上述两种情况都会有出血现象，应及时处理，否则鸡群会发生互喙现象，造成鸡体失血过多而死亡。

c. 固定鸡头的手指用力要适当，否则会造成上下喙不齐的现象。断喙不充分在产蛋后期易形成啄癖，鸡群互啄背部及后腹部羽毛，会发现鸡群的背部无毛或只有羽髓；鸡群食入羽毛会导致腹泻，引起产蛋量下降和饲料浪费；扭曲交叉状喙的鸡群，则因采食、饮水困难而影响生长发育，在鸡群中表现为个体较小。

d. 断喙后，饲料、饮水供应要充足。

e. 断喙有可能诱发慢性呼吸道疾病，应及时投入抗生素加以预防。

（7）做好日常管理：

①观察鸡群。经常观察鸡群是养鸡管理的一项重要工作。通过观察鸡群，一是可促进鸡舍环境的改善，避免环境不良所造成的应激反应；二是可尽早发现疾病的前兆，以便早预防早治疗。主要观察鸡群的行为姿态、羽毛、粪便、呼吸及采食量、饮水量等。

②定期称重。为了掌握雏鸡的发育情况，应定期随机抽测5%～10%的雏鸡体重，

与本品种标准体重进行比较，如有明显差别时，应及时修订饲养管理措施。

③搞好卫生、做好记录。每天应打扫卫生，对鸡舍、用具应定期进行消毒，并认真做好各项记录，总结经验教训。

二、育成鸡的培育

1. 育成鸡的生理特点

（1）育成鸡具有健全的体温调节能力和较强的生活能力，对外界环境的适应能力和对疾病的抵抗能力明显增强。

（2）育成鸡的消化能力强，生长迅速，是肌肉和骨骼发育的重要阶段。其在整个育成期体重增幅最大，但增重速度不如雏鸡快。体重增长速度随着日龄增加而逐渐减慢，但脂肪沉积随日龄的增加而增加。育成鸡容易超重，这对产蛋性能有直接的影响。

（3）育成后期，鸡的生殖系统发育成熟。在光照管理和营养供应上要注意这一特点，顺利完成由育成期到产蛋期的过渡。

2. 体重与体型　育成鸡的体重、体型要求后备鸡在育成期间，应注意体重与体型生长的协调性。体重和胫长双达标是理想体型的重要标志，即骨架大小适中，体重达标，均匀度好。

开产时体重不低于18周龄标准体重下限，同时，15～18周龄鸡群的均匀度应高于80%，鸡群均匀度在一定程度上讲比单纯的平均体重更重要。在70%均匀度基础上，均匀度每±3%，平均产蛋量也将±4枚。而且均匀度好的鸡群，从5%到90%产蛋率的时间一般不超过30天，甚至不足15天。这种鸡群产蛋高峰期维持时间也较长。

3. 育成鸡的饲养

（1）调整日粮。合理饲养育成鸡，使饲料中能量和蛋白质含量符合育成鸡生长发育需要，分为7～14周龄和15～20周龄两个阶段。我国蛋鸡的饲养标准将育雏期18%蛋白质降至7～14周龄的16%和15～20周龄的12%，钙由育雏期0.8%降至7～14周龄的0.7%，15～20周龄的0.6%。在有条件的农村牧区可实行放牧饲养，放牧饲养时，每天早晚各补饲料一次，饮水要充足。

（2）育成鸡的限制饲养。限制饲养是指根据育成鸡的营养特点所采用的限制采食量，降低饲料营养水平的一种特殊饲养措施，目的是提高饲料转换率，控制适时开产。

限制饲养时的喂料方式有每日喂料、隔日喂料和每周停喂2天等。每日喂料是指每天限制采食量，将规定1天的喂料量在早上一次投给。隔日喂料是指将规定的2天的饲料量在1天喂给，喂1天停1天。每周停喂2天是指将每周的饲料量分为5天喂给，即1周内周一、周二、周四、周五、周六喂，周三、周日停喂。

限制饲养时的注意事项：①定期称重，限制饲养开始时，要随机抽取30%～50%只鸡称重编号，然后每周称重一次，与标准体重对照差异不超过10%者为正常。②限制饲养期间，应保证每只鸡有足够槽位。③为防止啄癖发生，限制饲养前应断喙。④当鸡舍气温突然变化、鸡群发病、接种疫苗或转群时，应停止限制饲养，待消除影响后再进行。⑤限制饲养应与限制光照相配合，这样才能收到更好的效果。

4．育成鸡的管理

（1）转群。育雏结束后转入育成鸡舍，转群时冬天选晴天，夏天选在早晚凉爽的时间，尽量在一天内转完，并把体重大小一致的分在一起，便于管理。体重轻的可留在育雏室内多饲养一周。转群时防止人为伤鸡。转群前3天，小鸡饲料中加入电解质或维生素。饲料转换要有过渡，第一天育雏料和生长期料对半，第二天育雏料减至40%，第三天育雏料减至20%，第四天全部用生长期料。小鸡转群后，由于环境的变化，需要适应，要防止炸群。要注意观察鸡能否都喝得上水，一周后鸡熟悉以后，才能按育成鸡的管理技术进行正常操作。

（2）做好脱温工作。雏鸡进入育成期后，体温调节机能已健全，不再需要保温，应逐渐停止供温。停止供温要有个过渡期，不要太突然，可以先白天停温，晚上供温，晴天停温，阴天供温。应逐渐减少每天供温次数，最后达到完全脱温。一般舍温在20 ℃～22 ℃为宜。

（3）加强光照管理。育成期每天光照8～9小时为宜，强度在5～10 Lx为宜。一般从18～20周龄开始，每周增加光照时间0.5～1小时直到光照时间达到14小时。

（4）做好卫生防疫工作。应切实落实鸡场的免疫程序和计划，搞好日常环境卫生，严格执行消毒制度，保证鸡群健康（见表3-4）。

表3-4　蛋鸡免疫程序（仅供参考）

日龄	疫苗名称	接种方法
1	马立克氏病疫苗	颈部皮下注射
4	新城疫、传染性支气管炎二联活疫苗	滴鼻
9	法氏囊病灭活疫苗	饮水
14	新城疫、传染性支气管炎二联活疫苗（H120）	饮水
20	法氏囊病灭活疫苗	饮水
26	新城疫、传染性支气管炎二联活疫苗（H120）	饮水
35	禽流感疫苗	肌肉注射
47	传染性喉支气管炎疫苗	点眼
60	新城疫、传染性支气管炎二联活疫苗（H52）	饮水
95	传染性喉支气管炎疫苗	点眼
100	鸡痘疫苗	翅膀下穿刺接种
110	新城疫、传染性支气管炎、减蛋综合征三联灭活疫苗	肌肉注射
115	禽流感疫苗	肌肉注射

（5）日常管理。日常管理是生产的常规性工作，必须认真、仔细地完成。这样才能保证鸡群的正常生长发育，提高鸡群体重整齐度。

育雏、育成期主要工作程序，见表3-5。

表 3-5　育雏、育成期主要工作程序

序号	鸡的日龄	工作内容	备注
1	1	接雏，育雏工作开始	
2	7～10	第一次断喙	
3	42～49	第一次调整饲料配方，先脱温，后转群	
4	50～56	公母分群，强弱分群	
5	84	第二次断喙，只切去再生部分	
6	98～105	第二次调整饲料配方	
7	119～126	驱虫、灭虱，转入产蛋舍	
8	126～140	第三次调整饲料配方，增加光照时间	
9	140	总结育雏、育成期工作	

三、产蛋鸡的饲养管理

1. 产蛋鸡的生理特点

（1）开产后身体尚在发育。刚进入产蛋期的母鸡，虽然已性成熟，但身体仍在发育，体重继续增长，开产后 24 周，约达 54 周龄后生长发育基本停止，体重增长较少，54 周龄后多为脂肪积蓄。

（2）产蛋鸡富有神经质，对于环境变化非常敏感。鸡产蛋期间，饲料配方的变化，饲喂设备的改换，环境温度、湿度、通风、光照、密度的改变，饲养人员和日常管理程序等的变换，鸡群发病、接种疫苗等应激因素等，都会对产蛋产生不利影响。

（3）不同时期对营养物质的利用率不同。刚到性成熟时期，母鸡身体贮存钙的能力明显增强。随着开产到产蛋高峰，鸡对营养物质的消化吸收能力增强，采食量持续增加，而到了产蛋后期，其消化吸收能力减弱而脂肪沉积能力增强。

开产初期产蛋率上升快，蛋重逐渐增加，这时如果采食量跟不上产蛋的营养需要，会被迫动用育成期末体内贮备的营养物质，结果体重增长缓慢，以致抵抗力降低，导致产蛋不稳定。如果在寒冷季节遇到寒流侵袭，鸡舍保温条件又不好，会出现产蛋率下降的现象，影响后期的产蛋成绩。

2. 开产前的饲养管理　从 16 周龄开始，小母鸡逐渐性成熟。针对开产前小母鸡的生产特点，加强此期的饲养管理，是输送合格新母鸡相当重要的一个环节。

（1）补钙及饲料的更换。应在开产前 10 天或当鸡群产第一枚蛋时，将育成鸡料含钙量提高到 2%，其中 1/2 的钙放入食槽内任由开产鸡采食，直到鸡群产蛋率达 5% 时，再换为产蛋料。

（2）转群。在转群的前 3～5 天，将产蛋鸡舍准备好并消毒完毕，并在转群前做好母鸡的免疫和修喙工作。转群前 2～3 天，饲料中补加维生素 C（喂量 100-150 克 / 吨），以增强转群时的抗应激能力。

转群过程中应注意的事项：①转群时只选留合格的鸡转群入笼。要注意观察眼睛、冠髯发育，体重大小，胸腿发育，羽毛状况等，把病、弱、残等不健康鸡剔除，这样就可能得到健康而整齐度较好的鸡群。②转群时间最好在晚上能见度低时进行，抓鸡时要轻抓轻放，要抓腿，不要抓翅膀，以防折断。装笼运输时，要少装勤运，防止压死、闷死鸡。③育成期笼养的鸡，应注意转入产蛋鸡舍相同层次的鸡笼，以免层次改变造成不良影响。④转群时要集中人力，在最短时间内完成转群工作。因为转群所花时间越少，对鸡的干扰越轻。在转群鸡舍要先放好饲料和饮用水，并在饲料中投喂 2～3 天维生素 C 或抗生素，以减少应激反应和增强其抵抗力。同时鸡舍灯光要暗一些，这样对鸡的惊扰更少些。

3．产蛋鸡的饲养

（1）产蛋鸡营养需要。必须重视产蛋鸡的营养需要，根据产蛋率给料，一般日粮中代谢能为 11.50～11.71 MJ/kg，当产蛋率高于 80%，日粮的粗蛋白质应达到 16.5%～17%，钙的含量为 3%～3.5%；当产蛋率下降时，蛋白质和钙的含量应该适当减少。

（2）三阶段饲养法。产蛋前期是指 21 周龄至 24 周龄。该阶段是产蛋开始和产蛋鸡继续生长阶段，既要提供产蛋营养也要提供生长营养。日粮的各营养物质要求全价和平衡。

产蛋中期是指 25 周龄至 42 周龄。这个阶段是产蛋迅速上升和产蛋高峰阶段。要求日粮不仅具备营养的全价性和平衡性，还要求日粮的营养浓度高。日粮的蛋白质含量在 16.5% 以上，代谢能也需在 11.51 MJ/kg 以上，维生素和微量元素均要高于其他产蛋阶段的日粮。

产蛋后期是指 43 周龄至 72 周龄。该阶段产蛋率按每周 1% 左右下降，同时鸡的体重几乎不再增加。因此日粮的各营养物质要低于产蛋中期日粮的各营养物质水平。此阶段要根据鸡的品种，确定是否采用轻度限制饲喂的方法，有些品种如轻型白来航鸡采食量不大，又不至于在体内积累过多的脂肪，一般不进行限制饲喂。有些品种如中型产褐壳蛋鸡，饲料消耗过多，要限制饲喂，否则体内积累过多的脂肪，影响产蛋。进行限制饲喂时要十分慎重，因为高产鸡对饲料营养的反应极为敏感。通常在产蛋后期每隔 4 周抽测体重，根据体重情况，确定采用限制饲喂或自由采食方法。如体重过大，采用限制饲喂，对轻型的来航鸡应少喂 6%～7% 的日粮，中型产褐壳蛋鸡少喂 10% 的日粮。限制饲喂只限鸡的采食量和日粮的能量，日粮的其他营养不应减少，因此限制饲喂需要改变日粮，可提高鸡的存活率，饲料消耗少，在经济上是合算的。

产蛋阶段一般一天饲喂 1～2 次或自由采食，全天自由饮水。21～22 周龄采食量为 100～105 g，23～24 周龄为 105～115 g，25 周龄以后为 120 g 左右。

4．产蛋鸡的管理

（1）观察鸡群：

①在清晨开灯后，观察鸡群精神状态和粪便情况，若发现病弱鸡和异常鸡，应及时挑出隔离或淘汰。

②夜间闭灯后，倾听鸡群有无呼吸道疾病的异常声音，特别是在冬天，由于通风不良，易造成呼吸道疾病，可及时调整通风。如听到鸡群有呼噜、咳嗽等，有必要的应及

时进行隔离或淘汰，以防止扩大蔓延。

③观察舍温的变化幅度，尤其是在冬、夏季节要经常看温度并做好记录，还要查看通风饮水系统及光照等，发现问题及时解决。

④喂料给水时，要观察料槽、水槽是否适应鸡的采食和饮水习惯，还应注意采食量和饮水量的变化。

⑤观察有无啄癖鸡，脱肛、喙肛现象。若发现应及时挑出，用紫药水将血色涂掉或及时淘汰。

（2）鸡舍温度。温度对产蛋鸡的生长、产蛋、蛋重、蛋壳品质、种蛋受精率及饲料报酬等都有较大影响。产蛋鸡适宜的温度范围为5 ℃～28 ℃，产蛋适宜温度为13 ℃～20 ℃，其中在13 ℃～16 ℃产蛋率最高，15.5 ℃～20 ℃饲料报酬最好。综合考虑各种因素，产蛋鸡舍的适宜温度为13 ℃～23 ℃，最适温度为16 ℃～21 ℃；最低温度不能低于7.8 ℃，最高温度不应超过28 ℃，否则，会对产蛋鸡的产蛋性能有较大影响。

（3）湿度。产蛋鸡适宜的相对湿度为60%左右，但相对湿度为45%～70%，对产蛋鸡生产性能影响不大。鸡舍内湿度太低或太高，对鸡的生长发育及生产性能损害较大。当鸡舍内湿度太低时，空气干燥，鸡的羽毛紊乱，皮肤干燥，饮水量增加，鸡舍尘埃飞扬，易使鸡发生呼吸道疾病。遇到这种情况，可向地面洒水，或把水盆、水壶放在炉子上使水分蒸发，以提高室内湿度。

生产中往往遇到的不是鸡舍内湿度太低而是鸡舍内湿度太高。当鸡舍内湿度太高时，鸡的羽毛污秽，稀薄的鸡粪四溢，此种情况多发生在冬季，鸡舍内外温差大，通风换气不畅，鸡群易患慢性呼吸道疾病等。在这种情况下，应该通过加大通风量、经常清粪，在鸡舍内放一些吸湿物等办法来降低湿度。

（4）通风换气。通风换气的目的在于调节鸡舍内温度，降低湿度，排除污浊空气，减少有害气体、灰尘和微生物的浓度和数量，使鸡舍内保持空气清新，供给鸡群足够的氧气。

为了达到通风的目的，在建造鸡舍时，应合理设置进气口与排气口，使气流能均匀流过全舍而无贼风（即穿堂风）。即使在严寒季节也要进行低流量或间断性通风。进气口须能调节方位与大小，天冷时进入舍内的气流应由上而下不直接吹向鸡体。机械通风的装置应能调节通风量，根据舍内外温差调节通风量与气流速度的大小。

（5）光照。产蛋鸡光照的原则是在产蛋率上升期，光照时间只能增加不能减少，在产蛋高峰来临前的2～3周，每天的光照时间要达到16～16.5小时并恒定不变，在产蛋后期，每天可增加0.5小时，至17小时。

密闭式鸡舍的光照时间应在原来每天8小时的基础上每周增加1小时。连增两周后，改为每周增加半小时，直至每天光照16～16.5小时，维持恒定不变。开放式鸡舍，主要是利用自然光照，不足部分用人工光照来补充。产蛋期光照时数，应根据当地日照时间的变化来调节，日照短于光照时数的差数，应采取人工补充光照。增加光照时间，以天亮前和日落后各补一半为宜。较为简单的方法是：保证规定的光照时间，早晚各开、关灯1次。若每天光照16小时，则可在早上4：30开灯，日出后关灯；晚上日落后开灯，20：30关灯。这样每天的开关灯时间不变，便于管理，不易出错。

　　人工补充光照一般采用不大于 60 W 的清洁白炽灯，并使用灯罩，注意保持灯罩完好，每周擦拭灯泡 1 次。用 40 W 灯泡时，灯泡离地面 1.5～2 m，灯间距在 3 m 左右，若安装 25 W 灯泡，其灯间距应为 1.5 m，食槽、饮水器尽量放在灯泡下方，以便于鸡的采食和饮水。

　　产蛋鸡在产蛋期间的光照强度以 1 m^2 面积 10 Lx（或 3 W）为好，它有利于蛋的形成和蛋壳钙化。光照过强会引起鸡的不安，神经敏感，导致破蛋增加。

　　（6）饲养密度。饲养密度与饲养方式密切相关，不同饲养方式有不同的饲养密度（见表 3-6）。

表 3-6　商品产蛋鸡的饲养密度　　　　　　　　单位：只/m^2

蛋鸡类型	全垫料地面	网上平养	笼养
轻型蛋鸡	6.2	11	26.3
中型蛋鸡	5.3	8.3	20.8

　　（7）尽量避免应激因素发生。应激是指对鸡健康有害的一些症候群。应激可能是气候的、营养的、群居的或内在的（如由于某些生理机能紊乱，病原体或毒素的作用）。

　　鸡应激的特征为：垂体前叶和肾上腺增大，腺上素胆固醇耗竭，血浆皮质酮水平升高，胸腺萎缩及雏鸡腔上囊萎缩，循环白细胞数及血糖和血浆游离脂肪酸浓度变化，生长迟缓，体重减轻，生产性能下降等。

　　任何环境条件的突然改变，都可能引起鸡发生应激反应。养鸡生产中，应激因素是不可避免的，如：称重，换料，噪声，舍温过高或过低，密度过大，通风不良，光线过强，光照制度的突然改变，饲料营养成分缺乏或不足，断料停水，饲养人员及作业程序的变换，陌生人入舍，鼠、狗、猫等窜入鸡舍等。防止应激反应的发生，尽量减少应激因素的出现，创造一个良好、稳定、舒适的鸡舍内外环境，是产蛋鸡管理尤其是产蛋高峰期管理的重要内容。

　　应激是有害的，但生产中又是不可避免的，减少应激源，把危害降低到最低程度在产蛋鸡生产中是可以做到的。减少应激因素除采取针对性措施外，应严格制订和认真执行科学的鸡舍管理程序，并注意以下问题：保持鸡舍内外环境安静，严防噪音和大声喧哗，操作时动作要轻；除饲养人员、技术人员之外，其他人员严禁进入鸡舍，严禁鸟、猫、狗等动物进入鸡舍，抓鸡、转群、免疫尽量安排在晚上进行，以减轻对鸡群的惊扰；尽量控制好产蛋鸡所需的环境条件，温度、湿度、密度适宜，通风良好，光照制度严格执行，料位、水位充足；日常作业程序一经确定，不要轻易改变，尽量保持其固定性；更换饲料时要逐步进行，应有 1 周的过渡期。

　　（8）日常管理。饲养人员要按时完成各项工作，如开灯、关灯、给水、喂料、拣蛋、清粪、消毒等工作，并做好记录。

　　每天必须清洗水槽，喂料时一定要检查饲料是否正常，有无异味，是否发霉变质。每天早晨及时清粪，保证鸡舍内环境优良。最好每周二次进行鸡舍消毒，使鸡群有一个干干净净的卫生环境，充分发挥其生产性能。一般每天拣蛋二次，即上午一次，下午一次，并每天认真做好记录。表 3-7 所示的是产蛋鸡生产记录表。

表 3-7　产蛋鸡生产记录表

日期	日龄	存栏（只）	死淘（只）		产蛋数（枚）			产蛋率（%）	产蛋量（kg）	耗料量（kg）
			淘汰	死亡	完好	破损	小计			

第二节　肉用仔鸡的饲养管理

一、肉用仔鸡的生产特点

1. 早期生长速度快　肉用仔鸡公母混合饲养，在正常的生长条件下，早期生长十分迅速。一般 2 周龄体重可达 0.35 kg，4 周龄体重可达 1.00 kg，6 周龄体重可达 1.80 kg，7 周龄体重可达 2.0～2.50 kg，大约是出壳重的 50 倍。

2. 饲养周期短，劳动效率高　在国内，肉用仔鸡从雏鸡出壳，饲养至 7 周龄即可达到上市标准体重，而售出后，经 2 周打扫、清洗、消毒，又可进鸡。这样 9 周就可饲养一批新的肉用仔鸡，一年可以饲养 5 批。如果一幢鸡舍 2 个饲养员，一次能养 1 万只肉用仔鸡，则一年能生产近 5 万只。

3. 饲料转化率高　在肉用畜禽中，肉用仔鸡的饲料转化率最高，一般肉牛为 5：1，肉猪 3：1，而目前许多国家肉用仔鸡已达 2：1 的高水平，更高者达 1.72：1。另外，依靠肉用仔鸡早期生产速度快的特点，可缩短其饲养期，在 7 周龄上市，进一步提高饲料转化率，经济效益也相应提高。

4. 饲养密度大，设备利用率高　肉用仔鸡与蛋鸡相比，喜安静，不好动，除了吃食饮水外，很少斗殴跳跃，特别是饲养后期由于体重迅速增长，活动量大减。虽然密度随着肉用仔鸡日龄的增加而增大，但是只要有适当的通风换气条件，就可加大饲养密度。一般可厚垫料平养，每平方米可养 13 只左右，比同等体重同样饲养方式的蛋鸡密度约增加 1 倍。

5. 劳动生产率高　肉用仔鸡集约化生产，效益十分理想，笼养、网养、平面散养均可，农村可因地制宜，不需要什么特殊设备。一般平面散养，一个人可以管理 1 500～3 000 只，全年可以饲养 7 500～15 000 只，使劳动力得到充分利用。

6. 肉用仔鸡的腿部疾病较多，胸囊肿发病率高　腿部疾病已成为影响肉用仔鸡迅速发展的一大障碍。日本平均肉用仔鸡的腿部疾病占 3%～4%，有些鸡场达 10%～15%。

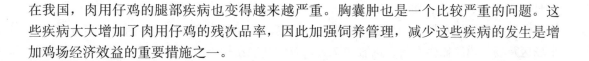

在我国，肉用仔鸡的腿部疾病也变得越来越严重。胸囊肿也是一个比较严重的问题。这些疾病大大增加了肉用仔鸡的残次品率，因此加强饲养管理，减少这些疾病的发生是增加鸡场经济效益的重要措施之一。

二、雏鸡的选择

选择优质雏鸡是保证成活率的关键：

1. 对一些重要疾病，具有较高或较一致的母源抗体。

2. 体重大小比较均匀，一般体重应在 34 g 以上。

3. 体力充沛，活泼好动，反应敏捷，叫声清脆，抓在手中时挣扎蹬腿有力。颜色均匀，绒毛整洁，有光泽，眼圆明亮。肛门周围绒毛不粘贴成糊状。腹部大小适中，无畸形，无脐带闭合不良和感染。腿部应光润丰满，不干燥枯萎。

三、肉用仔鸡的饲养与管理

（一）饲养方式

1. 厚垫料平养 是将鸡饲养于铺有厚垫料的地面上。这种饲养方式的优点是：设备简单投资少，简便易行，可减轻肉用仔鸡胸囊肿的发生。这种饲养方式的缺点是：饲养密度小，劳动强度大，易发生球虫病，药品费用高等。

2. 网上平养 是把雏鸡养在舍内高出地面约 60 cm 左右的塑料网上，粪便从网眼中漏到地面上。这种饲养方式的优点是：减少了雏鸡与粪便的接触，有利于防止疾病的发生，减少了药品投入，生长速度优于地面平养。这种饲养方式的缺点是：一次性投资较高，易发生肉用仔鸡胸囊肿。

3. 笼养 指将雏鸡养在 3～5 层的笼内。这种饲养方式的优点是：可以提高饲养密度，提高鸡舍饲养密度，便于实行机械化，提高劳动生产率；降低生产成本，有利于控制疾病。这种饲养方式的缺点是：一次性投资较大，饲养管理技术要求较高。

（二）饲养前的准备

1. 鸡舍的准备 根据鸡舍的类型和饲养密度来决定鸡舍的大小。非封闭式鸡舍：平均 10.8 只 /m²；秋冬春季 10.8～13.5 只 /m²；夏季 9～10.8 只 /m²。封闭鸡舍：12 只 /m²。环境控制鸡舍：13.5 只 /m²。

2. 垫料、网和笼的准备 根据饲养方式和饲养只数来准备，一般垫料厚度为 10～12 cm。

3. 设备的准备 饮水器：小饮水器：65 只 / 个，大引水器：100 只 / 个；饲槽：料盘 50 只 / 个，中料桶 70 只 / 个，大料桶 80 只 / 个；其他用具：取暖设备、喷雾器、水桶、大盆、塑料布、打扫卫生用具等。

4. 消毒 进雏前 15 天，清理鸡舍：先用卫康消毒剂将整个鸡舍喷雾消毒，再将设备器具搬出清洗、消毒，彻底清除舍内粪便、垫料、羽毛、灰尘等。对清理好的鸡舍进行消毒：地面和周围环境使用 3% 的火碱进行消毒，顶棚和四壁应用消毒剂喷雾消毒，在整个场区及场外道路撒生石灰。进雏前 7 天，查漏补缺：检查门窗、通风口及顶棚，确保没有上批鸡留下的灰尘。进雏前 5 天，可使用甲醛和高锰酸钾进行熏蒸消毒（一般每立方米空间用 30 ml 甲醛和 15 g 高锰酸钾，并在鸡舍每隔 10 m 放置一个熏蒸容器，先放入高锰酸钾，然后倒入甲醛，烟熏消毒一定要注意安全，出门后立即将门窗封严），密封 24 小时。将熏蒸消毒 24 小时的鸡舍，门、窗打开通风放味。为了消毒方便，应在鸡舍门口设立消毒池，消毒液一般 2 天换一次，以使其保持有效杀菌浓度。

5. 饲料和常用药品的准备

饲料的准备见表 3-8。

表 3-8　饲料的准备　　　　　　　　　　　　单位：kg/ 只

种类	全价料	大浓缩料
雏鸡料	1.4	0.56
中雏料	2.55	0.9
育肥料	1.14	0.4
合计	5.09	1.86

常用药品的准备：一般准备维生素类药物、抗应激类药物、抗生素类药物、抗病毒类药物、抗球虫类药物、亚硒酸钠 VE 等。

（三）肉用仔鸡的饲养

1. 饮水　一日龄雏鸡第一次饮水称为初饮，一般在毛干后 3 小时即可到育雏室给予饮水。雏鸡体内 60% ～ 70% 是水分，因脱水或排泄损失 10% 的水分就会引起机体失调，损失约 20% 的水分即可引起死亡。出雏 24 小时后消耗体内 8% 水分，48 小时消耗体内 15% 水分，因此雏鸡到育雏室后必须先饮水后进食，以促进机体胃肠蠕动，吸收残留卵黄排除胎粪，增加食欲，利于开食，故初饮尤为重要。

雏鸡在到达育雏室之前，安放好小饮水器，内装凉开水，加 5% ～ 10% 白糖或 5% ～ 8% 的葡萄糖，同时加多维电解质、抗生素，以增强雏鸡的体能。雏鸡到达后饲养员即日及时调教喝水，调教喝水的雏鸡需占 5% 左右，这样雏鸡才会很快学会喝水，注意调教时莫让水淹没鼻孔。小饮水器需保持清洁卫生，四小时更换一次饮水，同时用优质的消毒剂清洗饮水器。

5 ～ 7 天后，开始将饮水器移向自动饮水器旁；8 ～ 10 天后，饮水器逐渐减少，使雏鸡发现新的水源，最迟不超过二周，使其完全适应自动饮水器。一般自动饮水器保持在鸡的背和眼之间的位置高度，槽内水量保持在 0.5 ～ 1.0 cm 的水位高度，当饮水器保持在正确高度和适当水量时，水溢出量最少，有益于垫料管理。一般饮水量是饲料量的 2 ～ 3 倍，且因气温的不同有所变化，气温升高，饮水量增加。表 3-9 所示为 100 只鸡每天所需的饮水量。

表 3-9　100 只鸡每天所需的饮水量

鸡周龄	100 只鸡每天所需的饮水量（升）
1	3.14
2	9.08
3	14.38
4	16.65
5	17.41
6	21.57
7	25.36

2．喂料　雏鸡第一次吃食称为开食。一般认为在开水后 2 小时，1/3 的雏鸡开始有啄食行为时即可喂料，不可过早或过迟。开食实行自由采食，以不浪费饲料为原则，能吃多少给多少，每次添料不超过料盘深度的 1/3，以防浪费。

喂料的方法：饮水后 2 小时开始喂料。1 ～ 3 天用料盘，在雏鸡料中加入维生素 AD_3、维生素 B_1、维生素 B_2 和 2% 酵母，并把拌好的料用温开水闷成潮干。第一天喂料 1 小时，停 2 小时；第二天喂料 1.5 小时，停 1.5 小时；第三天喂料 2 小时，停 1 小时；4 ～ 14 天用中料桶喂料，全天给料；15 天用大料桶喂料，全天给料。在料桶中加料时，应加到料桶的 1/2，以免料的浪费。

（四）肉用仔鸡管理

采用"全进全出"的饲养制度，即在同一范围内只进同一批雏鸡、饲养同一日龄，并且在同一天全部出场。出场后彻底打扫、清洗、消毒，切断病原的循环感染。

1．做好准备工作　进雏前 3 天，预热、升温、试温，舍内温度应高于育雏温度 2 ℃左右，检查取暖设备是否良好，鸡舍各处受热是否均匀，有无漏烟、倒烟现象，临进雏鸡前 1 天，温度应达到要求（35 ℃～ 38 ℃），铺好垫料，准备好雏鸡料、药品等。

2．进雏

（1）雏鸡的运输。初生雏鸡经过挑选后就可起运，最好能在 48 小时内到达目的地，时间过长对雏鸡的生长发育有较大的影响。运输雏鸡有专用的运输箱，箱外注明品种、鸡数、出雏日期、运送地址和单位。运输箱四周与顶盖应有通风孔，箱内有隔板，防止挤压。运输时注意防寒、防缺氧、防热、防晒、防淋、防颠簸震动等，如路程远者，途中最好检查雏鸡动态。

（2）接雏。雏鸡到达目的地后，及时将雏鸡移到舍内，点数，然后均匀放置在水源和热源处，雏鸡供水约 2 小时后再给料。从进雏开始就做好有关死亡率、饲料转化率、鸡舍日常温度和用药、疫苗接种等有关记录。

3．创造适宜的环境条件

（1）温度。为了保证雏鸡一开始就有一个良好的环境温度，在进雏前一、二天即开始加温，保温伞边缘温度达到 32 ℃～ 35 ℃，室内温度达到 20 ℃～ 25 ℃并保持稳定。一般要求，在育雏器的边缘，垫料上方 5 cm 地方测温度，鸡舍内每 10 m 放一个温度计。表 3-10 为育雏温度范围。

表 3-10　育雏温度范围

日龄（天）	1 ～ 7	8 ～ 14	15 ～ 21	22 ～ 28	29 ～上市
温度（℃）	36 ～ 32	32 ～ 29	29 ～ 27	27 ～ 24	21

注意事项：①良好的温度是保证育雏成败之关键，因此育雏温度应保持平稳，适时降温，工作人员每天必须检查和记录温度变化，细致观察鸡的行为，以雏鸡不挤堆、靠近热源及不远离热源，张翅喘气面均匀散布地面，食欲旺盛为佳。②在鸡群产生应激或疫苗接种时，育雏器温度应比正常要求的温度大约提高 2.5 ℃，直到鸡群恢复健康为止。③准确校正温度计，结合雏鸡动态进行施温。

（2）湿度。供温的同时不可忽视舍内空气的湿度，在育雏前期温度在 30 ℃以上，如湿度较低，易造成雏鸡脱水，而后期如湿度过高，将导致球虫和霉菌繁殖，严重影响雏鸡的健康。育雏适宜的相对湿度，见表 3-11。

表 3-11　育雏适宜的相对湿度

日龄（天）	0 ～ 10	11 ～ 30	31 ～ 45	46 ～ 60
适宜湿度（%）	70	65	60	50 ～ 55

注意事项：①在舍内的地面进行洒水不是正确调节湿度的方法，因水蒸发时会在离地不远的高度上形成一层低温高湿的空气层，对雏鸡极为不利。②舍内应多放水盆，杜绝挂湿布及通过向空中和墙壁喷雾等方式提高舍内湿度。③单纯用水加湿不如用一定浓度的消毒液的加湿效果好。

（3）通风。通风的目的是减少舍内有害气体，增加氧气，保证鸡体正常代谢；同时通风能降低舍内的温度，调节湿度，保持垫料干燥，减少病原繁殖。

通风换气时需注意的事项：①避免贼风。②防止一氧化碳（CO）中毒。③防止氨气（NH_3）浓度过高。当氨气浓度超过 20 ppm 时，能引起呼吸系统疾病，同时诱发其他疾病的产生，氨气会刺激鸡的眼结膜，导致失明。测定鸡舍内氨气浓度的一般标准：10 ～ 15 ppm 可嗅出氨气味；25 ～ 35 ppm 开始刺激鸡的眼睛和流鼻涕；50 ppm 鸡的眼睛会流泪发炎；75 ppm 鸡的头部抽动，表现出极不舒服的病态。④防止缺氧。缺氧会使肉用仔鸡腹水症发生率大大提高，鸡的生长速度和成活率等都受影响。⑤防止舍内湿度过高或过低。舍内空气湿度过高，会促进有害气体的产生，夏天不易降温；湿度低则空气中尘埃过多，导致严重的呼吸道疾病、气囊炎等病变。

（4）光照。通常在育雏的前 3 天给予较强的光照，然后逐渐降低，第 4 周开始必须采用弱光照，15 W/20 m² 即可，见表 3-12。实际上只要鸡能看到饲料和水，能正常采食和饮水就够了。

表 3-12　育雏光照强度

日龄 （天）	光照强度 （Lx）	附注	
		灯距地面 2 m 左右	
		平养灯泡瓦数（W）	笼养灯泡瓦数（W）
0～3	25	60	100
4～14	10	40	60
15～35	5～10	15～40	15～60
36 以后	维持 5	15	15

（5）饲养密度。饲养密度是指育雏室内每平方米所容纳的雏鸡数。密度对雏鸡的生长发育有着重大影响。密度过大，鸡的活动受到限制，空气污浊，湿度增加，导致鸡的生长缓慢，群体整齐度差，易感染疾病，死亡率升高，且易发生雏鸡相互残杀，即啄肛、啄羽等恶癖，降低肉用仔鸡的品质；密度过小，则浪费空间，饲养定额少，成本增加。密度应根据鸡舍的结构、通风条件、饲养管理条件及品种决定。随着雏鸡的日益增长大，每只鸡所占的地面面积也应增加。在鸡舍设施情况许可时应尽量降低饲养密度，这有利于肉用仔鸡的采食、饮水和发育，提高增重的一致性。表 3-13 所示为密度参考表。

表 3-13　密度参考表

地面平养		立体笼养	
周龄	密度（只 /m²）	周龄	密度（只 /m²）
1～2	40～25	0～1	60～50
2～3	25～16	1～3	35～30
3～7	16～13	3～6	25～20

4. 加强卫生管理，建立完善的防疫制度　每天翻动垫料一次，网上平养和笼养每天要打扫清除粪便，每周进行一次消毒。为了保证鸡群的健康生长，应根据所养种鸡的免疫状况和当地传染病的流行特点，结合各种疫苗的使用时间，编制防疫制度并严格执行（见表 3-14）。

表 3-14　预防接种程序表（仅供参考）

日龄	疫苗	接种方法
7	新城疫苗 C_{30}	滴鼻、点眼、饮水（饮水倍量）
14	法氏囊病灭活疫苗	滴鼻、点眼、饮水（饮水倍量）
21	新城疫苗 L 系	滴鼻、点眼、饮水（饮水倍量）
28	法氏囊病灭活疫苗	滴鼻、点眼、饮水（饮水倍量）

使用疫苗时应注意的事项：

（1）使用前，做好疫苗检查工作，有下列情形之一者，不得使用：①没有标签或标签内容模糊不清，没有注明产地、批号、有效期等说明。②过期失效的。③疫苗的质量与说明书不符，如色泽、沉淀有变化，疫苗内有异物、发霉和有异味的。④瓶塞松动或瓶壁破裂的。⑤没有按规定方法保存，加氢氧化铝的疫苗经过冻结后，其免疫力会降低。

（2）疫苗使用前，应充分震荡。冷冻干疫苗需按每瓶分装量及标签规定的稀释度稀释，充分溶解后使用。

（3）吸取疫苗时，先除去封口上的火漆、石蜡或铝箔，用酒精棉球消毒瓶塞表面，然后用灭菌注射器吸取。

（4）在免疫接种时，要注意鸡的营养和健康状况。

（5）使用活疫苗时，应严防泄漏，凡污染之处，均要消毒。用过的空瓶及废弃的疫苗应高压消毒后予以深埋。

（6）免疫接种后要有详细登记。如疫苗的种类、接种日期、只数、接种方法、使用剂量以及接种后的反应等。

（7）饮水接种疫苗时应注意：①稀释疫苗的用具应用塑料制品为好。②开水凉后加入奶粉（4 kg 水加 1 g 奶粉）静止 20 分钟后加入疫苗。③饮水接种疫苗前一天应先试饮水量，根据试水量加水。④疫苗应在 1 小时内饮完。

在生产中除了用疫苗防疫外，还应定期在饮水和饲料中投放预防疾病的药物以确保集群的健康。在用药时应注意：①本用药程序根据不同生长阶段和特点而制定，以预防为主为原则。②本用药程序的编排与免疫程序是有机的组合。③在不同阶段（日龄）用药时视各地疾病的发生特点及细菌的耐药性不同而灵活掌握选用药物。同一药品在给药途径上视药品的特性不同灵活选用拌饲或饮水。④在选用药物时，应选择低毒、高效、低残留、易于混饲或混饮、长期应用无不良影响的药物。⑤用药时，应注意准确掌握混料（饮水）浓度，确保药物混合均匀，禁止使用过期、失效、变质的药物。⑥用药后密切注意有无不良反应。⑦在日常用药时，应正确使用有效期内的药物，对症下药，不可滥用；注意给药的剂量、时间、次数和疗程；不得低剂量长期用一种或同一类的抗生素，合理地联合用药；注意配伍禁忌。⑧严禁滥用药，注意因药物残留而降低胴体品质。一般在上市前 1 周停止用药，以保证鸡肉无药物残留，确保肉的品质无公害。

5.观察鸡群　经常观察鸡群是养鸡管理的一项重要工作。通过观察鸡群，一是可促进鸡舍环境的改善，避免环境不良所造成的应激；二是可尽早发现疾病的前兆，以便早预防早治疗。主要观察鸡群的采食用量和饮水量：行为姿态；羽毛特征；粪便形态、颜色；呼吸频率、姿势，有无流鼻涕、咳嗽、眼睑肿胀和异样的呼吸音。

6.死鸡处理　死鸡往往是疾病的传染源，因此，饲养员必须经常在鸡舍观察，一发现死鸡，就立即焚烧或葬埋，绝不允许让其停留在栏内、饲料间或鸡舍周围。死鸡的处理方法相对较少，现介绍以下几种常用方法：

（1）深坑掩埋：死鸡不能直接埋入深坑内，易造成污染，应建立用水泥板或砖块砌成的专用深坑，深坑盖采用加压水泥板，一个直径 1.83 m×11.83 m 深的深埋井对一个10 000 只肉鸡的鸡场就足够了。

（2）焚烧处理：一个效果理想的焚尸炉可能是最好的死鸡处理方法。以煤或油为燃料，在高温焚烧炉内将死鸡烧成灰烬，可避免水及土壤污染。

（3）饲料化处理：如能在彻底杀死病原菌的前提下，对死鸡做饲料化处理，则可获得优质的蛋白质饲料。

（4）堆肥处理：通过堆肥发酵处理，可以消灭病原菌和寄生虫，而且对地下水和土壤亦无污染。

7. 捉鸡和运输　研究结果证明 50% ～ 60% 的肉鸡品质下降是由于撞伤造成的，其中 30% 的撞伤发生在胸部，而这些撞伤中 90% 是发生在捉鸡、装卸鸡和屠宰挂鸡过程中。因此，要想尽量减少肉鸡等级下降，捉鸡和装运鸡必须严格遵守以下步骤：

（1）鸡场建筑和驾驶通道合理分布，以便装车简易、迅速。

（2）鸡笼笼口平滑，无尖锐棱角，移出通道上可移开的障碍物。

（3）捉鸡前 8 ～ 12 小时停喂，但不能停止供水。

（4）捉鸡时应尽量减少光照强度，或者使用蓝色灯泡降低鸡的视觉。

（5）尽量保持安静，以免鸡群惊动造成挤压，尽量安排在夜间进行。

（6）捉鸡一定要抓住鸡的腿以下的部位，每手不得超过 4 ～ 5 只，装笼时轻拿轻放，不得往鸡笼扔鸡，以免碰撞致伤。

（7）一般要在夜间装笼运输，运输时注意通风，途中不得停留，以防随时造成损失。

如遵照以上要求做，可减少撞伤及控制造成肉鸡等级下降的各种因素。

第三节　鸭的饲养管理

一、蛋鸭的饲养与管理

1. 雏鸭的培育　0 ～ 4 周龄的鸭为雏鸭。

（1）育雏前的准备。育雏开始前应根据饲养鸭数，准备好鸭舍（雏鸭的适宜密度为 1 周龄 30 ～ 25 只 /m²、2 周龄 25 ～ 20 只 /m²、3 周龄 20 ～ 15 只 /m²）、运动场和水塘，并对鸭舍进行消毒，堵塞鼠洞，防止野猫、黄鼠狼、蛇等对雏鸭的侵害，然后在地面铺上一层 5 cm 厚的谷壳或锯末，还应准备足够的垫料和一些常用药品，如土霉素、氯霉素、青霉素、痢特灵等，以及保温用具和围栏。

（2）雏鸭的饲养与管理

开饮：用饮水器给雏鸭饮水，或用鸭篮装雏鸭 50 ～ 60 只，轻轻浸入水面至雏鸭脚背，但勿使腹部绒毛受潮（水面不高于关节为宜），让雏鸭边戏水边饮水，活动片刻提出水面，将雏鸭放在干草或草席上，让雏鸭理干毛。

开食：雏鸭毛干后，放入浅料盘或塑料布中，并将饲料撒在料盘或塑料布上，引诱雏鸭采食。雏鸭开食后可转入正常饲喂，一般是 1 ～ 3 日龄每天喂饲 6 ～ 8 次，4 ～ 15 日龄每天喂饲 4 ～ 6 次，15 ～ 30 日龄每天喂饲 3 ～ 4 次。

保温：雏鸭入舍后，当舍温高于 30 ℃可不保温，低于 30 ℃时可将红外线灯打开，将育雏温度控制在 30 ℃左右，观察鸭群的状态。要给雏鸭提供适宜的温度：1～3 日龄，32 ℃～30 ℃；4～10 日龄，29 ℃～27 ℃；11～17 日龄，26 ℃～25 ℃；18～25 日龄，22 ℃～20 ℃；26 日龄以后不低于 18 ℃。

洗浴：让雏鸭洗浴、游泳是养好雏鸭的一个重要环节。但由于雏鸭尾脂腺尚不发达，羽毛防湿性能较差，所以洗浴时间不能太长，以防羽毛湿透受凉得病。洗浴开始时间为 10 分钟左右，以后随日龄增大而逐渐延长，洗浴后，应让雏鸭在岸上理干毛后再回鸭舍。

放牧饲养：有条件的可选择放牧饲养，既可增强体质，又减少饲养成本。雏鸭养到 7 日龄左右即可放到室外晒太阳，只放 15～20 分钟，以后逐渐延长。雏鸭从 15 日龄开始，可选择晴朗天气在鸭舍附近的浅水沟、水塘里试放。调教好后即可转到稻田、沟塘、河流、湖泊中放牧。放牧饲养时间应依据季节气候灵活掌握，第一次出牧不能空腹，可先喂三至五成饱，以免雏鸭乱吃杂物，引起疾病。

2. 育成鸭的饲养与管理　育雏结束后，便进入育成阶段。此时，鸭对环境有较强适应性，且生长迅速，采食量大，若这个阶段供给较高营养水平的日粮，鸭易肥，导致开产后产蛋高峰低，产蛋量少。因此，供给育成鸭的日粮营养水平应相对较低，粗纤维含量要高，鸭农常将此阶段的鸭子进行放牧饲养，只做适当补饲，这样既能锻炼体质，又可节约饲料。每天补饲 2 次，中午 12 点一次，下午 19 点一次。

放牧时应注意的事项有：

（1）要了解放牧地区的情况，不能在刚施过农药、化肥的水田、旱田放牧，也不要到被工业污染严重的水域放牧，以免引起鸭中毒。

（2）天气炎热的季节，宜早牧晚收，中午炎热时，应将鸭群赶到树荫下休息，以防中暑。

（3）在大风天气放牧的，应逆风而放，使鸭毛不被风揭开，鸭体不受风着凉。

（4）在溪流中放牧，应逆水出牧，顺水收牧。

（5）注意补料、补水。

3. 产蛋鸭的饲养与管理

（1）产蛋鸭的饲养。产蛋鸭在产蛋期间代谢旺盛，对营养物质变化极为敏感，因此不要轻易改变饲料，确要改变时，应逐步进行，使产蛋鸭有个适应过程，以免产蛋量突然大幅度下降。产蛋鸭一般日喂 4 次，其中夜晚要喂料一次。以颗粒料为宜，粉料易粘在鸭子的嘴和鼻子上，影响鸭子采食，造成浪费。

（2）产蛋鸭的管理：

温度：鸭子相对来说怕热，不怕冷。产蛋鸭的适宜温度为 10 ℃～20 ℃。防寒措施：减少鸭舍热量散发，封好北墙，适当减少通风；保持鸭舍和运动场干燥；勤加垫料；适当提高日粮的能量水平，供给充足饮水；早放鸭，晚圈鸭。

饲养密度：产蛋鸭的饲养密度为 6～8 只 /m²。

光照：鸭子对光照的生理反应不如鸡那样敏感，鸭农对产蛋鸭习惯用微弱灯光通宵光照，光照强度为 5～10 Lx/m²。

创造舒适环境：鸭虽为水禽，但要"见湿见干"，洗浴游泳及在水中觅食为"见湿"，在鸭舍和运动场时则要求不湿、不潮的环境，为"见干"。

保持安静：产蛋鸭对环境变化极为敏感，突如其来的刺激易使产蛋鸭受惊，影响产蛋，所以要保持环境的相对安静，要严防家畜、野兽突然闯进鸭群。

及时淘汰停产、低产鸭：只有及时淘汰停产、低产鸭才能保证投入的高产出，提高经济效益。

二、肉鸭的饲养与管理

（一）肉鸭的饲养

1. 肉鸭的日粮应采用高能量、高蛋白质的全价配合饲料，以充分发挥其遗传潜力，获得增重效果。

2. 肉鸭在饲养上，采用自由采食方式，应使肉鸭从出壳到上市能吃多少就吃多少。

（二）肉鸭的管理

1. 采用"全进全出"的管理制度。

2. 肉鸭的育雏温度要比蛋鸭高，高温育雏，雏鸭的增重快，饲料报酬高，第一周龄温度为 33 ℃～ 30 ℃，第二周龄温度为 30 ℃～ 28 ℃，第三周龄温度为 26 ℃～ 24 ℃。其余的同蛋鸭。

3. 肉鸭一般饲养至 56 日龄，体重达 2.5 ～ 3.0 kg 即可出栏，也有养至 49 日龄体重达 2.0 ～ 2.5 kg 出栏。饲养密度应以出栏时体重作为参考，饲养密度为 4 ～ 6 只 /m²。出栏体重大，密度则小些，反之则大些。

4. 肉鸭的肥育

（1）圈养肥育：是将临近上市的肉鸭养在鸭舍内，投喂高能量饲料，使肉鸭在短期内迅速增重的一种方法。

（2）放牧肥育：将肉鸭放牧于水生饲料丰富的场地进行肥育。

（3）肉鸭填饲：这是肉鸭肥育最常用的一种方法，目的是使肉鸭在短期内迅速增重，沉积脂肪，改善肉质。

（4）开填日龄：一般在肉鸭临上市前 10 ～ 15 天开填，如北京鸭在 6 ～ 7 周龄开填，填饲 2 周。

（5）填饲量：将饲料与水按 1 ：1.5 比例拌成湿料，现拌现填。如北京鸭第 1 天每只填湿料 150 ～ 160 g，第 2 ～ 3 天每只填湿料 175 g，第 4 ～ 5 天每只填湿料 200 g，第 6 ～ 7 天每只填湿料 225 g，第 8 ～ 9 天每只填湿料 275 g，第 10 ～ 11 天每只填湿料 325 g，第 12 ～ 13 天每只填湿料 400 g，第 14 ～ 15 天每只填湿料 450 g。每日饲料量分 3 ～ 4 次填饲。

（6）填饲方法：左手握住鸭的头部，拇指与食指撑开上下喙，中指压住鸭舌，右手轻握鸭的食道膨大部，轻轻将填食胶管插入张开的鸭喙，向前推送至食道中。鸭体应与胶管平行，否则易刺伤食道。然后压下填食杆，将饲料送入食道嗉囊中，填食完毕，将填食杆上抬，将压头向下抽出。如无填喂器，可用手工填饲，先将饲料搓成条状，用双腿夹住鸭体下部，左手握住鸭头，拇指和食指撑开上下喙，中指压住舌头，右手将条状饲料塞入食道中，用手由上往下抚摸食道，使填料移入食道膨大部。

（7）填饲消化情况检查：每次填饲时，如果食道里没有积食，说明填饲正常；如胸前有一深沟，食道膨大部很空，则说明填饲不足；胸前深沟不明显，食道填料尚未完全消化，则应少填饲；如发现食道充满积食，则不应再填饲。填鸭要供给充足饮水，并避免高温季节填鸭。

第四节　鹅的饲养管理

一、发展养鹅的优势

1．鹅产品用途广、档次高　鹅肉鲜嫩，营养丰富。鹅肉的脂肪含量只有11％左右，而瘦猪肉脂肪含量25.8％，瘦羊肉为13％；而且鹅脂肪中含的不饱和脂肪酸比猪、牛、羊都丰富，消费者不必担心食鹅肉引发心血管疾病。

据有关资料记载，鲜鹅血还具有防癌抗癌的作用；鹅肥肝是家禽产品中的高档产品，鹅肥肝、松茸磨、鱼子酱被誉为世界三大美味，鹅肥肝畅销世界，供不应求，经营者获利甚多，有人称为"金砖"。

鹅羽绒质地最优，是高级衣、被的填充料，羽绒制品已日益向时装化发展，羽绒价值大增。

2．鹅食百草，养鹅节粮　鹅食百草，是节粮型的家禽。鹅对青草粗纤维的消化率达45％～50％，可谓"青草换肥鹅，何乐而不为"，在放牧条件良好的情况下，肉用仔鹅达到上市体重时每增重1kg活重，耗精料仅需0.5kg，一般来说用养1头猪的饲料来养鹅，产鹅肉量为产猪肉量的3倍。因此，利用农区的田边地角，沟渠道旁的零星草地养鹅有很大的潜力，浙江省江山市用种草养鹅取得了良好效果，全市年饲养量近500万只，成为中国白鹅之乡。

3．生长快，周期短　鹅从初生体重到活重加倍时间只要6～8天，鸭要8～10天，鸡要12～15天，以鹅生长最快，鹅8周龄体重可达成年体重的80％，鸡只能达到60％，从初生到上市的日平均增重，鹅为61.6g／天，鸭为41.5g／天，鸡为28.1g／天。肉用仔鹅的生产周期从出生到上市屠宰的时间为2～3个月，生产周期短，也就是提高了流动资金的使用速度，这在商品市场中特别具有竞争性。

因此，利用农村自然环境条件，采用竹木材料搭设简易棚舍，即可就地养鹅，固定资产投资少，流动资金低，经济效益高，收效快，是农民致富奔小康的短平快项目。

二、鹅的生活习性

1．鹅的生理特点　鹅的体型大，生长快，消化能力强，是以食草为主的水禽。

（1）鹅的消化生理特点。鹅的消化道发达，长度为体躯长度的 10 倍，肌胃很大，占体重的 5.5 ～ 6.0%，肌胃收缩力强，其喙扁平，边缘有许多缺刻和细小的角质凿，能截断各种青饲料，鹅没有嗉囊，只有食道膨大部，呈纺锤形，由于容积小，食物贮存量有限，这与鹅的体型大，生长快，营养消耗多形成很大矛盾。所以在饲养管理上应增加次数饲喂，缩短多次饲喂的间隔时间，晚上要补喂饲料，并尽量补喂不易消化的颗粒饲料，以免夜间挨饿。

（2）鹅的生长发育特点。鹅的生长速度因品种而异，大型鹅 7 ～ 8 周龄时增重最快，2 月龄体重为初生重的 50 倍以上；中小型鹅在 5 ～ 7 周龄增重较快，2 月龄体重为初生重的 40 倍。因此，在饲养上要抓住生长高峰期，充分发挥生长潜力，不同性别鹅的生长速度在一月龄以前没有差别，5 周龄后，公鹅生长速度超过母鹅，以后差异达 10 ～ 20%。

鹅的生长发育较慢，母鹅初产都要在 6 月龄以上，因此育成期长，消耗饲料多，应创造充分放牧的条件。

（3）鹅的繁殖特点。①繁殖力低，一般年产蛋 3 ～ 4 窝，产蛋量 40 ～ 120 枚。②鹅有较强的择偶性尤其是母鹅较为突出，所以要提高受精率，在饲养管理上应针对这一特点，将组群的公母鹅提前 2 个月放养在一起，逐步建立感情，组群以后，不要随便更换公母鹅。③鹅的寿命长，第 2 年产蛋量比第 1 年高，第 3 年产蛋量又比第 2 年高，第 4 年产蛋量开始下降，母鹅一般利用 5 至 6 年，公鹅最多 3 年，但鹅有较强的就巢性。

2．鹅的生活习性

（1）喜水性。鹅是水禽，自然喜爱在水中浮游、觅食和求偶交配，放牧最好选择在宽阔水域，水质良好的地带，舍饲鹅群时，特别是饲养种鹅时，要设置水池或水上运动场，供鹅群洗浴，交配之用。

（2）合群性。鹅天性喜群居生活，鹅群在放牧时前呼后应，互相联络。出牧、归牧有序不乱，这种合群性有利于鹅群的管理。

（3）警觉性。鹅的听觉敏锐，反应迅速，叫声响亮，性情勇敢、好斗。鹅遇到陌生人则高声呼叫，展翅啄人，长期以来，农家喜养鹅守夜看门。

（4）耐寒性。鹅的羽绒厚密贴身，具有很强的隔热保温作用。鹅的皮下脂肪较厚，耐寒性强，羽毛上涂擦有尾脂腺分泌的油脂，可以防止水的浸湿。

（5）节律性。鹅具有良好的条件反射能力，每日的生活表现出较明显的节律性。放牧鹅群的出牧—游水—交配—采食—休息—收牧程序，应相对稳定地循环进行。舍饲鹅群对一日的饲养程序习惯之后是很难改变的，所以一经实施的饲养管理程序不要随意改变，特别是在母鹅的产蛋期更要注意。

（6）杂食性。家禽属于杂食性动物，但水禽比陆禽（鸡、火鸡、鹌鹑等）的食性更广，更耐粗饲，鹅则更喜食植物性食物。

三、雏鹅的饲养管理

雏鹅是指孵化出壳后到 4 周龄或 1 月龄内的鹅，也称小鹅。鹅的育雏期为 28 天。

1. 雏鹅的选择　强壮的雏鹅生活力和抗病力强，成活率高，生长发育快。因此，养好雏鹅，首先要挑选健雏、强雏。在选择雏鹅时，可以抓住以下几点：

（1）看来源，主要看雏鹅的来源。要求雏鹅是健康、生长快、产蛋高的种鹅后代，雏鹅要符合品种的特征和特性。

（2）看出壳时间，要选择按时出壳的雏鹅，凡是提前或延迟出壳的雏鹅，其胚胎发育均不正常，均会对以后的生长发育产生不利影响。

（3）看脐肛，大肚皮和血脐、肛门不清洁的雏鹅，表明健康情况不佳。所以要选择腹部柔弱、卵黄充分吸收、脐部吸收好、肛门清洁的雏鹅。

（4）看绒毛，雏鹅的绒毛要粗、干燥、有光泽，凡是绒毛太细、太稀、潮湿乃至相互粘着无光泽的，表明雏鹅发育不佳，体质差，不宜选用。

（5）看体态，要坚决剔除瞎眼、歪头、跛脚等外形不正常的雏鹅。用手由颈部至尾部摸雏鹅的背，选留有粗壮感的，剔除软弱的。健壮的雏鹅应站立平稳，两眼有神，体重正常。一般中型雏鹅出生时，体重均小于鹅蛋的重量，在 100 g 左右。大型品种如狮头雏鹅在 150 g 左右。

（6）看活力，健壮的雏鹅行动活泼，头抬得较高，反应灵敏，叫声响亮。当用手握住颈部将其提起时，它的双脚能迅速有力挣扎；将其仰翻在地，它能迅速翻身站起。一旦购进弱雏或病雏，要和健康雏分开饲养。在加强饲养管理的同时，还要注意防疫灭病，关注生长发育过程。

2. 雏鹅的生理特点

（1）生长发育快。一般中、小型鹅种出壳重 100 g 左右，大型鹅种重 130 g 左右。生长到 20 日龄时，小型鹅种的体重比出壳时增长 6～7 倍，中型鹅种增长 9～10 倍，大型鹅种可增长 11～12 倍。为了保证雏鹅快速生长发育的营养需要，要及时饮水和喂食，饲喂含有较高营养水平的日粮。

（2）体温调节能力差，易扎堆，饲养密度要适宜。雏鹅的全身只有稀薄的绒毛，保温性能差，而消化吸收能力弱，对外界温度的变化缺乏自我调节能力，特别是对冷的适应性较差。低于 20 日龄的雏鹅，当温度稍低时易发生扎堆现象，常导致压伤，甚至大批死亡。因此在饲养过程中，应为雏鹅创造适宜的密度和温度环境。

（3）新陈代谢旺盛。公母鹅生长速度不同，雏鹅的体温高，呼吸快，体内新陈代谢旺盛，需水较多，育雏时水槽不可断水，以利于雏鹅的生长发育。同样的饲养管理条件下，公雏比母雏增重高 5%～25%，单位增重耗料也少。在饲养条件允许的条件下，育雏时尽量做到公母分开。

（4）个体小，抗病力差。雏鹅的抵抗力和抗病力较弱，容易感染各种疾病，若饲养密集，一旦发病损失严重。因此，应做好雏鹅防疫工作。

3. 雏鹅的饲养

（1）及早饮水。当雏鹅从孵化场运来后，立即放入消毒过的育雏室里（育雏保温设备在雏鹅到达前先预热升温），稍后休息，应随即喂水。如果是远距离运输，则应首先给饮 5%～10% 的葡萄糖水，这对提高雏鹅的成活率是很有帮助的，其后就可改用普通清洁水饮水。饮水训练是将雏鹅（逐只或一部分）的嘴在饮水器里轻轻按 1 或 2 次，使之与水接触，如果批量较大，就训练一部分雏鹅先学会饮水，然后通过模仿行为使其他雏鹅相互学习。但是饮水器位置要固定，切忌随便移动。一经饮水后，决不能停止，保证随时都能饮到水。

如果雏鹅长时间缺水，为防止因骤然供水引起暴饮造成的损失，宜在水中按 0.9% 的比例加入一些食盐，调制成生理盐水，这样的饮水即使暴饮也不会影响血液中的正负离子的浓度。

（2）适时开食。开食必须在第一次饮水之后，当雏鹅开始"起身"（站起来活动）并表现出有啄食现象时进行。一般是在出壳后 24～36 小时开食。

开食的精料多为全价饲料或细小的谷实类。全价饲料一般用潮干饲喂，细小的谷实类常用的是碎米和小米，经清水浸泡 2 小时，喂前沥干水。开食的青料要求新鲜易消化，常用的是苦荬菜、莴苣叶、青菜等，以幼嫩多汁的为好。在饲喂青料前要剔除黄叶、烂叶和泥土，去除粗硬的叶脉、茎秆，并切成 1～2 mm 宽的细丝状。饲喂时要把事先加工好的青料放在手上晃动，并均匀地撒在草席或塑料布上，引诱雏鹅采食。个别反应慢的、不会采食的雏鹅，可将青料送到其嘴边，或将其头轻轻拉入饲料盆中。开食时可以先青后精，也可以先精后青，还可以青精混合。开食的时间约为 0.5 小时。开食时的喂量一般为每 1 000 只雏鹅用青料 5 kg/ 天，用精料 2.5 kg/ 天，分 6～10 次（包括夜晚）饲喂。青料在切细时不可挤压，切碎的青料不可存放过久。雏鹅对脂肪的利用能力很差，饲料中切忌有油，不要用带油的刀切青料，更不要加喂含脂肪较多的动物性饲料。1～3 日龄内的雏鹅都要这样饲喂，但喂量逐增，到 2 日龄时喂量为每 1 000 只雏鹅用精料 5 kg/ 天，用青料 12.5 kg/ 天，同时满足其饮水要求。

1 周龄以内的雏鹅，白天饲喂 6～7 次，晚上加喂 2～3 次，这是养好雏鹅的重要措施。除了保证向雏鹅提供各种饲料外，还应充分供水，不仅每次都需饲喂青饲料，还要经常喂水，断水会引起雏鹅暴饮，使其消化机能紊乱，容易致病。

8～14 日龄的雏鹅，白天饲喂 4～5 次，晚上饲喂 1～2 次；2 周龄以上的雏鹅，随放牧时间延长，白天饲喂 3 次，夜晚加喂一次；20 日龄以上的雏鹅，如放牧场地好，白天可以不喂，夜晚仍要加喂一次。

4. 雏鹅的管理

（1）雏鹅的保温（见表 3-15）。雏鹅的体温调节能力差，抗寒、抗热能力弱，温度过低、过高或变化太大，都会影响雏鹅的生长发育和存活率。因此，温度是育好雏鹅的关键环节，育雏温度第一周为 30 ℃～28 ℃，以后每周降 1 ℃，冬季和夜晚可适当提高温度，夏季和白天可降低温度，温度的适宜与否可根据雏鹅的动态叫声和吃食状况来判断。温度适宜时，雏鹅均匀散开，安静、活动自如，吃食正常，无异常叫声；温度过高时，雏鹅远离热源，张口呼吸喘气，饮水量增加；温度偏低时，雏鹅互相拥挤、扎堆、不吃食，绒毛直立，躯体卷缩，发出"叽叽"的尖叫声，严重时造成大量的雏鹅被压、闷、踩而死。育雏室的温度过高、过低或变化太大，均不利于雏鹅的生长发育，温度过高时，雏鹅易感染呼吸疾病或感冒，温度过低时，雏鹅易出现消化不良或死亡数增多。

表 3-15   雏鹅的育雏温度表

日龄	1～5	6～10	11～15	16～20	20 以上
温度（℃）	30～28	27～25	24～22	21～18	脱温

（2）雏鹅的湿度。湿度与温度同样对雏鹅的健康和生长发育有着很大的影响，而且两者共同起作用。在低温高湿的情况下，会引起雏鹅体热的大量散发而感到寒冷，易引起感冒和下痢，扎堆，增加僵鹅、残次鹅和死亡数，这是导致育雏成活率下降的主要原因。在高温高湿的条件下，雏鹅体热的散发受到抑制，体热的积累造成物质代谢和食欲下降，导致抵抗力减弱，同时高温高湿易引起病原微生物的大量繁殖，是发病率增加的主要原因，也是育雏过程中经常发生的现象，是育雏之大忌，因此，在育雏室要注意通风换气，喂水时切勿外溢，常打扫卫生，保持舍内干燥。适宜的相应温度：10 日龄以内60%～65%，10 日龄以上 65%～70%。

（3）光照。育雏第一天可采用 24 小时光照，以后每 2 天减少 1 小时，4 周龄后可以采用自然光照。

（4）通风换气。随着雏鹅日龄的增加，呼出的二氧化碳、排泄的粪便以及垫草中散发的氨气增多，若不及时进行通风换气，将严重影响雏鹅的健康和生长，过量的氨气会引起呼吸器官疾病，降低饲料报酬，通常舍内氨气的浓度保持在 10 ppm 以下，二氧化碳保持在 0.2% 以下为宜，一般控制在人进入鹅舍时不觉得闷，没有刺眼、鼻的臭味为宜。

（5）适宜的饲养密度（见表 3-16）。饲养密度与雏鹅的运动量、室内空气的新鲜与否及室内温度有密切的关系。实践证明，密度过大，雏鹅生长发育受阻，甚至出现啄羽等恶癖；密度过小，则降低育雏室的利用率。随着雏鹅的生长，体重增加，体格加大，在饲养过程中应不断调整饲养密度。

表 3-16   育雏适宜的饲养密度表

日龄	1～10	11～20	21～30	31～60	60 以上
密度（只 /m²）	15～20	10～15	5～10	4～5	2～3

（5）雏鹅的分群。鹅有合群的特性，适于群养，但群不宜太大，雏鹅以每群 50 只为宜。同一群的雏鹅要日龄相同，以出壳迟早，个体大小，强弱合理分群，饲养一段时间出现差别时再适当调整，以免被调整的雏鹅孤独地鸣叫，影响采食。

（6）雏鹅的放牧游水。雏鹅要适时放牧游水，以增强其适应性，提高抗病力，放牧游水的时间随季节气候而定，雏鹅出壳后 15 日龄开始放牧游水，第一次放牧要选择晴天进行，先放牧，后游水，放牧时间不要超过 1 小时，游水的时间约 5～10 分钟，游水后，将雏鹅赶回到向阳避风的草地上，让其梳理羽毛，以后随日龄增长放牧游水的时间，夏季放牧要避免雨淋和烈日暴晒。

（7）雏鹅的卫生与防疫。鹅的抵抗力较强，是比较好养的一种家禽，育雏时主要做好清洁卫生工作，垫草要每天调换，晴天要拿到太阳下晒，使舍内保持干燥，由于鹅的排泄物较多，所以喂料时要少给勤添，以免被粪便污染。因此，在此期间尤其应注意做好疾病的综合预防工作，按雏鹅的免疫程序进行防疫接种（见表 3-17）。

表 3-17　雏鹅的免疫程序（仅供参考）

日龄	疫苗种类	使用方法	备注
1 日龄	小鹅瘟高免血清	皮下或肌肉注射	0.5 ml
7 日龄	小鹅瘟活疫苗	皮下或肌肉注射	1 羽份
10 日龄	禽流感灭活疫苗	皮下注射	0.5 ml
15 日龄	副黏病毒、小鹅瘟和鹅副黏病毒病二联油乳剂灭活剂苗	肌肉注射	0.3～0.5 ml
20 日龄	禽霍乱＋大肠杆菌二联蜂胶灭活疫苗	皮下注射	0.5 ml

四、肉用仔鹅的饲养管理

饲养 90 日龄作为商品出售的肉鹅称为肉用仔鹅。习惯上都采取放牧饲养育肥，有利于降低饲养成本，提高养鹅的经济效益，此期间饲养特点是：放牧为主，补饲为辅。

1. 肉用仔鹅生产的特点

（1）鹅是肉用家禽。养鹅业的主要产品是肉用仔鹅及其加工产品。

（2）肉用仔鹅生产具有明显的季节性。这是由于鹅的繁殖季节性造成的。虽然采用光照控制可以使鹅的全年产蛋有两个周期，但是主要繁殖季节仍为春冬季节。光照控制必须在密闭种鹅舍中进行，广泛采用尚有一定困难。因此，肉用仔鹅的生产多集中在每年的上半年。

（3）放牧饲养。当前，我国北方肉用仔鹅生产发展很快，主要在夏、秋季节放牧饲养、育肥，在每年 10 月份开始上市。

（4）鹅是利用青绿饲料的肉用家禽。无论以舍饲、圈养，还是放牧方式饲养，其生产成本费用较低。近几年来，一些地区发展种植优良牧草养鹅，取得了显著的经济效益，使我国养鹅业得到迅速发展。

（5）鹅的早期生长迅速。一般肉用仔鹅 9～10 周龄体重可达 3 kg 以上，可上市出售。因此，肉用仔鹅生产具有投资少、收益快、获利多的优点。

2. 放牧饲养

（1）放牧时间。初期控制在每天上、下午各放牧一次，每次活动时间不要太长，一周龄左右，在天气温暖的中午放牧 1 小时左右。如在放牧中发现肉用仔鹅有怕冷的现象，应停止放牧。随日龄的增大，逐渐延长放牧时间，3 周龄后，整个上、下午都可放牧，但中午要回棚休息 2 小时。早晨露水多，雏鹅时期不宜早放牧，待腹部羽毛长成后早晨尽量早放牧，傍晚天黑前是一个采食高峰，所以应尽可能将茂盛的草地留在傍晚时放牧。放牧的鹅群，一般在 200 只左右，由 2 人放牧。如放牧场地开阔，可扩大到 500 只，由 3～4 人放牧，但不同周龄的鹅要分群管理。放牧方法有领牧与赶牧两种，小群用赶牧方法，两人放牧可采取一领一赶的方法。

（2）放牧时应注意的事项有：

①防惊群。鹅胆小、敏感，途中遇到意外情况，易受惊吓，要事前预防，防止意外刺激。

②防中暑。暑天放牧，应早晚多放，中午休息，无论白天还是晚上，当鹅群有鸣叫不安时，应及时放水，防止闷热引起中暑。

③防中毒和感染疾病。对放牧路线，要及早进行观察，凡发生过传染病、禽病的疫区及使用过农药的牧地绝不可放牧，要尽量避免堆积垃圾、粪便，严防鹅吃到死鱼、死鼠及其他腐败变质的食物。

④防"跑伤"。路线由近渐远，慢慢增加，途中有走有歇，不可驱赶。

⑤防丢失和兽害。

（3）适时放水。放牧要与放水相结合，当放了一段时间后，鹅吃到八九成饱后（此时有相当多的鹅采食停下来），就应及时放水，把鹅群赶到清洁的池塘中饮水和洗澡，每次约半小时左右，放水的池塘或河流的水质必须干净，无工业污染，塘边或河边要有一片空旷地，以便赶鹅上岸时，可以让其抖水、理毛、休息。

（4）放牧补饲。放牧场地条件好，有丰富的牧草和收割的遗谷可吃，如采食的食物能满足鹅生长的营养需要，可不补饲或少补饲。但放牧场地条件较差，牧草贫乏，又不在收获季节，营养跟不上生长发育的需要时，就要做好补饲工作。补饲饲料应包括青料和精料，每天加喂的数量及饲喂次数可根据品种、日龄和放牧情况决定。精料可按 50 日龄以下每天补饲 100～150 g/只，每昼夜喂 3～4 次。50 日龄以上每天补饲 150～300 g/只，每昼夜喂 1～2 次。精料饲喂一般在放牧前和放牧后进行。

（5）肉用仔鹅的育肥：

①放牧育肥。放牧育肥适用于放牧条件较好的地方，主要利用收割后残留的麦粒或散落谷粒进行育肥，可根据肉用仔鹅放牧采食的情况加强补饲，以达到短期育肥的目的。

②舍饲育肥。此方法生产效率较高，育肥的均匀度比较好，适用于放牧条件较差的地区或季节，最适于集约化批量饲养。肉用仔鹅到 70 日龄时，从放牧饲养转为舍饲饲养，育肥期为 2～3 周。

③人工强制育肥。此方法可缩短育肥期，效果好。填饲育肥 10 天后肉用仔鹅体脂肪迅速增多，肉嫩味美。

五、种鹅的饲养管理

1. 后备种鹅的饲养管理　后备种鹅是指 70 日龄至产蛋，准备留作种鹅用的鹅。

（1）预选后备种鹅：第一次选择。宜在 70 日龄前后进行，肉仔鹅群中生长快、羽毛符合本品种标准、体质强壮、肥瘦适中、眼大有神、胸深而宽、背宽而长、腹部平整、胫较长且粗壮有力、两胫间距宽、鸣声洪亮，具有典型的雄性长相的公鹅选留。母鹅要求体型大而重、羽毛紧贴、光泽明亮、眼睛灵活、颈细长、身长而圆、前躯窄、后躯深而宽。公母比例可按大型鹅 1：2；中型鹅 1：3～1：4；小型鹅 1：4～1：5 预选。第二次选择是在产蛋前进行，主要选择公鹅，一般体型大、体质健壮、生殖器官机能良好的留作种用。公母比例为大型鹅 1：3 ～ 1：4；中型鹅 1：4 ～ 1：5；小型鹅 1：6 ～ 1：7。

（2）后备种鹅的饲养管理。后备种鹅在 80 日龄左右开始换羽，经 30 ～ 40 天换羽结束。此时的后备种鹅仍处于生长发育阶段，不宜过早粗饲，应根据放牧场地的草质，逐步降低饲料营养水平，使后备种鹅体格发育完全。

后备种鹅经第二次换羽后，应供给充足的饲料，经 50 ～ 60 天便开始产蛋。此时，鹅身体发育远未完全成熟，群内个体间常会出现生长发育不整齐、产蛋期不一致等现象。故应采用控制饲养措施来调节母鹅的产蛋期，使鹅群比较整齐一致地进入产蛋期。公鹅第二次换羽后开始有性行为，为使公鹅充分成熟，120 日龄起，公母鹅应分群饲养。

在控制饲养期间，应逐渐降低饲料营养水平，日喂料次数由 3 次改为 2 次，尽量延长放牧时间，逐步减少每次喂料量。控制饲养阶段，母鹅的日平均饲料用量一般比生长阶段减少 50% ～ 60%。饲料中可添加较多的填充粗料，以锻炼鹅的消化能力，扩大食管容量。后备种鹅在草质良好的草地放牧，可不喂或少喂精料。弱鹅和伤残鹅等要及时挑出，单独饲喂和护理。

经控制饲养的种鹅，应在产蛋前 30 ～ 40 天进入恢复饲养阶段。此期应逐渐增加喂料量，让种鹅恢复体力，促进生殖器官发育，补饲定时不定量，饲喂全价饲料。

在产蛋前，要给种鹅服药驱虫并做好免疫接种工作。根据种鹅免疫程序，及时接种小鹅瘟、禽流感、鹅副黏病毒病和鹅蛋子瘟等疫苗。

2. 产蛋鹅的饲养管理　临开产前仍应充分放牧，放牧时宜早出晚归。由于鹅群体质刚恢复，行动迟缓，且接近于产蛋，所以不宜猛赶、久赶。临产母鹅全身羽毛紧凑、光泽鲜艳，颈羽光滑紧贴，毛平直，肛门呈菊花状，腹部饱满，松软且有弹性，耻骨距离增宽，食量加大，喜欢采食矿物质饲料。

母鹅经常点水，是寻求公鹅配种的表现，很快便开始产蛋。产蛋期的母鹅应以舍饲为主，放牧为辅。在日粮配合上，可采用配合饲料，饲料中粗蛋白质 16% ～ 18%，代谢能 11.3 ～ 11.7 MJ/kg。喂料要定时定量，先精料后青料。精料每天喂量为：中小型鹅种为 120 ～ 150 g/ 只，大型鹅种为 150 ～ 180 g/ 只，分 3 ～ 4 次饲喂。青料可不加定量；放牧可少加喂青料。产蛋母鹅行动迟缓，放牧或平时驱赶不要急速，防止造成母鹅的伤残。母鹅产蛋时间大多在早晨，下午产蛋的较少。为了让母鹅养成在舍内产蛋的习惯，早上放牧不宜过早，放牧前要检查鹅群，观察产蛋情况。如发现个别母鹅鸣叫不安，腹部饱满，泄殖腔膨大，不肯离舍，应检查母鹅，有蛋者应留在舍内产蛋。产蛋期要勤捡蛋，注意种蛋保存。为了保证产蛋期的高产稳产，应注意维生素、矿物质的补充。在鹅舍内应有放矿物质的饲槽，经常放些矿物饲料任鹅采食。此外，要注意光照的补充，每天补充光照 2 ～ 3 小时，使每天光照达到 16 小时为好。

3. 休产期鹅的饲养管理　此期的日粮由精改粗，即转入以放牧为主的粗饲期。目的是促使母鹅消耗体内脂肪，促使羽毛干枯，容易脱落。此期的喂料次数渐渐减少到每天 1 次或隔天 1 次，然后改为 3 ～ 4 天喂 1 次。在停止喂料期间，不应对鹅群停水，大约经过 12 ～ 13 天，鹅体重减轻，主翼羽和主尾羽出现干枯现象时，则可恢复喂料。待体重逐渐回升，大约放养 1 个月之后，就可以人工拔羽。公鹅需比母鹅早 20 ～ 30 天拔羽，目的是使公鹅在母鹅产蛋前，羽毛能全部换完，这样，在配种季节公鹅就有充沛的精力。拔羽的母鹅可以比自然换羽的母鹅早 20 ～ 30 天产蛋。

拔羽需要在温暖的晴天进行，切忌在寒冷的雨天进行。拔羽后当天鹅群应圈在运动场内喂料、喂水和休息，不能让鹅群下水游泳，防止细菌污染，引起毛孔炎症。拔羽后第二天就可以放牧下水，但要注意护理，避免烈日曝晒和雨淋，拔羽后除加强放牧外，还应根据羽毛生长情况酌情补料。如果公鹅羽毛生长较慢，母鹅已产蛋，而公鹅尚未能配种，这时应增加公鹅的精料。若母鹅的羽毛生长较慢，就要为母鹅适当增加精料，促使其羽毛生长。否则，在母鹅尚未产蛋时，公鹅就开始配种。而到产蛋后期，公鹅已精疲力竭，会影响配种，降低种蛋的受精率。在主、副翼羽换羽完毕后，即进入产蛋期前的饲养管理。

在休产期对鹅群进行一次淘汰选择，并按比例补充新的后备种鹅。淘汰病、残和产蛋极少的鹅。种鹅应按一定的年龄比例组群，以提高种鹅的利用率和保证产蛋率，1 岁鹅占 30% ～ 40%；2 岁鹅占 25%；3 ～ 4 岁鹅占 15% ～ 20%；5 岁鹅占 5% ～ 10%。新组成的鹅群必须按公母比例同时更换公鹅。

六、鹅肥肝生产技术

1. 填饲鹅选择　选择国内外著名的鹅肥肝生产品种（如法国朗德鹅、中国狮头鹅）或肉用型杂交品种。选择填饲鹅体重在 3.8 ～ 4.5 kg，70 ～ 90 日龄，公母兼可。要求具备体形大、胸部宽、颈粗短、生长快等特点。

2. 填料调制　选用优质无霉变的国产小粒种陈年黄玉米做填料，生产出的鹅肥肝色泽呈黄色，如选用白玉米则鹅肥肝色泽呈粉红色。

3. 填饲操作和管理　填饲前青年鹅应有 3 ～ 4 周的预饲期，使鹅群长势均匀整齐。填饲一般采用国产填饲机。填饲者将充分撑开的鹅嘴朝向填饲管口，缓慢向上套至食道膨大部，脚踩开关填入玉米，边填边退至距咽喉 4 ～ 5 cm 处，用手指将食道上端的玉米往下反复捋 2 ～ 3 次，轻轻将鹅放回。刚填时填饲量宜少，第 3 天起增加，以后尽可能多填，填足。每天填饲 4 ～ 5 次，平均填饲量为：小型鹅 500 ～ 650 g，大中型鹅 750 ～ 1 000 g，全期用料平均每羽 20 ～ 30 kg，填饲期约 3 ～ 4 周。7 ～ 9 月因气温太高，不利肥肝形成，不宜填饲。填饲期间应保证 24 小时供足清洁饮水，停止运动和游水，限制鹅消耗体能，减弱光照强度，尽量避免惊扰，保持鹅舍干燥卫生。

七、活拔羽绒技术

活拔羽绒是根据鹅羽绒具有自然脱落和再生的生物学特征，在不影响其生产性能的情况下，采用人工强制的方法，从活鹅身上直接拔取羽绒的技术。活体拔取的羽绒弹性好，蓬松度高，柔软干净，产生的飞丝少，基本上不含杂毛和杂质。

1. 拔羽绒鹅的选择　任何品种的鹅都可以进行活拔羽绒，但体形较大的鹅，如狮头鹅、溆浦鹅、皖西白鹅、四川白鹅、浙东白鹅等产绒量多，更适宜活拔羽绒。白色羽绒比有色羽绒价格高，白羽绒拔羽效益更好，是适宜的拔羽对象。老弱病残鹅不宜拔羽，换羽期的鹅血管丰富，含绒量少，拔羽易损伤皮肤，不宜拔羽。

2. 拔羽绒的准备 在开始拔羽绒的前几天，应对鹅群进行抽样检查，如果绝大部分羽绒毛根已经干枯，用手试拔羽绒容易脱落，说明羽绒已经成熟，此时可以拔羽绒。拔羽绒的前1天晚上要停止喂料和喂水，以便排空粪便，防止拔羽绒时粪便的污染。如果鹅群羽毛较脏，应先让鹅洗澡，待羽毛干后再进行拔羽绒。检查的同时将体弱有病、发育不良的鹅剔除。在拔羽绒的前10分钟左右给每只鹅灌服10 ml白酒，可使鹅保持安静，同时毛囊扩张，皮肤松弛，容易拔羽绒。

3. 环境的选择 拔羽绒应选择在晴朗、气候适中的天气进行。场地应避风向阳，以免鹅绒随风飘失，地面打扫干净，铺上一层干净的塑料薄膜。

4. 用品的准备 准备好放羽绒用的塑料袋，绳子，消毒用的红药水，药棉，酒精，高锰酸钾以及凳子，工作服，口罩等。

5. 活拔羽绒的操作

（1）活拔羽绒的操作腿保定。操作者坐在凳子上，用绳捆住鹅的双脚，将鹅头朝向操作者，背置于操作者腿上，用双腿夹住鹅，然后开始拔羽绒。此方法易掌握，较常用。

（2）半站式保定。操作者坐在凳子上，用手抓住鹅颈上部，使鹅呈直立姿势，用双脚踩在鹅的双脚的趾或蹼上面（也可踩在鹅的双翅上），使鹅体向操作者前倾，然后开始拔羽绒。此法比较省力安全。

（3）卧地式保定。操作者坐在凳子上，右手抓住绒鹅颈，左手抓住绒鹅的双脚，将鹅伏着横放在操作者前的地面上，左脚踩在鹅颈肩交界处，然后开始拔羽绒。此方法保定牢靠，但掌握不好，易使鹅受伤。

（4）专人保定。由1人专做保定，1人拔羽绒。此方法操作最为方便，但需较多人力。

6. 拔羽绒的部位 鹅的肩部、胸部、颈下部、腹部、两肋、背部绒毛均可活拔。头部、颈上部、翅、尾部的绒毛不能活拔，主翼羽（又称刀翎）可进行根部剪断。

7. 拔羽绒的顺序 拔羽绒的顺序一般是从胸上部开始拔，从胸到腹，从左到右，胸腹部拔完后，再拔体侧和颈部、背部的绒毛。一般先拔片羽，后拔绒羽，可减少拔羽过程中产生飞丝，也容易把绒羽拔干净。

8. 拔羽绒的方法 用左手按住鹅体皮肤，用右手的拇指、食指、中指捏住片毛的根部，一撮一撮地一排排紧挨着拔。片毛拔完后，再用右手的拇指和食指紧贴着鹅体的皮肤，将绒朵拔下来。活拔羽绒时，用力要均匀、快速，所捏绒朵宁少勿多。拔片羽时每次2～4根为宜，不可垂直往下拔或东拉西扯，以防撕裂皮肤。拔绒朵时，手指要紧贴皮肤，捏住绒朵基部拔，以免拔断而成飞丝，降低绒羽质量。拔羽绒的方向可以是顺拔或逆拔，但以顺拔为主，因为鹅的毛片大多是倾斜长的，顺拔不会损伤毛囊组织，有利于羽绒再生。所拔部位的羽绒要尽可能拔干净，防止拔断使羽绒干后留存在皮肤内，否则会影响新羽绒的长出，减少拔羽绒量。第1次拔羽绒时，由于鹅体毛孔较紧，拔羽绒较费力，所花时间较长，以后再拔就比较容易了。拔下的羽绒应按片羽和绒羽分开装袋，装入塑料袋后，不要强压或揉搓，以保持自然状态和弹性。

9. 拔羽绒中可能出现的问题及处理

（1）伤皮、出血。在拔羽绒的过程中，如血管出血或小范围皮伤可擦些红药水。如破皮范围太大，则要用针线缝合，并让鹅内服磺胺类药物，外涂红药水。

（2）脱肛。用 0.1% 的高锰酸钾溶液清洗患部，再自然推进，使其恢复原状，1～2 天就可痊愈。

10. 活拔羽绒鹅的饲养　活拔羽绒对鹅来说是一个较大的外界刺激，为确保鹅群健康，使其尽快恢复羽毛生长，必须加强饲养管理。拔羽绒后鹅体裸露，3 天内不要在强烈的阳光下放养，7 天内不要让鹅下水或淋雨，铺以柔软干净的垫草。饲料中应增加蛋白质的含量，补充微量元素，适当补充精料。7 天以后，皮肤毛孔已经闭合，就可以让鹅下水游泳，多放牧，多食青草。种鹅拔绒后应分开饲养，停止交配。

第四章　禽病的发生与控制

第一节　传染病的感染

一、感染的概念

病原微生物侵入动物机体，并在一定的部位定居、生长繁殖，从而引起机体产生一系列的病理反应，这个过程称为感染，又称传染。

感染是一个动态过程。病原微生物进入动物机体不一定都能引起感染，因为在多数情况下，动物机体的条件不适合侵入的病原微生物生长繁殖，或动物机体能迅速动员防御力量将侵入者消灭，从而不出现可见的病理变化和临诊症状，这种状态称为抗感染免疫。换句话来说，动物机体对病原微生物有不同程度的抵抗力。动物对某一种病原微生物没有免疫力（即没有抵抗力）称为有易感性，这种动物叫作易感动物。

二、感染发生的条件

感染的发生需具备以下几个条件：
1. 病原微生物的毒力足够强、数量足够多。
2. 有适宜的侵入门户。
3. 具有对该病原微生物易感的动物机体。
4. 具有可促使病原微生物侵入易感动物机体的外界环境。

动物感染病原微生物后会有不同的临床表现，从完全没有临床症状到明显的临床症状，甚至死亡。这是病原微生物的致病性、毒力与宿主特性综合作用的结果。也就是说病原微生物对宿主的感染力和宿主的抗病力表现出很大差异，这不仅取决于病原微生物本身的特性（致病力和毒力），还与动物的遗传易感性和宿主的免疫状态以及环境因素有关。

三、感染的类型

在感染的发生过程中，病原微生物的致病作用和机体的防御机能，是在一定的传播途径和外界环境条件下，不断相互作用的过程，只有具备病原微生物以及适宜的侵入门户、易感动物和外界环境这几个条件，感染才能发生。
1. 按感染的来源分有外源性感染和内源性感染。

病原微生物从外界侵入机体引起的感染过程，称为外源性感染。大多数传染病属于这一类。

寄生在动物机体内的条件性病原微生物，在机体正常的情况下，不表现其病原性。当受到不良因素的影响而使动物机体的抵抗力减弱时，体内的条件性病原微生物大量增殖，毒力增强，最后致使机体发病，这一过程称为内源性感染。

2．按感染的部位分有全身感染和局部感染。

当动物机体的抵抗力较弱时，病原微生物冲破了机体各种防御屏障，侵入血液并向全身扩散，这种感染称为全身感染。

由于动物机体的抵抗力较强，而侵入的病原微生物毒力较弱或数量较少，病原微生物被局限在一定部位生长繁殖，并引起一定病理变化，这种感染称为局部感染。

3．按病原的种类分有单纯感染、继发感染和混合感染。

由一种病原微生物引起的感染，称为单纯感染。

动物感染了一种病原微生物之后，在机体抵抗力减弱的情况下，又由新侵入的或原来存在于机体内的另一种病原微生物引起的感染，称为继发感染。

由两种以上的病原微生物同时参与的感染，称为混合感染。

4．按症状是否典型分有典型感染和非典型感染。

在感染过程中出现特征性临诊症状者称为典型感染。而非典型感染则表现或轻或重，与典型感染症状不同。

5．按疾病的严重性分有良性感染和恶性感染。

一般常以病畜的死亡率作为判定传染病严重性的主要指标。如果该病并不引起病畜的大批死亡，则称为良性感染。相反，如能引起大批病畜死亡，则称为恶性感染。

6．按病程长短分有最急性感染、急性感染、亚急性感染、慢性感染。

最急性感染：病程短促，常在数小时或一天内突然死亡，症状和病理变化不显著，常见于疾病的流行初期。

急性感染：病程较短，自几天至二、三周不等，并伴有明显的典型症状。

亚急性感染：其临诊表现不如急性感染那么显著，病程稍长。和急性感染相比是一种比较缓和的类型。

慢性感染：病程缓慢的一种感染。

7．按临床症状分有显性感染、隐性感染、一过型感染、顿挫型感染。

动物或人被某种病原微生物感染并表现出相应的特有症状，称为显性感染。

不呈现明显症状的感染，称为隐性感染，也称亚临床感染。

开始症状较轻，特征症状未出现即行恢复者称为一过型感染。

开始时症状表现较重，与急性感染相似，但特征性症状未出现即迅速消退恢复健康者称为顿挫型感染。

8．病毒持续感染和慢病毒感染。

病毒持续感染是指动物长期持续的感染状态。由于入侵的病毒不能杀死宿主细胞而形成病毒与宿主细胞间的共生平衡，感染动物可长期或终生带毒，而且经常或反复不定期地向体外排出病毒，但常缺乏临诊症状，或出现与免疫病理反应有关的症状。

慢病毒感染，又称长程感染，是指潜伏期长，发病呈进行性且最后常以死亡为转归的病毒感染。其与病毒持续感染的不同点在于疾病过程缓慢，但会不断发展且最后常引起死亡。

第二节　传染病的发生

一、传染病的概念

凡是由病原微生物引起，具有一定的潜伏期和临诊表现，并具有传染性的疾病，称为传染病。

二、传染病的特征

传染病的表现虽然多种多样，但亦具有一些共同特性，根据这些特性可与其他非传染病相区别。

1. 传染病是在一定环境条件下由病原微生物与机体相互作用引起的。每一种传染病都有其特异的致病性微生物存在，如猪瘟是由猪瘟病毒引起的，没有猪瘟病毒就不会发生猪瘟。

2. 传染病具有传染性和流行性。从患传染病的病畜体内排出的病原微生物，侵入另一有易感性的健畜体内，能引起同样症状的疾病。像这样使疾病从病畜传染给健畜的现象，就是传染病与非传染病相区别的一个重要特征。当一定的环境条件适宜时，在一定时间内，某一地区易感动物群中可能有许多动物被感染，致使传染病蔓延散播，形成流行。

3. 被感染的机体发生特异性反应。在传染发展过程中由于病原微生物的抗原刺激作用，机体发生免疫生物学的改变，产生特异性抗体和变态反应等。这种改变可以用血清学方法等特异性反应检查出来。

4. 耐过动物能获得特异性免疫。动物耐过传染病后，在大多数情况下均能产生特异性免疫，使机体在一定时期内或终生不再患该种传染病。

5. 具有特征性的临诊表现。大多数传染病都具有该种病特征性的综合症状和一定的潜伏期和病程经过。

三、传染病的病程经过（即发展阶段）

传染病的病程发展过程在大多数情况下具有严格的规律性，大致可以分为潜伏期、前驱期、明显（发病）期和转归期四个阶段。

1. 潜伏期　由病原微生物侵入机体并进行繁殖时起，直到疾病的临诊症状开始出现为止，这段时间称为潜伏期。

不同疾病的潜伏期长短不一，同一疾病的潜伏期也有不同。一般来说，急性传染病的潜伏期差异范围较小；慢性传染病以及症状不很显著的传染病其潜伏期差异较大，常不规则。同一种传染病的潜伏期的长短也有很大的变化。潜伏期短促时，疾病经过常较严重；反之，潜伏期延长时，病程常较轻缓。

2. 前驱期　前驱期是疾病的征兆阶段，其特点是临诊症状开始表现出来。但该病的特征性症状仍不明显。从多数传染病来说，这个时期仅可察觉出一般的症状，如体温升高、食欲减退、精神异常等。各种传染病和各个病例的前驱期长短不一，通常只有数小时至一两天。同一传染病在不同的个体中其前驱期也有所差异。

3. 明显（发病）期　前驱期之后，疾病的特征性症状逐步明显地表现出来，是疾病发展到高峰的阶段。这个阶段因为很多有代表性的特征性症状相继出现，在诊断上比较容易识别。同时，由于患病动物体内排出的病原微生物数量多、毒力强，故应加强发病动物的饲养管理，防止病原微生物的散播和蔓延。

4. 转归期（恢复期）　疾病进一步发展为转归期。如果病原微生物的致病性能增强，或动物机体的抵抗力减退，则传染过程以动物死亡为转归。如果动物机体的抵抗力得到改进和增强，则机体逐步恢复健康，表现为临诊症状逐渐消退，体内的病理变化逐渐减弱，正常的生理机能逐步恢复。机体在一定时期保留免疫学特性。在病后一定时间内还有带菌（毒）排菌（毒）现象存在，但最后病原微生物可被消灭清除。

第三节　传染病的流行

一、传染病的流行过程

（一）流行及流行过程的概念

1. 流行　畜禽传染病的一个基本特征是能在家畜之间直接或间接（通过媒介物）传染，构成流行。

2. 流行过程　流行过程是指从家畜个体感染发病发展到家畜群体发病的过程，也就是传染病在畜群中发生和发展的过程。

（二）流行过程的基本环节

动物传染病在动物群体中流行必须具备一定的条件，即三个基本环节（传染源、传播途径和易感动物）的相互联系和配合，当这三个条件同时存在并相互联系协同作用时就会造成传染病的发生和流行。如缺少任何一个环节，新的传染病就不会发生，也不能在动物群体中流行。与此同时，当传染病已经流行时，如切断其中任何一个环节，流行即逐渐平息终止。因此，无论是预防传染病还是扑灭传染病，都要针对这三个基本环节采取

措施，即消灭和控制传染源、切断传播途径、增强易感动物的抵抗力。

1. 传染源　传染源（亦称传染来源）是指有某种传染病的病原微生物在其中寄居、生长、繁殖，并能向外界排出体外的动物机体。具体来说传染源就是受感染的动物，包括传染病病畜和带菌（毒）动物。

动物受感染后，可以表现为患病和携带病原两种状态，因此传染源一般可分为两种类型。

（1）患病动物。病畜是重要的传染源。不同病期的病畜，其作为传染源的意义也不相同。前驱期和症状明显期的病畜因能排出病原微生物且具有症状，尤其是在急性过程或者病程转剧阶段可排出大量毒力强大的病原体，因此作为传染源的作用也最大。潜伏期和恢复期的病畜是否具有传染源的作用，则随病种不同而异。

病畜能排出病原微生物的整个时期称为传染期。不同传染病的传染期长短不同。各种传染病的隔离期就是根据传染期的长短来制订的。为了控制传染源，对病畜原则上应隔离至传染期终了为止。

（2）病原携带者。病原携带者是指外表无症状但携带并排出病原微生物的动物。病原携带者是一个统称，包括带菌者、带毒者、带虫者等。

2. 传播途径　病原微生物由传染源排出后，经一定的方式再侵入其他易感动物所经过的途径称为传播途径。研究传染病传播途径的目的在于切断病原微生物继续传播的途径，防止易感动物受传染，这是防治家畜传染病的重要环节之一。传播途径一般分为水平传播和垂直传播两大类。

水平传播是指传染病在群体之间或个体之间以水平形式横向平行传播。水平传播在传播方式上可分为直接接触传播和间接接触传播两种。

（1）直接接触传播。病原体通过被感染的动物（传染源）与易感动物直接接触（交配、舐咬等）而引起的传播方式，称为直接接触传播。以直接接触为主要传播方式的传染病为数不多，在家畜中狂犬病具有代表性。直接接触而传播的传染病，其流行特点是一个接一个地发生，形成明显的链锁状。这种方式使疾病的传播受到限制。一般不易造成广泛的流行。

（2）间接接触传播。病原体通过传播媒介使易感动物发生传染的方式，称为间接接触传播。从传染源将病原微生物传播给易感动物的各种外界环境因素称为传播媒介。传播媒介可能是生物，也可能是无生命的物体。

大多数传染病如口蹄疫、牛瘟、猪瘟、鸡新城疫等以间接接触为主要传播方式，同时也可以通过直接接触传播。两种方式都能传播的传染病也可称为接触性传染病。

垂直传播是指从母体到其后两代之间的传播。垂直传播从广义上讲属于间接接触传播，它包括以下几种方式：

（1）经胎盘传播。受感染的孕畜经胎盘血流传播病原微生物感染胎儿，称为胎盘传播。可经胎盘传播的疾病有猪瘟、猪细小病毒病、牛病毒性腹泻－黏膜病、蓝舌病、伪狂犬病、布鲁氏菌病、弯曲菌性流产、钩端螺旋体病等。

（2）经卵传播。由携带有病原微生物的卵细胞发育而使胚胎受感染，称为经卵传播。其主要见于禽类。可经卵传播的病原微生物有禽白血病病毒、禽腺病毒、鸡传染性贫血病毒、禽脑脊髓炎病毒、鸡白痢沙门氏菌等。

（3）经产道传播。病原微生物经孕畜阴道通过子宫颈口到达绒毛膜或胎盘引起胎儿感染，或胎儿从无菌的羊膜腔穿出而暴露于严重污染的产道时，胎儿经皮肤、呼吸道、消化道感染母体的病原微生物，称为产道传播。可经产道传播的病原微生物有大肠杆菌、葡萄球菌、链球菌、沙门氏菌和疱疹病毒等。

家畜传染病的传播途径比较复杂，每种传染病都有其特定的传播途径，有的可能只有一种途径，如猪皮肤霉菌病、虫媒病毒等；有的有多种传播途径，如炭疽病可经接触、饲料、饮水、空气、土壤或媒介节肢动物等途径传播。掌握病原微生物的传播方式及各种传播途径所表现出来的流行特征，将有助于对现实的传播途径进行分析和判断。

3. 易感动物 易感性是抵抗力的反面，是指家畜对于某种传染病病原微生物感受性的大小。某地区畜群中易感个体所占的百分率，将直接影响到传染病是否造成流行以及疫病的严重程度。

动物易感性的影响因素主要有以下几个方面：

（1）病原微生物的种类和毒力强弱。

（2）畜群年龄结构与感染。宿主对感染的抵抗力，随着年龄的增长而增强，而到老龄时抵抗力又下降，这是一般的趋势。这与动物机体免疫机构的成熟和衰老是分不开的。在精子、卵子、胚胎和胎儿早期发生感染可造成不孕、产蛋下降、流产、死产和产畸形胎等繁殖障碍性疾病，但多数情况下同舍的成年畜禽不会出现异常。多数肠道传染病对新生动物的致死率很高，但随着动物年龄的增长，其病死率明显下降。

年龄增长伴随着病型的变化。猪大肠杆菌病对新生仔猪表现为败血症，断奶期仔猪表现为白痢，断奶后仔猪表现为水肿病，而成年期呈现关节炎和乳房炎等局灶性病理变化。

在饲养不同年龄的大型养猪场内，一旦流行急性传染病，在流行停息后的几年内可能会反复流行该传染病。这种现象可解释为流行后幸免死亡的猪成为传染源，再传染给新生的易感仔猪，如此反复几年。因此，无论是禽还是猪和牛，按年龄单独集中饲养，不仅便于饲养管理，而且是防治这种反复传染病的有效措施。

（3）畜群特异性免疫状态。当易感畜群发生的传染病逐渐蔓延到后期时，常在保存一定数量的幸免死亡者后停息。其原因是随着传染病的发生和发展，一部分动物死亡，另一部分动物逐渐恢复而获得免疫，从而使群体的免疫水平提高。对畜群实施免疫接种时，其免疫密度达到一定程度后（即使达不到100%），这种传染病就难以流行。群体免疫水平的大体目标是，其免疫率为70%～80%。群体免疫水平随时间的推移而变化，如某种传染病流行之后，获得主动免疫的个体经一段时间后免疫水平逐渐下降，若和易感的新生畜群世代交替，会使群体的免疫水平也降低，降低到一定水平时，该传染病再度流行，这种现象称为家畜传染病的周期性。

评价群体免疫水平的常用方法是监测血清中的特异性抗体。对畜群定期采血，分离血清，进行抗体效价测定，分析群体免疫率，可为制定免疫计划提供科学依据。

（4）外界环境条件。如气候、饲料、饲养管理卫生条件等因素都可能直接影响到畜群的易感性和病原微生物的传播。

（5）传染环。在广域的动物群体内，存在包括野生动物的异种易感动物时，这些动物之间有时形成传染链，称为传染环。传染环因各种动物的易感性和分布密度等生态学特性不同而变化，因此具有地域特征。

如在非洲，蜱是非洲猪瘟病毒的主要自然宿主，因此病毒在蜱群中会维持独特的生态系统而持续繁衍下去。由蜱感染的猪群，通过接触感染虽然会扩大其感染环，但由于病死率高，而且猪的分布密度低，不能持续流行。野猪等野生动物被蜱感染后虽可长期携带非洲猪瘟病毒，但绝大多数是不能成为传染源的终末宿主。在西班牙和葡萄牙，蜱和猪是非洲猪瘟病毒的自然宿主。在这些区域非洲猪瘟病毒对猪的毒力逐渐减弱，病死率较低，而且饲养密度也比非洲高。这可能是该病毒在猪群之间维持繁衍的主要原因之一。

二、传染病的流行特征

1. 流行过程的表现形式　在家畜传染病的流行过程中，根据一定时间内发病率的高低和传染范围大小（即流行强度）可将动物群体中疾病的表现分为以下四种表现形式。

（1）散发性。散发性是指疾病无规律性，随机发生，局部地区病例零星分散出现，各病例在发病时间与地点上无明显的关系。

（2）地方流行性。地方流行性是指在一定的地区和畜群中，发病动物的数量较多，但传播范围不大，带有局限性传播特征。

（3）流行性。所谓流行性是指在一定时间内一定畜群出现比寻常为多的病例，它没有一个病例的绝对数界限，而仅仅是指疾病发生频率较高的一个相对名词。流行性疾病的传播范围广、发病率高，如不加以防治常可传播到几个乡、县甚至省。这些疾病往往病原微生物的毒力较强，能以多种方式传播，畜群的易感性较高，如口蹄疫、牛瘟、猪瘟、鸡新城疫等重要疫病都可能表现为流行性。

（4）"爆发"性。"爆发"是一个不太确切的名词，大致可作为流行性的同义词。一般认为，某种传染病在一个畜群单位或一定地区范围内，在短期间（该病的最长潜伏期内）突然出现很多病例时，可称为爆发。

（5）大流行。大流行是一种规模非常大的流行，流行范围可扩大至全国，甚至可涉及几个国家或整个大陆。在历史上如口蹄疫、牛瘟和流感等都曾出现过大流行。

上述几种流行形式之间的界限是相对的，不是固定不变的。

2. 流行过程的季节性和周期性

（1）季节性。某些家畜传染病经常发生在一定的季节，或在一定的季节出现发病率显著上升的现象，称为流行过程的季节性。

（2）周期性。某些动物传染病经过一定的间隔时期（常以数年计），还可能再度流行，这种现象称为动物传染病的周期性。在传染病流行期间，易感动物除发病死亡或淘汰以外，其余由于患病康复或处于隐性感染而获得免疫力，因而使流行逐渐停息。但是经过一定时间后，由于免疫力逐渐消失，或新的一代出生，或引进外来的易感家畜，使动物群体的易感性再度增高，结果传染病可能重新爆发流行。在牛、马等畜群中，每年更新的数量不大，多年以后易感动物的百分比逐渐增大，疾病才能再度流行，因此周期性比较明显。猪和家禽等食用动物每年更新或流动的数目很大，疾病可以每年流行，周期性一般并不明显。

三、流行过程的影响因素

传染病的流行过程，必须具备传染源、传播途径及易感动物三个基本环节。只有这个基本环节相互联结、协同作用时，传染病才有可能发生和流行。保证这三个基本环节相互联结、协同起作用的因素是动物活动所在的环境和条件，即各种自然因素和社会因素。它们对流行过程的影响是通过对传染源、传播途径和易感动物的作用而发生的。

1. 自然因素　自然因素对流行过程的影响，主要有以下几个方面。

（1）作用于传染源。例如一定的地理条件（海、河、高山等）对传染源的转移产生一定的限制，成为天然的隔离条件。季节变换，气候变化引起动物机体抵抗力的变动，如气喘病的隐性病猪，在寒冷潮湿的季节里病情恶化，咳嗽频繁，排出病原微生物增多，传播传染病的机会增加。反之，在干燥、温暖的季节里，加上饲养情况较好，病情容易好转，咳嗽减少，传播传染病的机会减小。当某些野生动物是传染源时，自然因素对流行过程的影响特别显著。这些动物生活在一定的自然地理环境中（如森林、沼泽、荒野等），它们所传播的疫病常局限于这些环境，往往能形成自然疫源地。

（2）作用于传播媒介。自然因素对传播媒介的影响非常明显。例如，夏季气温上升，在吸血昆虫滋生的地区，作为传播流行性乙型脑炎等病的昆虫蚊类的活动增强，因而乙型脑炎病例增多。日光和干燥对多数病原微生物具有致死作用，反之，适宜的温度和湿度则有利于病原微生物在外界环境中较长期的生存。当温度降低、湿度增大时，有利于气源性感染，因此呼吸道传染病在冬春季发病率常有增高的现象。洪水泛滥季节，地面粪尿被冲刷至河塘，造成水源污染，易引起钩端螺旋体病、炭疽病等的流行。

（3）作用于易感动物。自然因素对易感动物的影响首先是增强或减弱动物机体的抵抗力。例如，低温高湿的条件下，不但可以使飞沫传播媒介的作用时间延长，还可使易感动物易于受凉、降低呼吸道黏膜的屏障作用，有利于呼吸道传染病的流行。在高气温的影响下，肠道的杀菌作用降低，使肠道传染病传染性增加。应激反应是动物机体对扰乱机体内环境稳定的任何不良刺激的生物学反应总和，应激可导致畜禽的病理性损害。例如长途运输、过度拥挤等，都易使动物机体抵抗力降低或增加接触机会而使某些传染病如口蹄疫、猪瘟等爆发流行。

2. 社会因素　影响家畜疫病流行过程的社会因素主要包括社会制度、生产力和人民的经济、文化、科学技术水平以及贯彻执行法规的情况等。它们既可能是促进家畜疫病广泛流行的原因，也可以是有效消灭和控制疫病流行的关键。因为，家畜和它所处的环境，除受自然因素影响外，在很大程度上是受人们的社会生产活动影响的，而后者又取决于社会制度等因素。

总之，流行过程是多因素综合作用的结果。传染源、宿主和环境因素不是孤立地起作用，而是相互作用引起传染病的流行。

第四节　传染病的防治技术

一、防治工作的基本原则

1. 坚持"预防为主"的方针　动物传染病具有传染和扩散的特点，一旦蔓延扩散很难扑灭，因此必须贯彻传染病"预防为主"的方针。搞好饲养管理、防疫卫生、预防接种、检疫、隔离、消毒等综合防治措施，以提高畜禽的健康水平和抗病能力，有效地控制和杜绝传染病的传播和蔓延，降低畜禽发病率和病死率。随着养殖业规模化和集约化的不断发展，传染病的预防工作显得更加重要。在生产实际中要树立群防群控的思想，而不是忙于患病动物的治疗，否则，势必会造成发病率的不断上升，患病动物越来越多，工作完全陷入被动局面。所以，必须要改变重治轻防的传统观念，使兽医卫生防疫体系更加健全。

2. 建立健全各级兽医工作机构，保证动物疫病防治措施的贯彻实施　兽医防疫工作是一个系统工程，它与农业、卫生、交通、外贸等部门均有密切的关系，只有依靠党和政府统一领导、统一部署、全面安排、各部门的密切配合，从全局出发，通力协作，改革和完善兽医管理体制，建立健全各级兽医工作机构，保证动物疫病防治措施的贯彻实施，才能从根本上控制和扑灭动物疫病，提高动物产品质量和安全水平，保障人民群众的身体健康。村级防疫员就是其中最基层、最重要的一个环节。

3. 加强和完善动物防疫法律法规建设　控制和消灭动物传染病的工作关系到国家信誉和人民健康，兽医行政主管部门要以兽医流行病学和动物传染病学的基本理论为指导，以《中华人民共和国动物防疫法》等法律法规为依据，制定并完善动物疫病防治相关的法规、条例以规范动物传染病的防治工作。我们应当认真贯彻执行相关的法律法规，进一步推动我国畜牧业的健康发展。

二、传染病的预防措施

前面提到，动物传染病的发生和流行是由传染源、传播途径和易感动物相互联系形成的一个复杂的过程，三者之间必须有效地发生联系，传染病才能发生和流行，因此，在平时的预防过程中应调动一切人力、物力和财力来切断三者之间的联系，控制传染病的发生和流行，理论上只要切断其中任何一个环节，传染病就会逐渐的平息，停止流行。而事实上，在生产管理过程中，完全地切断任何一个环节都是不现实的，所以必须采取综合性的预防措施，才能控制传染病的发生和传播。

1. 贯彻自繁自养的原则，实行全进全出的生产制度，必须从外界引进种畜时，采取严格的检疫、隔离措施，减少疫病传播。

"自繁自养"是防止从异地带进疫病的一项重要措施。养殖业发展的经验已经反复证明，凡是坚持自繁自养的动物养殖场很少发生或不发生传染病。作为集约化养殖业，必须建立较完善的繁育体系，至少应建有良种繁殖场和商品畜禽繁殖场，根据发展计划，养有一定数量的母畜，解决畜源不足的问题。实行"全进全出"的饲养制度是集约化饲养的先进方法之一。

如果进行品种调配或必须从异地引进种畜时，必须从非疫区的健康养殖场选购。在选购前应对该种动物做必要的检疫，购进后一般要隔离饲养一个月，经过观察并再次检疫证实无病后，才能合群并圈，并需根据具体情况给引进动物进行预防注射。

2．加强饲养管理，搞好卫生消毒，增强动物机体的抗病能力。加强动物的饲养管理，注意环境卫生，执行严格的兽医卫生制度，增强动物机体健康和对外界致病因素的抵抗力，也是积极预防传染病的重要条件。同时，要重视饲料和饮水的清洁卫生，不喂腐烂、发霉和变质饲料，圈舍要经常打扫，保持清洁、干燥，冬季要注意防寒保暖工作，食槽和管理用具保持清洁等，都是预防疫病不可忽视的内容，也是保证动物生长发育和体格健壮、抗病力强的基本条件。

3．拟订和执行定期预防接种和补种计划。免疫接种可激发动物机体产生特异性的免疫力，是使易感动物转化为非易感动物的一项关键措施。在实际预防接种工作中，应注意以下几个方面问题：

（1）要对当地传染病发生的种类和流行状况有明确的了解，针对当地发生的疫病种类，确定应该接种哪些疫（菌）苗。

（2）要做好疫病的检疫和监测工作，进行有计划的免疫接种，减少免疫接种的盲目性和浪费疫（菌）苗。

（3）要按照不同传染病的特点、疫苗性质、动物种类及状况、环境等具体情况，建立科学的免疫程序，采用可靠的免疫方法，使用有效的疫苗，做到适时免疫，保证高的免疫密度，使动物保持高的免疫水平。

（4）要避免发生免疫失败，一旦发生，应及时找出造成免疫失败的原因，并采取相应的措施加以克服。

4．药物预防　群体化学药物预防是动物传染病防治的一个途径。动物可能发生的传染病的种类有很多，其中有些传染病已经研制出有效的疫苗来预防，但还有很多传染病尚无疫苗可利用，有些传染病虽有疫苗，但实际应用还有问题，因此，药物预防也是一项重要的措施。应使用安全而廉价的化学药物，加入饲料或饮水中进行群体化学药物预防，即所谓的保健添加剂。常用的药物有磺胺类药物、抗生素、硝基呋喃类药物、喹诺酮类药物等。在饲料中添加上述药物对预防仔猪腹泻、雏鸡白痢、气喘病等有较好的效果。但马匹口服土霉素等抗生素时常能引起肠炎等中毒反应，必须注意。

长期使用化学药物预防，容易产生耐药性，影响防治效果，因此，需要经常进行药物敏感性试验，选择有高度敏感性的药物用于防治。而且一旦形成耐药菌株会对人类健康带来危害。

5．定期杀虫、灭鼠，消灭传播媒介。

6．各地（省、市）兽医机构应调查研究当地疫情分布，组织相邻地区对家畜传染病的联防协作，有计划地进行消灭和控制，并防止外来疫病的侵入。

三、传染病的诊断

及时正确的诊断是预防传染病工作的重要环节，它关系到能否有效地组织防疫措施。诊断家畜传染病常用的方法有：临诊诊断、流行病学诊断、病理学诊断、病原学诊断和免疫学诊断等。诊断传染病的方法有很多，但不是每一种传染病和每一次诊断工作都需要全面去做。由于传染病的特点各有不同，常需根据具体情况而定，有时仅需采用其中的一两种方法就可以及时做出诊断。

（一）临床综合诊断

1. 流行病学诊断　流行病学诊断是指针对患传染病的动物群体，经常与临诊诊断联系在一起的一种诊断方法。某些家畜疫病的临诊症状虽然基本上是一致的，但是其流行的特点和规律很不一致。例如口蹄疫、水疱性口炎、水疱病和水疱性疹等病，在临诊症状上几乎是完全一样的，无法区分，但从流行病学方面却不难区分。

流行病学诊断是在流行病学调查（即疫情调查）的基础上进行的。疫情调查可在临诊诊断过程中进行，如以座谈方式向畜主询问疫情，并对现场进行仔细观察、检查，取得第一手资料，然后对材料进行分析处理，做出诊断。

2. 临诊诊断　临诊诊断是借助问诊、视诊、触诊、叩诊、听诊等对病畜进行直接检查和对血、粪、尿等进行常规实验室检查。一般来说，临诊检查是最基本的诊断方法。对于某些具有特征性临床症状的典型病例，一般不难做出诊断。如破伤风的"木马状姿势"，神经型马立克氏病的"劈叉姿势"等。

但是临诊诊断有其一定的局限性，特别是对发病初期尚未出现有诊断意义的特征症状的病例，或非典型病例和隐性病例，仅依靠临床诊断难以确诊，一般只能提示可疑疫病的大致范围，必须结合其他诊断方法才能确诊。在很多情况下，临诊诊断只能提出可疑疫病的大致范围，因此在进行临床诊断时，常采用类症鉴别的方法进行鉴别诊断，借助实验室诊断和特殊诊断方法确诊疾病和排除疾病，有些疾病还可参考药物治疗性诊断。

另外，在进行临诊诊断时，应注意对整个发病畜群所表现的综合症状加以分析判断，不要单凭个别或少数病例的症状轻易下结论，以防止误诊。

3. 病理学诊断　病理学诊断通常包括眼观检查和组织学检查（光镜检查和电镜检查）。对于具有特征性眼观病理变化的传染病可以通过病理剖检直接做出诊断，如结核病、猪瘟、鸡新城疫、山羊传染性胸膜肺炎、副结核病、口蹄疫等。对于没有特征性眼观病理变化的传染病通过病理剖检可以为进一步诊断提供启示和线索。

有的病畜，特别是最急性死亡的病例和早期屠宰的病例，有时特征性的病理变化尚未出现，因此进行病理剖检诊断时尽可能多检查几例，并选择症状较典型的病例进行剖检。有些疫病除肉眼检查外，还需做病理组织学检查。有些病，还需检查特定的组织器官，如疑为狂犬病时应取脑海马角组织进行包涵体检查。病理剖检时应注意以下几个问题：

（1）最急性和早期死亡的病畜往往不出现特征性病理变化，因此，应尽可能多剖检几例，不要急于下结论。

（2）剖检要选择病死的新鲜尸体，且最好白天进行。不得已在晚间剖检时，只做参考。

（3）剖检要按程序进行，观察病理变化要全、细、客观，避免主观臆断。

（二）实验室诊断

1. 微生物学诊断　运用兽医微生物学的方法进行病原学检查是诊断家畜传染病的重要方法之一。一般常用以下方法和步骤：

（1）病料的采集。正确采集病料是微生物学诊断的重要环节。病料力求新鲜，最好能在濒死时或死后数小时内采取，要求尽量减少杂菌污染，用具器皿应尽可能严格消毒。通常可根据所怀疑病的类型和特性来决定采取哪些器官或组织的病料。原则上要求采取病原微生物含量多、病理变化明显的部位，同时易于采取、保存和运送。如果缺乏临诊资料，剖检时又难于分析诊断可能属何种病时，应比较全面地取材，例如血液、肝脏、脾脏、肺脏、肾脏、脑和淋巴结等，同时要注意带有病理变化的部分。

（2）病料涂片镜检。通常在有显著病理变化的不同组织器官和不同部位涂抹涂片，进行染色镜检。此法对于一些具有特征性形态的病原微生物如炭疽杆菌、巴氏杆菌等可以迅速做出诊断。有一些病原微生物如结核杆菌、副结核杆菌、布氏杆菌等形态特征不明显，但用特殊的鉴别染色法染色，也可迅速得出结论。但对大多数传染病来说，显微镜检查只能为进一步检查提供依据或线索。

电子显微镜负染技术对于某些病毒，特别是轮状病毒、冠状病毒、痘病毒、腺病毒、细小病毒和一些疱疹病毒等引起的传染病，可快速做出诊断。根据需要还可以采用免疫电镜方法进行检查，提高特异性鉴别能力。

（3）分离培养和鉴定。分离培养是指用人工培养方法将病原微生物从病料中分离出来，细菌、真菌、螺旋体等可选择适当的人工培养基培养，病毒等可选用禽胚培养。用各种动物或组织培养等方法分离培养，分得病原微生物后，再通过形态学、培养特性、动物接种及免疫学试验等方法做出鉴定。

（4）动物接种试验。动物接种试验是指选择对该种传染病病原微生物最敏感的动物进行人工感染的试验。将病料用适当的方法进行人工接种，然后根据对不同动物的致病力、症状和病理变化特点来帮助诊断。当实验动物死亡或经一定时间杀死后，观察体内变化，并采取病料进行涂片检查和分离鉴定。

2. 免疫学诊断　免疫学诊断是传染病诊断和检疫中常用的重要方法，包括血清学试验和变态反应两种。

（1）血清学试验。利用抗原和抗体特异性结合的免疫学反应进行诊断。可以用已知抗原来测定被检动物血清中的特异性抗体，也可以用已知的抗体（免疫血清）来测定被检材料中的抗原。常用的血清学试验有以下几种：

沉淀试验：适量的可溶性抗原和相应抗体在溶液和凝胶中结合后，形成特异的、肉眼可见的不溶性复合物，称为沉淀反应。利用该反应进行的血清学试验，称为沉淀试验。根据操作方法不同，可将沉淀试验分为环状沉淀试验、絮状沉淀试验、琼脂扩散沉淀试验（单向单扩散、单向双扩散、双向单扩散、双向双扩散）、免疫电泳试验、对流免疫电泳试验、火箭电泳试验等。

凝集试验：某些病原微生物和红细胞等颗粒性抗原与相应抗体结合后，在适量电解质存在的情况下，出现肉眼可见的凝集小块，称为凝集反应。根据这一原理建立的凝集试验，在临床免疫学检验中应用颇多。例如直接凝集试验（玻片法、玻板法、试管法）、间接凝集试验（间接红细胞凝集试验、间接乳胶凝集试验、间接碳凝集试验）、病毒血凝和血凝抑制试验、金黄色葡萄球菌 A 蛋白的协同凝集试验、抗球蛋白凝集试验等。

病毒中和试验：病毒与相应的抗体相结合时，抗体可阻止病毒吸附于宿主细胞，从而抑制病毒感染细胞，这种反应称为病毒中和试验，这种抗体叫作中和抗体。培养的细胞、鸡胚和实验动物均可用作宿主细胞。用培养的细胞做病毒中和试验时，以细胞培养物是否出现细胞病理变化、能否吸附红细胞及蚀斑减少等作为指示，测定中和抗体。用鸡胚做病毒中和试验时，以鸡胚的生死和羊水、尿囊液是否具有红细胞凝集性及绒毛尿囊膜上是否生成痘斑作为指示，测定中和抗体。用实验动物做病毒中和试验时，根据动物的生死和发病作为指示，测定中和抗体。病毒中和试验用于多数病毒性疾病的诊断，也可用于病毒的鉴定。

另外，病毒中和试验用于毒素与抗毒素检测，将抗毒素和相应毒素以适当比例混合后，接种于易感实验动物，通过观察能否保护易感动物免于死亡或有无毒性反应出现，可鉴定产气荚膜梭菌等毒素类型。

补体结合试验：补体结合试验是可溶性抗原和相应的抗体结合时，补体非特异性地结合于抗原抗体复合物而被消耗。这种反应肉眼是看不到的，要以绵羊红细胞和溶血素（抗绵羊红细胞抗体）作为指示系统共同孵育，根据有无溶血现象出现，检查被检系统中有无相应的抗原抗体存在的一种血清学试验。常用已知抗原检测未知血清，也可以用已知血清检测未知的相应抗原。如果不出现溶血反应，则补体结合试验反应结果为阳性。这种方法广泛应用于细菌、病毒、立克次氏体及原虫等引起的各种家畜传染病的诊断。

与标记抗体有关的试验包括荧光抗体试验（FAT）、酶联免疫吸附试验（ELISA）。

单克隆抗体的应用：利用免疫动物制备的抗体属于多克隆抗体，常因不只针对一种抗原决定簇而影响血清学试验的特异性。而应用淋巴细胞杂交瘤技术制备的单克隆抗体是针对单一抗原决定簇的抗体，由于它具有特异性强、敏感性高、质量稳定、易于标准化等优点，越来越多地代替前者而被用于家畜传染病的诊断。

近年来由于与现代科学技术相结合，血清学试验在方法上日新月异，发展很快，其应用也越来越广，已成为传染病快速诊断的重要工具。

（2）变态反应。动物患某些传染病（主要是慢性传染病）时，可对该病的病原微生物或其产物（某种抗原物质）的再次进入产生强烈反应。能引起变态反应的物质（病原微生物、病原微生物产物或抽提物）称为变态原，如结核菌素、鼻疽菌素等，将其注入患病动物时，可引起局部或全身反应。

3．分子生物学诊断　分子生物学诊断又称基因诊断，主要是针对不同病原微生物所具有的特异性核酸序列和结构进行检测。在传染病诊断方面，具有代表性的技术主要有：核酸探针技术、核酸电泳技术、PCR 技术和 DNA 芯片技术。

（1）核酸探针技术。核酸探针技术是近年来发展起来的通过 DNA 分子杂交检测核酸的新技术。它是根据两条单链 DNA（或 DNA 与 RNA）之间互补碱基序列能专一配对的原理进行的，因而它具有高度的敏感性和特异性。一般利用已标记的某种 DNA（或 RNA）片段作为探针，对待检 DNA 分子中是否有与探针同源的 DNA 序列进行检测。该方法有三大组成部分：①待检核酸；②固相载体（硝酸纤维素膜或尼龙膜）；③用同位素、酶或荧光标记的核酸探针。

核酸探针技术有：原位杂交（直接在组织切片或细胞涂片上进行杂交反应）；斑点杂交（将待检的 DNA，经过变性后直接点加在硝酸纤维素膜或尼龙膜上进行杂交反应）；Southern 印迹杂交（将待检的 DNA 经内切酶消化、琼脂糖凝胶电泳后，转移到硝酸纤维素膜或尼龙膜上进行杂交反应）；Northern 印迹杂交（方法与 Southern 印迹杂交基本相同，但待检的是 RNA）。探针材料是取自已知病原微生物的核酸片段、已知 DNA（或 cDNA）核酸片段或者根据已知病原微生物核酸序列设计并人工合成的特异性寡聚核苷酸片段，总之探针核酸是已知的。然后将其标记上同位素、地高辛、生物素等制备成探针。固定在支持物上的模板核酸与探针经过变性、复性，根据碱基配对原则，如果模板核酸与探针核酸同源，则两者结合，否则两者不发生结合。利用放射自显影或酶底物反应方法，在硝酸纤维素膜或尼龙膜的相应位置可见预期条带，进而可做出准确诊断。基因探针方法敏感性高，特异性强，简便快速，可以从混合标本中正确鉴定出病原微生物。

（2）核酸电泳技术。核酸电泳技术是将提取的病原微生物核酸进行电泳的方法，也可用于病原学诊断。这种方法一般适用于病原微生物分离和鉴定之后，可区别同一血清型不同类型。例如具有分段 RNA 基因组的轮状病毒可用此方法区别类型。另外，双链 DNA 病毒如疱疹病毒，将其提纯物用限制性内切酶处理后进行电泳，根据其片段不同可区别血清型。病原细菌提取质粒后进行电泳，根据其大小和数量进行分析和比较，可区别未知血清型和耐药性，也可用于多发疾病的感染途径等流行病学分析。

（3）PCR 技术。PCR 技术，又称基因体外扩增技术，它是根据已知病原微生物特异性核酸序列（目前可以在互联网 Gene Bank 中检索到很大一部分病原微生物特异性核酸序列），设计合成与其 5 端同源、3 端互补的两条引物。在反应管中加入待检的病原微生物核酸（称为模板 DNA）、引物、dNTP 和具有热稳定性的 Taq DNA 聚合酶，在适当条件（Mg^{2+}，pH 等）下，置于自动化热循环仪（PCR 仪）中，经过变性、复性、延伸三种反应温度，此为一个循环，每次扩增可进行 20～30 个循环。如果待检的病原微生物核酸与引物上的碱基匹配，合成的核酸产物就会以 2 n（n 为循环次数）指数形式递增。产物经琼脂糖凝胶电泳，可见到预期大小的 DNA 条带，根据电泳结果可做出确切诊断。PCR 技术具有高度敏感性和特异性，只要知道病原微生物特异性的核酸序列，就可用 PCR 技术检测。另外，PCR 技术为检测那些生长条件苛刻、培养困难的病原微生物及潜伏感染或病原核酸整合到感染动物体细胞基因组的病原微生物检疫提供了极为有效的手段。PCR 技术与其他分子生物学诊断技术组合，形成了限制性片段长度多态性（PCR—RFLP）、反转录 PCR（RT—PCR）、单链构象多态性（PCR—SSCP）、随机扩增多态性 DNA（RAPD）等技术。

（4）DNA 芯片技术。该项技术在兽医传染病的诊断上还未见报道。但在人医的传染病诊断上已有研究报道。

综上所述，传染病的每一种诊断方法都有其特定的作用和使用范围，单靠某一种方法不能把所有的传染病和带菌（毒）动物都检查出来，有些传染病应尽可能应用几种方法进行综合诊断。相信随着科学技术的发展，家畜传染病的诊断水平必将得到进一步的提高。

四、传染病的治疗

家畜传染病的治疗包括针对病因疗法和针对动物机体的疗法两种。针对病因疗法有免疫血清疗法、抗菌疗法以及抗病毒疗法等。针对动物机体的疗法是辅以病因疗法所进行的能够促使动物机体从病态转入康复的治疗方法。传染病，特别是慢性消耗性传染病的治疗需要采取病因疗法和对症疗法相结合的综合性治疗方法。

（一）针对病因疗法

1. 免疫血清疗法　针对某种传染病的高免血清（或蛋黄）、痊愈血清（或全血）、免疫球蛋白等特异性生物制品治疗相应的传染病病畜（禽），称为免疫血清疗法。免疫血清疗法具有高度的特异性，例如破伤风抗毒素血清只对破伤风病畜有效，对其他疾病无效。高免血清主要用于某些急性传染病的治疗，如炭疽、急性猪瘟、猪丹毒、小鹅瘟、破伤风和巴氏杆菌病等。在诊断明确的基础上如能早期注射足够量的高免血清，常能取得一定的疗效。如缺乏高免血清，可用耐过动物或人工免疫动物的血清或血液代替，也可起到一定的作用，但用量必须加大。为了提高疗效，减少注射量和副作用，也可应用由免疫血清提取的免疫球蛋白。在使用异种动物血清或免疫球蛋白进行治疗时，应特别注意防止过敏反应，为此可采用分次脱敏注射法注射。

家禽在高度免疫后，其卵黄中常含有高滴度的特异性抗体，因此，高度免疫的卵黄亦可被用于治疗家禽的一些急性传染病，如鸡传染性法氏囊病等。

免疫增强剂具有增强细胞免疫、促进抗体产生、提高机体抗感染能力的作用，已成为治疗肿瘤和某些慢性传染病的重要辅助性药物之一。其中一些免疫增强剂如转移因子、干扰素、左旋咪唑等也开始用于某些家畜传染病特别是病毒的治疗，并取得较好的效果。

总之，由于高免血清很少生产，而且并非随时可以购买得到，因此在兽医实践中，对细菌性疾病的治疗远不如抗生素和磺胺类药物应用广泛。

2. 抗菌疗法

（1）抗生素疗法。抗生素作为细菌性传染病的主要治疗药物，已在兽医实践中广泛使用，并取得了显著成效。合理使用抗生素是发挥抗生素疗法的重要前提，不合理地应用或滥用抗生素往往会引起多种不良后果。一方面可能使病原微生物对药物产生耐药性，另一方面可能对动物机体产生不良反应，甚至中毒。治疗细菌性传染病最常用的抗生素见表4-1。

表 4-1　抗菌药物的临床选择

病原微生物		所致主要疾病	首选药物	次选药物
革兰氏阳性细菌	金黄色葡萄球菌	化脓、败血症、呼吸道或消化道感染、心内膜炎、乳腺炎等	青霉素 G	红霉素、头孢菌素类、林可霉素、四环素、增效磺胺
	耐青霉素金葡萄球菌	同上	耐青霉素酶的半合新青霉素	红霉素、卡那霉素、庆大霉素、杆菌肽、头孢菌、林可霉素
	溶血性链球菌	猪、羊、鸡链球菌病	青霉素 G	红霉素、增效磺胺、头孢菌素类
	化脓性链球菌	化脓、肺炎、心内膜炎、腺炎等	青霉素 G	四环素、红霉素、氯霉素、增效磺胺
	马腺疫链球菌	马腺疫、乳腺炎等	青霉素 G	增效磺胺、磺胺类
	肺炎双球菌	肺炎	青霉素 G	红霉素、四环素类、氯霉素、磺胺类
	炭疽杆菌	炭疽病	青霉素 G	四环素类、红霉素、头孢菌素类、氯霉素、庆大霉素
	破伤风梭菌	破伤风	青霉素 G	四环素类、氯霉素、磺胺类
	猪丹毒杆菌	猪丹毒、关节炎、感染等	青霉素 G	红霉素
	气肿疽梭菌	气肿疽	青霉素 G	四环素类、红霉素、磺胺类
	产气荚膜梭菌	气性坏疽、败血症等	青霉素 G	四环素类、氯霉素、红霉素
	结核分枝杆菌	各种结核病	异烟肼＋链霉素	卡那霉素、对氨水杨酸、利福平
	李氏杆菌	李氏杆菌病	四环素类	红霉素、青霉素、磺胺类、增效磺胺
革兰氏阴性细菌	大肠杆菌	幼畜白痢、呼吸道感染、败血症、腹膜炎、泌尿道感染等	环丙沙星或诺氟沙星	庆大霉素、卡那霉素、氯霉素、增效磺胺、多黏菌素、链霉素、四环素等
	沙门氏菌	肠炎、下痢、败血症、马副伤寒性流产、幼畜副伤寒	氯霉素	增效磺胺、氨苄青霉素、四环素类、呋喃类
	绿脓杆菌	烧伤创面感染、泌尿道、呼吸道感染、败血症、乳腺炎、脓肿等	多黏菌素	庆大霉素、羧苄青霉素、丁胺卡那霉素、头孢菌素类、氟喹诺酮类
	坏死杆菌	坏死杆菌病、腐蹄病、脓肿、溃疡、乳腺炎、肾炎、坏死性肝炎、肠道溃疡等	磺胺类或增效磺胺	四环素类
	巴氏杆菌	巴氏杆菌病、出血性败血病、牛呼吸系统疾病、肺炎等	链霉素	磺胺类、增效磺胺、四环素类、氟喹诺酮类
	鼻疽杆菌	马鼻疽	土霉素	磺胺类、增效磺胺、链霉素
	布氏杆菌	布氏杆菌病、流产	四环素＋链霉素	增效磺胺、氯霉素、多黏菌素
	嗜血杆菌	肺炎、胸膜肺炎等	四环素类、氨苄青霉素	链霉素、卡那霉素、头孢菌素类、氟喹诺酮类
	土拉杆菌	野兔热	链霉素	卡那霉素、庆大霉素
	胎儿弯曲杆菌	流产	链霉素	青霉素＋链霉素、四环素

续表

病原微生物		所致主要疾病	首选药物	次选药物
螺旋体及支原体	钩端螺旋体	钩端螺旋体病	青霉素 G、链霉素	氯霉素、四环素类
	猪痢疾密螺旋体	猪痢疾	痢菌净	林可霉素、泰乐菌素
	猪肺炎支原体	猪气喘病	单诺沙星、乙基环丙沙星	土霉素、泰乐菌素、卡那霉素
	牛肺疫丝状支原体	牛肺疫	单诺沙星、乙基环丙沙星	四环素类、泰乐菌素、链霉素、九一四
	山羊支原体山羊肺炎亚种	山羊传染性胸膜肺炎	单诺沙星、乙基环丙沙星	泰乐菌素、四环素类、九一四
	鸡毒支原体	鸡毒支原感染	单诺沙星、乙基环丙沙星	泰乐菌素、四环素、链霉素、红霉素
	鸡滑液囊支原体	鸡滑液囊炎	单诺沙星、乙基环丙沙星	泰乐菌素、庆大霉素
放线菌及真菌	放线菌	放线菌病	青霉素 G	链霉素
	烟曲霉菌等	禽曲霉菌病	制霉菌素	克霉唑、两性霉素 B
	白色念珠菌	鹅口疮	两性霉素 B	制霉菌素、克霉唑
	毛癣菌	毛癣	灰黄霉素	克霉唑、制霉菌素
	小孢霉	毛癣	灰黄霉素	克霉唑、制霉菌素

（摘自：邓旭明，陈志宝，等. 兽医药理学［M］. 长春：吉林人民出版社，2002. ）

（2）化学疗法。化学疗法是指利用化学药物消灭和抑制机体内病原微生物的一种治疗方法。常用于治疗动物传染病的化学药物有磺胺类药物（如磺胺嘧啶钠、磺胺间甲氧嘧啶钠、磺胺脒等）、喹诺酮类药物（恩诺沙星、环丙沙星、诺氟沙星等）、硝基呋喃类药物（如呋喃妥因）。

3. 抗病毒疗法　迄今为止，治疗用抗病毒药物仅有若干种试验性研究成果，且由于价格昂贵等原因，尚未被广泛地用于临床。抗病毒药物可抑制病毒在宿主细胞内某一增殖过程或切断病毒吸附，但由于病毒与宿主细胞核酸的复制机制有类似之处，因此，抗病毒药物对宿主细胞也有某种程度的损害。加之在多数情况下病毒发病时，病毒已在嗜性器官或细胞中大量繁殖，所以，不能期待仅用抗病毒药物取得治疗效果。如果使用，最好用于发病初期。由此考虑，抗病毒药物应仅限于尚无有效的疫苗或疫苗效果不佳的病毒性疾病的治疗。

目前，在人类医学上用于临床的有效抗病毒药物有金刚烷胺盐酸盐（流感病毒）、阿糖胞苷（疱疹病毒型角膜炎）、马啉双胍（腺病毒性角膜炎）、利巴韦林（流感病毒、副流感病毒、白血病病毒及口蹄疫病毒等广谱抗病毒药）等药物在兽医临床上已禁止使用，这给病毒性疾病的临床治疗带来一定的影响。目前常用的抗病毒药物多属于中药和一些生物制剂，如黄芪多糖、板蓝根、干扰素等。

虽然干扰素不能直接杀灭病毒，但是干扰素可使细胞产生抗病毒蛋白，因此干扰素具有抗病毒、抗衣原体、抗部分细菌及抗癌作用。最近有将干扰素和抗病毒药物联合使用的报道，且效果良好。干扰素有 α、β、γ 三种。在医学领域里，α 和 γ 干扰素对疱疹病毒性角膜炎、单纯疱疹病毒、带状疱疹病毒、B 型肝炎病毒均有治疗效果，α 干扰素对急性病毒性脑炎等有治疗效果。在兽医领域，日本已开始用干扰素治疗猫杯状病毒感染。

（二）针对动物机体的疗法

1. 对症疗法 根据某一特殊症状，有针对性地用药物治疗或实施手术，以减轻或消除该症状，调节和恢复机体生理机能，为此所进行的内外科疗法均为对症治疗。如使用退热、止痛、止血、止泻、解痉、强心、补液、利尿、抗过敏、防止酸中毒、调节电解质平衡等药物以及实施急救手术或局部治疗等，都属于对症治疗的范畴。对症治疗直接或间接地支持了动物机体防御功能、增强了动物机体与疾病斗争的能力，有的对症治疗起到了机体调节和补充作用，有的为抢救之用。因此，对于传染病患畜，对症治疗十分重要，决不可忽视。

2. 护理疗法 对患病动物护理的好坏，将直接影响治疗的效果，因此，要加强护理，防暑防寒，隔离舍要光线充足，通风良好，应保持安静、干爽清洁，随时消毒。给予可口新鲜、柔软、优质、易消化的饲料，饮水要充足。根据病情需要，亦可注射葡萄糖、维生素或其他营养物质以维持其生命，帮助动物机体渡过难关。

3. 针对群体的治疗 随着规模化、集约化养殖的日益扩大，传染病的发生会严重威胁动物群体的健康，因此，在传染病发生时，除了对患病动物进行隔离和治疗外，更重要的是针对整个动物群体进行紧急预防性治疗，除使用药物外，还需紧急接种疫苗、血清等生物制品，以保护群体的健康。

五、传染病的扑灭措施

传染病一旦发生和流行就会造成畜禽的死亡和生产性能的下降，甚至危害人类的健康。因此，制定科学合理的防治方案，控制和扑灭传染病，是摆在人们面前的首要任务。在一定的地区内，只要认真采用一系列综合性兽医措施，如查明病畜、选择屠宰、畜群淘汰、隔离检疫、畜群集体免疫、集体治疗、环境消毒、控制传播媒介、控制带菌者等都是完全可以消灭传染病的。

当传染病发生时应采取如下措施：及时发现、诊断和上报疫情并通知邻近单位做好预防工作；迅速隔离病畜，污染的地方进行紧急消毒。若发生危害性大的疫病如口蹄疫、炭疽等应采取封锁等综合性措施；实行疫苗紧急接种，对病畜进行及时和合理的治疗；死畜和淘汰病畜的合理处理。

（一）控制传染源

控制传染源包括疫情报告、诊断、隔离、封锁等措施。

1. 疫情报告　饲养、生产、经营、屠宰、加工、运输畜禽及其产品的单位和个人，发现畜禽传染病或疑似传染病时，必须立即报告当地畜禽防疫检疫机构或乡镇畜牧兽医站。特别是可疑为口蹄疫、炭疽、狂犬病、牛瘟、猪瘟、鸡新城疫、牛流行热等重要传染病时，一定要迅速向上级有关领导机关报告，并通知邻近单位及有关部门注意预防工作。

在动物出现突然死亡或怀疑发生传染病时，应立即通知兽医人员。在兽医人员尚未到达现场或尚未诊断之前，应采取下列措施：将疑似传染病动物进行隔离，派专人管理，对其停留过的地方和污染的环境、用具进行消毒；病死尸体保存完整，未经兽医检查同意不得随意急宰。

2. 诊断　上级有关领导机关接到疫情报告之后，应及时派人到现场协助诊断，必要时将病料送往相关实验室进行诊断。

3. 隔离　隔离病畜是防治传染病的重要措施之一。隔离病畜是为了控制传染源，防止病畜继续受到传染，以便将疫情控制在最小范围内就地扑灭。因此，在传染病发生时，应首先查明其在畜群中的蔓延程度，逐头检查临诊症状，必要时进行血清学和变态反应检查。根据诊断检疫的结果，可将全部受检家畜分为病畜、可疑感染家畜和假定健康家畜等三类。

（1）病畜。病畜指有典型症状或类似症状，或其他特殊检查呈阳性的动物。病畜是危险性最大的传染源，应选择不易散播病原微生物、消毒处理方便的场所或房舍进行隔离。特别要注意严密消毒，加强卫生和护理工作，须有专人看管和及时治疗。隔离场所禁止闲杂人等出入和接近，工作人员出入时应遵守消毒制度。隔离区内用的用具、饲料和粪便等，未经消毒处理，不得运出，没有治疗价值的动物，由兽医根据国家有关规定严密处理。

（2）可疑感染家畜。未发现任何症状，但与病畜及其污染的环境有过明显的接触，如同圈、同群同牧、通槽、使用共同的水源、用具等，这类家畜有可能处在潜伏期，并有排菌的危险，应在消毒后另选地方将其隔离观察，出现症状的则按病畜处理。有条件时应立即进行紧急免疫接种或预防性治疗。

（3）假定健康家畜。除上述两类外，疫区内其他易感家畜都属于此类。应与上述两类严格隔离饲养，加强防疫消毒和相应的保护措施，立即进行紧急免疫接种。必要时可根据实际情况分散饲养或转移至偏僻牧地。

4. 封锁　当爆发某些重要传染病时，除严格隔离病畜之外，还应采取划区封锁的措施，以防止疫病向安全区散播和健畜误入疫区而被传染。

当确诊为牛瘟、口蹄疫、炭疽、猪水疱病、猪瘟、非洲猪瘟、牛肺疫、禽流感等一类传染病时，当地县级以上人民政府畜牧兽医行政管理部门应当立即派人到现场，划定疫区范围，及时报请同级人民政府发布封锁令进行封锁，并将疫情等情况逐级上报有关畜牧兽医行政管理部门。

执行封锁时应掌握"早、快、严、小"的原则，即执行封锁应在流行早期，行动果断迅速，封锁严密，范围不宜过大。封锁区的划分，必须根据疫情流行规律、当时疫情流行情况和当地的具体条件充分研究，确定疫点、疫区和受威胁区。根据《中华人民共和国动物防疫法》规定的实施细则，具体措施如下：

（1）封锁的疫点应采取的措施有：

严禁人、畜禽、车辆出入和畜禽产品及可能污染的物品运出。在特殊情况下人员必须出入时，需经有关兽医人员许可，经严格消毒后出入。

对病死畜禽及其同群畜禽，县级农牧部门有权采取扑杀、销毁或无害化处理等措施，畜主不得拒绝。

疫点出入口必须有消毒设施，疫点内用具、圈舍、场地必须进行严格消毒。疫点内的垫草、粪便、受污染的草料必须在兽医人员的监督指导下进行无害化处理，并做好杀虫灭鼠工作。

（2）封锁的疫区应采取的主要措施有：

交通要道必须建立临时性检疫消毒卡，备有专人和消毒设备，监视畜禽及其产品移动，对出入人员、车辆进行消毒。

停止集市贸易和疫区内畜禽及其产品的采购。

未污染的畜禽产品必须运出疫区时，需经县级以上农牧部门批准，在兽医防疫人员监督指导下，经外包装消毒后运出。

非疫点的易感畜禽，必须进行检疫或预防注射。农村城镇饲养及牧区畜禽与放牧水禽必须在指定疫区放牧。

（3）受威胁区应采取的主要措施有：

威胁区内的易感动物应及时进行预防接种，以建立免疫带。

管好本区易感动物，禁止出入疫区，并避免饮用疫区流过来的水。禁止从封锁区购买牲畜、草料和畜产品。

对设于本区的屠宰场、加工厂、畜产品仓库进行兽医卫生监督，拒绝接受来自疫区的活畜及其产品。

（4）解除封锁的条件有：

疫区内最后一头病畜禽扑杀或痊愈后，经过该病一个潜伏期以上的检测、观察、未再出现病畜禽时，经彻底消毒清扫，由县级以上农牧部门检查合格后，由原发布封锁令的政府发布解除封锁，并通报相邻地区和有关部门。

疫区解除封锁后，病愈畜禽需根据其带病时间，控制在原疫区范围内活动，不能将它们调到安全区去。

（二）切断传播途径

对于消化道传染病、虫媒传染病以及许多寄生虫病来说，切断传播途径通常是起到主要作用的预防措施，而其中又以爱国卫生运动和除四害（老鼠、臭虫、苍蝇、蚊子）为中心的一般卫生措施为重点。

消毒是生物安全体系中重要的环节，也是控制动物传染病的一个重要措施。消毒从控制和消灭传染源、切断传播途径两个环节入手，使环境中的病原微生物大大减少，从而减少了动物被病原微生物感染的机会，是动物防疫工作中最常用的措施。

（三）保护易感动物

保护易感动物，可通过预防接种、紧急接种、加强饲养管理，增强动物抵抗力和药物预防四个方面进行。

1. 预防接种　在经常发生传染病或传染病潜在的地区，或受某些传染病经常威胁的地区，在平时有计划地给健康畜群进行的免疫接种，称为预防接种。

预防接种通常使用疫苗、菌苗、类毒素等生物制剂作为抗原激发免疫。用于人工自动免疫的生物制剂可统称为疫苗。

采用皮下、皮内、肌肉注射或点眼、滴鼻、喷雾、口服等不同的接种方法，接种后经一定时间可获得数月至一年以上的免疫力。

预防接种应注意的事项有：

（1）应有周密的计划。应对当地各种传染病的发生和流行情况进行调查了解，拟订预防接种计划，有时也要进行计划外的预防接种。例如输入或运出家畜时，为了避免在运输途中或到达目的地后爆发某些传染病而进行的预防接种。

（2）接种前，应注意其健康情况、年龄大小、是否怀孕或泌乳，以及饲养条件的好坏等情况。成年的、体质健壮或饲养管理条件较好的家畜，接种后会产生较强的免疫力。反之，幼年的、体质弱的、有慢性病或饲养管理条件不好的家畜，接种后就会产生较差的抵抗力，也可能引起较明显的接种反应。

（3）怀孕母畜，有时会发生流产或早产，或者可能影响胎儿的发育，泌乳期的母畜或产卵期的家禽预防接种后，有时会暂时减少产奶量或产卵量。

（4）对那些幼年的、体质弱的、有慢性病的和怀孕后期的母畜，如果不是已经受到传染的威胁，最好暂时不要预防接种。对那些饲养管理条件不好的家畜，在进行预防接种的同时，必须创造条件以改善饲养管理。

预防接种的反应有：

（1）正常反应。正常反应是指由于制品本身的特性而引起的反应，其性质与反应强度随制品而异。

（2）严重反应。严重反应是指某一批生物制品质量较差或是使用方法不当，如接种剂量过大、接种途径错误等或是个别动物对某种生物制品过敏。这类反应通过严格控制制品质量和遵照使用说明书可以减少到最低限度，只有在个别特殊敏感的动物中才会发生。

（3）合并症反应。合并症反应是指与正常反应性质不同的反应。其主要包括：超敏感（血清病、过敏休克、变态反应等）；扩散为全身感染和诱发潜伏感染（如鸡 ND 疫苗气雾免疫时可能诱发 CRD 等）。

2. 紧急接种　紧急接种是指在发生传染病时，为了迅速控制和扑灭疫病的流行，而对疫区和受威胁区尚未发病的畜禽进行的应急性免疫接种。

（1）使用免疫血清较为安全有效。但血清用量大，价格高，免疫期短，使用某些疫苗进行紧急接种是切实可行的。发生猪瘟、口蹄疫、鸡新城疫和鸭瘟等一些急性传染病时，通过广泛使用疫苗紧急接种，可取得较好的效果。

（2）必须对所有受到传染威胁的畜禽逐头进行详细观察和检查，仅能对正常无病的畜禽以疫苗进行紧急接种。

（3）对病畜及可能已受感染的潜伏期病畜，必须在严格消毒的情况下立即隔离，不能再接种疫苗。

（4）由于在外表正常无病的畜禽中可能混有一部分潜伏期患畜，这一部分患畜在接种疫苗后不能获得保护，反而会更快发病，因此在紧急接种后一段时间内畜群中发病反有增多的可能，但由于这些急性传染病的潜伏期较短，而疫苗接种后又很快就能产生抵抗力，因此发病不久即可下降，能使疾病的流行很快停息。

（5）紧急接种是在疫区及周围的受威胁区进行，其目的是建立"免疫带"以包围疫区，就地扑灭疫情，但这一措施必须与疫区的封锁、隔离、消毒等综合措施相配合才能取得较好的效果。

3．加强饲养管理，增强动物抵抗力　给予动物充足全价的营养，使其喝到清洁卫生的饮水，保证舍内的温度、湿度、密度、通风、光照等基本生活条件的适宜，并加强动物的运动，以非特异性地增强动物机体免疫力和抗病能力。

4．药物预防　药物预防是指为了预防某些疫病，在畜群的饲料饮水中加入某种安全的药物进行集体的化学预防。在一定时间内可以使受威胁的易感动物不受疫病的危害。

药物预防常用的有磺胺类药物、抗生素和呋喃类药、诺氟沙星、唾乙醇等。在饲料中添加上述药物对预防仔猪腹泻、雏鸡白痢、猪气喘病、鸡慢性呼吸道病等有较好效果。

长期使用化学药物预防，容易产生耐药性菌株，影响防治效果，还可能对人类健康带来严重危害，因为一旦形成耐药性菌株后，如有机会感染人类，则往往会贻误疾病的治疗。因此，在应用药物预防时应遵循以下原则和方法：

（1）选择合适的药物。一般选用常规药物，预防疾病的目标很明确时可选用特定药物。

（2）严格掌握药物的种类、剂量和用法。

（3）掌握好用药时间和时机，做到定期、间断和灵活用药。

（4）穿梭用药，定期更换。一种药物连续使用一年左右即可考虑更换。

（5）注意经料给药时应将药物搅拌均匀，特别是小型饲养场手工拌料更要注意，采取由少到多、逐级混合的搅拌方法比较可靠。经水给药则应注意让药物充分溶解。

第五章　育雏鸡常发病的诊断与防治

育雏鸡的生理特点是体温调节机能较差，代谢旺盛，生长迅速，消化吸收机能较弱，免疫机能尚未健全，喜群居，胆小怕受惊吓，水分消耗多，易脱水，对环境的适应能力差，因此，育雏期是鸡群发病和死亡率最高的时期，也是防疫过程中最重要的一个环节。

【知识目标】

1．了解育雏鸡常发病有哪些。
2．能够按照临床症状将疾病进行准确的分类。
3．掌握各种常见病的病因、流行病学、临床症状、病理变化、诊断和防治措施。
4．掌握常见症状的诊断思路、方法，能够对临床病例做出初步的诊断。

【技能目标】

1．掌握育雏鸡各种常见传染病诊断技术。
2．针对育雏鸡不同疾病提出科学合理的预防方案及扑灭措施。
3．针对育雏鸡不同疾病拟订科学合理的治疗方案并能具体实施。

【实施步骤】

1．通过阅读和查阅资料，找出育雏鸡常发生的传染病有哪些。
2．按照临床症状将所列出的疾病进行分类，划分成若干个工作任务，参考分类见表 5-1。

表 5-1　育雏鸡常发传染病及分类

子任务		病毒性疾病	细菌性疾病
1	以呼吸道症状为主的传染病	新城疫、禽流感、鸡传染性支气管炎、黏膜型鸡痘	大肠杆菌病、沙门氏菌病、鸡毒支原体病、禽曲霉菌病
2	以腹泻为主的传染病	新城疫、禽流感、传染性法氏囊病	禽沙门氏菌病、大肠杆菌病、坏死性肠炎、溃疡性肠炎
3	以败血症状为主的传染病	新城疫、禽流感	大肠杆菌病、沙门氏菌病
4	以神经症状为主的传染病	新城疫、禽流感、禽传染性脑脊髓炎	大肠杆菌病、禽曲霉菌病
5	以关节炎症状为主的传染病	脑脊髓炎、病毒性关节炎	鸡葡萄球菌病、大肠杆菌病、沙门氏菌病、支原体感染
6	以肿瘤为主的传染病	马立克氏病、网状内皮组织增殖症	

3．按照不同的工作任务进行针对性学习。

第一节　以呼吸道症状为主的传染病的诊断与防治

鸡群呼吸道疾病是集约化养殖场的常见病和多发病，不仅严重影响鸡的生产性能，而且容易造成相当多的鸡群淘汰和死亡，严重者甚至占到鸡群总的疾病损失的 50% 以上，给养鸡业造成巨大的经济损失。近些年受各种因素的影响，鸡群的呼吸道疾病有增无减，且病因和表现越来越复杂，有的以呼吸系统疾病综合征的形式出现，给诊断和防治带来了不少困难，因此，本节任务的重点是对育雏鸡群呼吸道疾病进行深入的学习和探讨。

呼吸道症状的主要表现有咳嗽、呼噜、喷嚏、鼻液增多、甩头、张口呼吸等。在育雏鸡阶段引起鸡群呼吸道症状的疾病种类较多，常见的有新城疫、禽流感、传染性支气管炎、鸡毒支原体病、禽曲霉菌病等几种疾病。因临床症状比较类似，所以本节任务要认真深入地对每种疾病的病因、流行特点、临床症状进行学习，为临床诊断打下良好的基础。

任务实施指南：

1. 对鸡毒支原体病、禽曲霉菌病、传染性支气管炎、新城疫、禽流感等几种病的病因、流行特点、临床症状和病理变化进行认真的学习，掌握每种病的示病症状和病理变化，为临床诊断打下坚实的理论基础。

2. 当系统学习完各种疾病之后，对类症进行鉴别诊断（可参考学习资料后的鉴别诊断表）。

3. 当育雏鸡群出现呼吸道症状时，首先应对该病定性，确定为传染性疾病，排除其他疾病。然后重点从鸡毒支原体病、禽曲霉菌病、传染性支气管炎、新城疫、禽流感等几种疾病入手采用鉴别排除法进行诊断，有条件的进行实验室诊断。

4. 对所诊断的疾病提出科学合理的防治方案。

一、新城疫

新城疫（ND），又称亚洲鸡瘟，是由新城疫病毒引起的一种急性、高度接触性传染病。新城疫发病急，主要特征是呼吸困难，消化道黏膜、浆膜出血，慢性病例常有神经症状。

新城疫为一类动物疫病，该病在 1926 年首次暴发于印度尼西亚的爪哇岛和英国的新城，我国新城疫的报道最早见于 1935 年，目前，新城疫仍广泛存在于亚洲、非洲、美洲的许多国家，使养禽业蒙受巨大的经济损失。

（一）病原

新城疫病毒（NDV）属于分子负链 RNA 病毒目、副黏病毒科、禽腮腺炎病毒属。完整病毒粒子近圆形，有囊膜。NDV 的一个很重要的生物学特性就是能吸附于鸡、火鸡、鸭、鹅及某些哺乳动物（人、豚鼠）的红细胞表面，并引起红细胞凝集（HA），这种特性与病毒囊膜上纤突所含血凝素和神经氨酸酶有关。这种血凝现象能被抗 NDV 的抗体所抑制（HI），因此可用 HA 和 HI 来鉴定病毒和进行流行病学调查。

NDV 对乙醚、氯仿敏感。该病毒在 60 ℃并持续 30 分钟后就会失去活力；真空冻干病毒在 30 ℃，可保存 30 天；在直射阳光下，病毒经 30 分钟死亡。病毒在冷冻的尸体上可存活 6 个月以上。常用的消毒药如 2%氢氧化钠溶液、5%漂白粉、70%酒精在 20 分钟即可将 NDV 杀死。它对 pH 稳定，pH3 ～ 10 下不被破坏。

（二）流行病学

1. 传染源　该传染源主要是病禽或带毒的表面健康禽类，病鸡出现症状前 24 小时，即通过分泌物和排泄物大量排毒，病愈鸡在症状消失后 1 周即停止排毒，个别鸡可排毒 1 个月以上。

2. 传播途径　自然条件下主要经过呼吸道和眼结膜感染，也可经过消化道感染。受病毒污染的人、设备、空气、尘埃、粪便、饮水、垫料以及野生鸟类、观赏鸟、赛鸽的流动均可以使病毒不断传播。目前未发现病毒可以通过种蛋垂直传播。

3. 易感动物　多种禽类均为新城疫病毒的自然易感宿主，传统上仅鸡、火鸡表现高死亡率，但近年来发现许多高发病率和高死亡率的鹅新城疫病毒感染病例。另外，雉鸡、珍珠鸡、鸭、鹦鹉、鹌鹑、鸽鹧、鸵鸟、孔雀等也有发病的报道。人类也可感染新城疫病毒，偶尔表现出眼结膜炎、发热、头痛等不适症状。

4. 流行特点　新城疫一年四季均可流行，但以冬季最为严重，不同日龄的鸡均敏感。

（三）临床症状

新城疫的潜伏期一般为 3 ～ 5 天。根据临诊表现和病程的长短，将本病分为最急性型、急性型、亚急性或慢性型、非典型。

1. 最急性型　突然发病，常无特征症状而迅速死亡。多见于流行初期和雏鸡。

2. 急性型　病初体温升高达 43 ℃～ 44 ℃，食欲减退或废绝，有渴感，精神委顿，不愿走动，垂头缩颈或翅膀下垂，眼半开或全闭，状似昏睡，鸡冠及髯渐变暗红色或暗紫色。产蛋鸡可出现产蛋大幅下降，甚至产蛋停止，产软壳蛋、畸形蛋。

呼吸症状：呼吸紊乱，咳嗽、啰音、喘气、呼吸困难，嗉囊、口积液，甩头发出咯咯声，呼噜声。常从口腔内流出灰黄色恶臭黏液。

消化道症状：常见严重下痢，呈黄绿色，有时混有少量血液，后期排出蛋清样的排泄物。

神经症状：少数幸存者后期见神经症状，阵发性痉挛，角弓反张，呈"观星"姿态，肌肉震颤，翅腿麻痹，死亡率达 90% ～ 100%。

3. 亚急性或慢性型　初期症状与急性型相似，不久后逐渐减轻，但同时出现神经症状，尤为受到惊吓时更为明显。患病鸡翅、腿麻痹、跛行或站立不稳，头颈向后或向一侧扭转，常伏地旋转，动作失调，反复发作，最终瘫痪或半瘫痪，一般经 10 ～ 20 天死亡。此型多发生于流行后期的成年鸡，病死率较低。

4. 非典型　免疫鸡群中发生新城疫，是由于雏鸡的母源抗体高，接种新城疫疫苗后，没有获得免疫力或因免疫后时间较长，保护力下降到临界水平。当鸡群内本身存在较强的 NDV 并循环传播，或有强毒侵入时，仍可发生新城疫，发病率和病死率较低，一般在 5%～ 40%。该症状不很典型，仅表现呼吸道和神经症状，当呼吸症状趋于减轻时，少数病鸡遗留头颈扭曲。

（四）病理变化

该病的主要病变是全身黏膜和浆膜出血，淋巴系统肿胀、出血和坏死，尤其以消化道和呼吸道最为明显。

嗉囊内充满酸臭味的稀薄液体和气体。腺胃乳头出血，是具有特征性的病理变化，有时在肌胃角质层下也可见出血点或出血斑。盲肠扁桃体常见肿大、出血、坏死、溃疡。肠道黏膜（特别是卵黄蒂上下数厘米）有多处枣核形的出血或坏死区，直肠黏膜条索状出血。喉头、气管黏膜出血，会厌软骨两侧有规则的圆点。肺有时可见瘀血或水肿。心冠脂肪有细小如针尖大的出血点。产蛋母鸡的卵泡和输卵管显著充血，卵泡膜极易破裂以致卵黄流入腹腔引起卵黄性腹膜炎。脾脏、肝脏、肾脏无特殊病变。脑膜充血或出血。胸腺肿大、出血。

免疫鸡群发生新城疫时，其病变不很典型，仅见黏膜卡他性炎症、喉头和气管黏膜充血，气管内黏液增多，气囊浑浊，腺胃乳头出血少见，但多剖检数只，可见有的病鸡腺胃乳头有少数出血点，直肠黏膜和盲肠扁桃体多见出血。

（五）诊断

1. 临诊诊断　一般根据鸡群免疫接种情况、发病经过、临床症状和病理变化特征可以做出初步诊断。

2. 实验室诊断　确诊可采用病毒分离鉴定、红细胞凝集抑制试验（HI）、血清中和试验、免疫荧光抗体、酶联免疫吸附试验（ELISA）、单克隆抗体技术、核酸探针等分子生物学技术等。由于目前鸡群已普遍接种新城疫的疫苗，血清学方法如未能区分抗体来自疫苗还是野外病毒，必须比较感染前后的抗体滴度是否有明显上升，才具有诊断意义。

（六）防治

1. 发生疫情后控制措施　新城疫是危害严重的禽病，必须严格按国家有关法令和规定，对疫情进行严格处理，必须认真地执行预防传染病的总体卫生防疫措施，以便减少暴发的危险。

按规定，怀疑为新城疫时，应及时报告当地兽医部门，确诊后立即由当地政府部门划定疫区，进行扑杀、封锁、隔离和消毒等严格的防疫措施。对假定健康的鸡群及受威胁的鸡群应立即进行紧急预防接种，鸡群发病数或死亡数可能会有 3～ 7 天的上升，然后会逐渐下降及至正常。对这样的鸡群，适当使用抗菌药物以减少细菌病的继发感染，可减少死亡损失。

2. 预防措施　免疫接种是预防新城疫的有效手段。目前，国家许可使用的疫苗包括弱毒疫苗和油佐剂灭活疫苗，基因工程疫苗目前尚未进入大生产的实际应用。弱毒疫苗中，又有毒力比较低的缓发型疫苗株，例如 F 株、LaSota 株（国内称为Ⅳ系）、

HitchnerB1 株（国内称为 II 系）、Clone30（克隆 30）株、V4 株等；也有毒力较强的中发型毒株如 Mukteswar 株（国内称为 I 系）、H 株、Komarov 株及 Roakin 株等。

免疫程序应根据鸡群的实际情况来确定，但要特别注意加强鸡群的局部免疫力。在免疫接种后，必须定期对免疫效果进行监测和分析。由于 HI 试验比较容易操作，而且它能大体反映体液免疫中其他抗体的出现和消长的规律，有一定的代表性，所以通常多用 HI 试验对免疫效果进行监测和评价。

HI 抗体的均匀度问题也要引起重视。在评价免疫效果时，HI 抗体的均匀度及平均滴度都是相当重要的，但即使平均滴度已很高，而其中仍有部分鸡的滴度很低时，则一般都必须进行加强免疫接种。

可参考以下免疫程序：

1 日龄，用克隆 30、II 系或 IV 系滴眼、滴鼻免疫。

5 日龄，用克隆 30、II 系或 IV 系滴眼、滴鼻免疫。

10 ～ 15 日龄，肌肉或皮下注射灭活油乳剂疫苗（0.3 ～ 0.5 ml/ 只），同时用克隆 30、II 系或 IV 系疫苗滴眼、滴鼻免疫一次。

19 日龄，用克隆 30、II 系或 IV 系滴眼、滴鼻免疫。

38 日龄，用克隆 30、II 系或 IV 系滴眼、滴鼻免疫。

65 日龄，用克隆 30、II 系或 IV 系滴眼、滴鼻免疫。

95 日龄，用克隆 30、II 系或 IV 系滴眼、滴鼻免疫。

125 ～ 130 日龄，用克隆 30、II 系或 IV 系滴眼、滴鼻免疫。

开产后，每 1 ～ 1.5 月用 IV 系疫苗喷雾或滴眼、滴鼻一次。

二、禽流感

禽流感是由 A 型流感病毒引起的家禽和野禽的一种从呼吸系统到严重性败血症等多种症状的综合病症。目前在世界上许多国家和地区都有发生，且日趋严重，给养禽业造成了巨大的经济损失。

1878 年 Perroncito 报道了在意大利鸡群发生的一次损失严重的疾病，当时称为"鸡瘟"，一般认为这是对禽流感的最早报道。

自从首次报道禽流感至今，世界大部分国家和地区均相继有发生禽流感的记录或报道。在过去的 30 年中，高致病力禽流感大多由 H5 或 H7 亚型病毒引起，2005—2006 年，世界范围发生了一次禽流感大流行，期间我国共发生 35 起高致病性禽流感疫情，共有 19.4 万只禽发病，死亡 18.6 万只，扑杀 2 284.9 万只。近年来，不时有人感染高致病性禽流感的报道，其流行特征主要是散发，死亡率较高，为 60％以上。据统计，2003—2008 年世界各国报道人感染高致病性禽流感发病人数共 393 人，死亡 247 人。

（一）病原

禽流感的病原为禽流感病毒，属于正粘病毒科流感病毒属的 A 型流感病毒。病毒粒子的直径为 80 ～ 120 nm，平均为 100 nm，呈球形、杆状或长丝状。病毒的基因组属于单股负链 RNA。禽流感病毒在 4 ℃～ 20 ℃可凝集人、猴、豚鼠、犬、貂、鼠、蛙、鸡和禽类的红细胞。

病毒表面有一层由双层脂质构成的囊膜，根据囊膜糖蛋白结构分为 A、B、C 三型，A、B 型可以感染动物和人，C 型仅感染人。囊膜镶嵌着两种重要的纤突，并突出于囊膜表面。这两种纤突分别为血凝素（HA）和神经氨酸酶（NA）。HA 形如棒状，是一种糖蛋白多聚体。NA 呈蘑菇状，也是一种糖蛋白多聚体。由于不同禽流感病毒的 HA 和 NA 有不同的抗原性，人们根据囊膜纤突上的血凝素（HA-16）和神经氨酸酶（NA-10）的差异来进行亚型分类。目前已发现有 16 种特异的 HA 和 9 种特异的 NA，分别命名为 H1 ～ H16，N1 ～ N9，不同的 HA 和不同的 NA 之间可形成多种亚型的禽流感病毒。

禽流感病毒不同的亚型对宿主的特异性及致病性也不同。引起禽流感的主要是 H9N2、H5N1、H5N2、H7N1 等亚型，高致病力的禽流感毒株主要是 H5 和 H7 亚型。但并非 H5 和 H7 亚型均具有高致病力。

不同毒株的禽流感病毒在致病力方面有明显的差异。一些毒株是无致病力的，这些毒株长期存在于某些野生的水禽体内，被感染的宿主可没有任何临床的表现，抗体滴度也很低或几乎为零。一些毒株感染敏感家禽后，可在家禽体内诱导产生较高水平的抗体，但被感染家禽毫无临床症状和病变。另一些毒株则会引起敏感家禽出现轻度的呼吸道症状或产蛋量下降。还有些毒株，即所谓的高致病力禽流感毒株，可引起敏感禽群产生 100% 的死亡率。

流感病毒对外界环境抵抗力不强，对氯仿、乙醚、丙酮等有机溶剂比较敏感；对热敏感，56 ℃加热 30 分钟，60 ℃加热 10 分钟，70 ℃以上数分钟均可灭活；苯酚、消毒灵（复合酚）、氢氧化钠、雅好生（碘制剂）、漂白粉、高锰酸钾、二氯异氰尿酸钠、新洁尔灭、过氧乙酸等消毒剂均能迅速使病毒灭活。但禽流感病毒对冷湿有抵抗力，在 -20 ℃或 -196 ℃低温下贮存 42 个月，病毒仍有感染性。排泄物、分泌物中的病毒在 4 ℃以下可以存活 30 天，在骨髓中可以存活 10 个月，羽毛中可以存活 18 天。

（二）流行病学

1. **传染源**　禽流感的传染源主要是患病动物，其次是康复或隐性带毒动物。禽流感病毒在自然条件下，能感染多种禽类，在野禽尤其是野生水禽（如野鸭、野鹅、海鸥、燕鸥、天鹅等）中，较易分离到禽流感病毒。病毒在这些野禽中大多形成无症状的隐性感染，而成为禽流感病毒的天然贮毒库。

2. **传播途径**　禽流感是高度接触性的传染病，可通过多种途径传播感染，在禽类中，病毒可从呼吸道、结膜和粪便中排出，禽类的传播方式，除空气飞沫外，还与禽体接触了被病毒污染的物体有关。

3. **易感动物**　家禽中以火鸡最为敏感，鸡、雏鸡、鸽子、鹌鹑、鹧鸪、鸵鸟等均可受禽流感病毒的感染而大批死亡。过去一般认为家鹅和家鸭对禽流感病毒不敏感，感染病毒后大多无明显症状，但近些年的资料表明，鹅和鸭在感染 H5N1 禽流感病毒后，也有明显的症状和病变，尤其对幼龄的鹅、鸭，可引起较高的死亡率。

4. **流行特点**　禽流感流行特点是大流行或地方性流行。该病多发生于天气骤变的

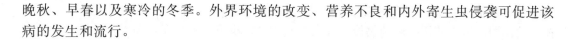

晚秋、早春以及寒冷的冬季。外界环境的改变、营养不良和内外寄生虫侵袭可促进该病的发生和流行。

（三）临床症状

禽流感根据其临床症状表现可分为两大类，即高致病性禽流感和低致病性禽流感。

禽流感的潜伏期为 3 ～ 5 天。高致病性禽流感常表现为突然发病，症状较为严重；体温升高，食欲废绝；精神沉郁、呆立、闭目昏睡，对外界刺激无任何反应；产蛋大幅度下降或停止，头部炎性水肿，发热，无毛处皮肤和鸡冠、肉髯等发绀，流泪；呼吸高度困难，并出现神经症状；拉黄白、黄绿或绿色稀粪；后期两腿瘫痪，伏卧于地，鸡胫、爪部、跗关节角质层下出血。急性者发病后数小时死亡，多数病例病程为 2 ～ 3 天，致死率可达 100%。

低致病性禽流感可表现为不同程度的呼吸道、消化道感染，产蛋量下降或隐性感染等症状。

（四）病理变化

高致病性禽流感病理变化为皮下、浆膜下、黏膜、肌肉及各内脏器官的广泛性出血。尤其是腺胃黏膜可呈点状或片状出血，腺胃与食道交界处、腺胃与肌胃交界处有出血带或溃疡。喉头、气管有不同程度的出血，管腔、输卵管内有大量黏液或干酪样分泌物。卵巢充血、出血。整个肠道特别是小肠有枣核样坏死。盲肠扁桃体肿胀、出血、坏死。胰脏明显出血或有黄色坏死。肾脏肿大，有尿酸盐沉积，法氏囊肿大，内有少量黏液，有时有出血。肝脏、脾脏、肾脏、肺出血，有时肿大，有灰黄色坏死灶。腿部可见充血、出血；脚趾肿胀，伴有瘀斑性变色。

低致病性禽流感病理变化为呼吸道及生殖道内有较多的黏液或干酪样物，输卵管质地柔软易碎。个别病例可见呼吸道、消化道黏膜出血。

（五）诊断

1. 临床诊断　对高致病性禽流感，根据病鸡已有较高的鸡新城疫抗体而又出现典型的腺胃乳头、肌胃角质膜下出血的病变，以及心肌、胰腺坏死等，可做出初步诊断。在已做过禽流感免疫接种的禽群，由于症状和病变不典型，仅凭症状和病变较难做出初步诊断。确诊必须做病毒的分离与鉴定。

2. 实验室检查　病毒分离鉴定：将病料（脏器或呼吸道分泌物），除菌后接种于 9 ～ 11 日龄鸡胚尿囊腔或羊膜腔，35 ℃孵育 2 ～ 4 天，取鸡胚尿囊液、尿囊膜进行血凝及血凝抑制试验，以鉴定型或亚型。

其他检验方法，例如琼脂免疫扩散试验、免疫荧光抗体技术、中和试验、酶联免疫吸附试验、补体结合反应、免疫放射试验和 RT-PCR 等均可用于禽流感的诊断。

（六）防治

1. 治疗　高致病性的禽流感不允许治疗，对非高致病性禽流感，如加强饲养管理，适时使用抗病毒药物，如金刚烷胺、利巴韦林等，仍有一些早期预防、减轻症状和减少损失的作用。适当使用抗菌药物控制细菌继发感染，也可以减少死亡损失。

2. 预防　一旦发现可疑病例，应立即向当地兽医部门报告，同时对病鸡群（场）进行封锁和隔离；一旦确诊，立即在有关兽医部门指导下，划定疫点、疫区和受威胁区。由县及县级以上兽医行政主管部门报请同级地方政府，并由地方政府发布封锁令，对疫点、疫区、受威胁区实施严格的防范措施。严禁疫点内的禽类以及相关产品、人员、车辆以及其他物品运出，因特殊原因需要进出的必须经过严格的消毒；同时扑杀疫点内的一切禽类，扑杀的禽类以及相关产品包括种苗、种蛋、菜蛋、动物粪便、饲料、垫料等，必须经深埋或焚烧等方法进行无害化处理；对疫点内的禽舍、养禽工具、运输工具、场地及周围环境实施严格的消毒和无害化处理。禁止疫区内的家禽及其产品的贸易和流动，设立临时消毒关卡对进出的运输工具等进行严格消毒，对疫区内易感禽群进行监控，同时加强对受威胁区内禽类的监察。在对疫点内的禽类及相关产品进行无害化处理后，还要对疫点进行反复彻底消毒，彻底消毒后 21 天，如受威胁区内的禽类未发现有新的病例出现，即可解除封锁令。

目前，禽流感疫苗的种类主要有基因工程疫苗、弱毒疫苗和灭活疫苗。由于禽流感病毒的高度变异性，所以一般都限制弱毒疫苗的使用，以免弱毒在使用中变异而使毒力增强，形成新的高致病性毒株。灭活疫苗有组织灭活疫苗、灭活的蜂蜡佐剂疫苗、灭活氢氧化铝疫苗、灭活油乳剂疫苗等，其中以灭活油乳剂疫苗使用较多。

关于疫苗的接种时间和次数，没有一个固定的模式。对于饲养期较长的家禽，可在 5 ～ 20 日龄时接种一次，45 ～ 60 日龄时接种一次，开产前接种一次，以后每 3 个月再接种一次。

三、鸡传染性支气管炎

鸡传染性支气管炎（IB）是传染性支气管炎病毒引起的鸡的急性、高度接触性的呼吸道和泌尿生殖道疾病。该病的特征是生长受阻，死亡淘汰率增加，产蛋鸡产蛋量和蛋的品质下降，输卵管受到永久性损伤而丧失产蛋能力，以及肾脏的炎症。

传染性支气管炎于 1930 年春在美国北达科他州首先发现。目前，该病在世界上大多数养鸡地区都有发现。我国于 1972 年由邝荣禄教授在广东首先报道了 IB 的存在。此后北京、上海等地相继有报道，现该病已蔓延至全国大部分地区，给养鸡业造成了巨大的经济损失。

（一）病原

传染性支气管炎病毒（IBV）属于冠状病毒科，冠状病毒属中的一种，多数呈圆形，有囊膜和纤突，基因组为单股正链 RNA。病毒主要存在于病鸡呼吸道渗出物中。肝脏、脾脏、肾脏和法氏囊中也能发现病毒。在肾脏和法氏囊内停留的时间可能比在肺和气管中还要长。

血清型复杂，且不断出现变异株，已报道有超过 25 个血清型，如 M41、W93、

Ma5、28/86、4/91 毒株等。有的引起呼吸道疾病，有的引起肾病综合征，有的引起产蛋障碍。

传染性支气管炎病毒株在 56 ℃环境下持续放置 15 分钟或 45 ℃环境下持续放置 90 分钟可被灭活，但在 –30 ℃以下可存活 24 年。IBV 在 pH 6.0 ～ 6.5 的环境中培养时最稳定，在室温中也能抵抗 1% HCl（pH2）、1% 石炭酸和 1% NaOH（pH12）长达 1 小时。而鸡新城疫病毒（NDV）、传染性喉气管炎病毒（ILTV）和禽痘病毒（FPV）在室温中则不能耐受 pH12，这对鉴别病毒有一定意义。IBV 对一般消毒剂敏感，在 1% 来苏水、0.01% 高锰酸钾溶液、1% 福尔马林溶液、2% 氢氧化钠溶液及 70% 乙醇中 3 ～ 5 分钟即被灭活。

传染性支气管炎病毒本身不能直接凝集鸡的红细胞，但经过 1% 胰酶或磷脂酶 C 在 37 ℃下处理 3 小时后，具有血凝活性，并且这一活性能被特异性抗血清抑制。

（二）流行病学

1. 传染源 病鸡和康复后的带毒鸡（能带毒 30 ～ 40 天），带毒鸡是重要的传染源。

2. 传播途径 传染性支气管炎的主要传播方式是病鸡从呼吸道排出病毒，经空气飞沫传染给易感鸡，呈地方性流行。此外，通过饲料、饮水等，也可经消化道传染。

3. 易感动物 传染性支气管炎只感染鸡，各种龄期的鸡均易感染，其中以雏鸡和产蛋鸡发病较多，尤其 40 日龄以内的雏鸡发病最为严重，死亡率也较高。肾型 IB 多发生于 20 ～ 50 日龄的幼鸡。鸡是 IBV 的自然宿主，各个品种之间无显著差别。

4. 流行特点 传染性支气管炎一年四季均流行，但以冬春寒冷季节最严重，传播迅速，几乎在同一时间内有接触史的易感鸡都发病。

（三）临床症状

1. 呼吸型 幼雏感染无明显的前驱症状，常突然发病，出现呼吸道症状，并迅速波及全群。幼雏表现为伸颈、张口呼吸、咳嗽，气管啰音、鼻分泌物增多，有"咕噜"音，尤以夜间最清楚。随着病情的发展，全身症状加剧，病鸡精神委顿、食欲废绝、羽毛松乱、翅下垂、昏睡、怕冷，常拥挤在一起。两周龄以内的病雏鸡，还常见鼻窦肿胀、流黏性鼻液、流泪等症状，病鸡常甩头。病雏死亡率达 30%～ 50%，康复鸡发育不良。5周龄以上雏鸡及育成鸡，突出症状是啰音，并伴有一定程度的咳嗽和喘息，一般只有夜深人静时才听得到"丝伊丝伊"声，死亡率随年龄增长明显下降，但是可能会出现增重减慢或减重现象，这对饲养肉用鸡者危害很大。

产蛋鸡感染后产蛋量下降 25% ～ 50%，同时产软壳蛋、畸型蛋或砂壳蛋。产蛋鸡呼吸道症状较温和，在鸡群安静时可听到气管啰音、咳嗽、喘息，产蛋量明显下降，持续 4 ～ 8 周，产畸形蛋、软壳蛋、粗壳蛋，蛋清变稀呈水样，蛋黄与蛋清分开。产蛋鸡感染后死亡率小于 25%。有时由于输卵管囊肿而出现病鸡腹部增大呈企鹅样站立姿势，俗称"大肚子鸡""水肚子鸡"。

2. 肾型 肾型传染性支气管炎主要发生于 20 ～ 50 日龄的雏鸡。肾型传染性支气管炎病程一般比呼吸型传染性支气管炎稍长（12 ～ 20 天），死亡率 10%～ 60%。产蛋鸡感染后死亡不多，但会出现产蛋量下降、产畸形蛋和死胚率增加。

感染肾型传染性支气管炎病毒后雏鸡典型症状分为三个阶段。第 1 阶段是病鸡表现轻微呼吸道症状，鸡被感染后 24～48 小时气管开始发出啰音，打喷嚏及咳嗽，并持续 1～4 天，这些呼吸道症状一般很轻微，有时只有在晚上安静的时候才听得比较清楚，因此常被忽视。第 2 阶段是病鸡表面康复，呼吸道症状消失，鸡群没有可见的异常表现。第 3 阶段是受感染鸡群突然发病，并于 2～3 天内逐渐加剧。病鸡挤堆、厌食，排白色稀便，粪便中几乎全是尿酸盐。病鸡失水，表现为虚弱嗜睡，鸡冠褪色或呈紫蓝色。

3. 腺胃型 近几年来有关腺胃型传染性支气管炎的报道逐渐增多，其主要表现为病鸡流泪、眼肿、极度消瘦、拉稀和死亡并伴有呼吸道症状，发病率可达 100%，死亡率 3%～5%。

（四）病理变化

1. 呼吸型 剖检病鸡可见鼻腔、气管内尤其是支气管内有浆液性和卡他性或干酪样渗出液，气管环出血，气管黏膜粗糙、肥厚和轻度红肿，管腔中有黄色或黑黄色栓塞物。气管末端，尤其是支气管黏膜变硬，质脆。环绕支气管的肺组织局灶性实变，气囊混浊，有黄白色干酪样渗出物。

产蛋鸡生殖道偶尔可见鸡卵泡充血、出血或变形坏死。输卵管发育不全，管腔狭窄。有些鸡输卵管囊肿，内有大量澄清液渗出。偶尔可见卵黄性腹膜炎和输卵管腔的粘连。

2. 肾型 肾型传染性支气管炎主要病变表现为幼鸡肾脏严重肿大、苍白，肾小管和输尿管扩张，沉积大量尿酸盐，肾表面弥漫性尿酸分布或实质内局灶性尿酸沉着，使整个肾脏外观呈斑驳的白色网线状，俗称"花斑肾"。

严重的病例在心包和腹腔脏器表面均可见白色的尿酸盐沉着。有时还可见法氏囊黏膜充血、出血，囊腔内积有黄色胶胨状物；肠黏膜呈卡他性炎变化，全身皮肤和肌肉发绀，肌肉失水。

3. 腺胃型 腺胃肿大如球状，腺胃壁增厚，黏膜出血、溃疡，胰腺肿大，出血。

（五）诊断

1. 临诊诊断 根据该病流行病学、临床症状及剖检变化可做初步诊断，确诊需要实验室方法。

2. 实验室诊断 病毒分离鉴定：无菌采取数只急性期的病鸡气管渗出物或肺组织，经尿囊腔接种于 10～11 日龄的鸡胚或气管组织培养物中。收集尿囊液，利用中和试验、血凝抑制试验、酶联免疫吸附试验等进行进一步鉴定。

血清学方法：常用的检验方法有病毒中和试验、琼脂扩散试验、血凝抑制试验、酶联免疫吸附试验等。

反转录－聚合酶链式反应（RT-PCR）：近年来已建立起直接检查感染鸡组织中 IBV 核酸的 RT-PCR 方法。

此外还有病毒干扰试验、气管环培养、对鸡胚致畸性检验等方法。

（六）防治

1. 治疗　该病目前尚无特异性治疗方法。发病鸡群应注意改善饲养管理条件，降低鸡群密度，加强鸡舍消毒，同时在饲料或饮水中适当添加抗菌药物，控制大肠杆菌、支原体等病原的继发感染或混合感染。另外，还应该采取对症治疗、抗应激等措施进行配合治疗，可有效提高治疗效果。

对肾脏病变明显的鸡群要注意降低饲料中的蛋白含量，并适当补充 K^+ 和 Na^+。这些措施将有助于缓解病情，减少损失。由于 IBV 可造成生殖系统的永久损伤，因此对幼龄时发生过传染性支气管炎的种鸡或蛋鸡群需慎重处理，必要时及早淘汰。

2. 预防　平时必须采取严格的饲养管理措施，搞好环境卫生，加强消毒，减少各种应激因素，做好免疫接种工作，才能防止该病的发生与流行。加强饲养管理，降低饲养密度，避免鸡群拥挤，注意温度、湿度变化，避免过冷、过热。加强通风，防止有害气体刺激呼吸道。合理配比饲料，防止维生素缺乏，尤其是维生素 A 的缺乏，以增强动物机体的抵抗力。

免疫接种，目前普遍采用 M41 型的弱毒疫苗如 H120、H52 及其油乳剂灭活苗来控制 IB，这与该型毒株流行最广泛有关。H120 毒力较弱，对雏鸡安全；H52 毒力较强，适用于 20 日龄以上鸡群；油乳剂灭活苗适用于各种日龄鸡。对肾型 IB，弱毒苗有 Ma5、W93、W28/86 等。

四、鸡毒支原体病

鸡毒支原体病可引起鸡和火鸡的呼吸困难，是一种慢性呼吸道传染病，主要病变是气囊炎，也叫慢性呼吸道病（CRD）。

鸡毒支原体病广泛存在于世界各地。我国于 1943 年从江苏首次分离到该病病原，1960 年代鸡毒支原体病在我国有所发展，目前已遍及全国各地。

（一）病原

支原体是介于细菌和病毒之间的一大类微生物，光镜下很难看清。引起鸡慢性呼吸道病的病原主要是鸡败血支原体即鸡毒支原体，另外还有引起鸡关节炎的滑液囊支原体。

1. 形态特征　多形性，无细胞壁，可通过滤器。需电镜观察，革兰氏染色阴性。

2. 培养特性　可在特殊人工培养基上生长，兼性厌氧，在牛心培养基上培养，5～6 天后可形成光滑、透明、荷包蛋样圆形小菌落，需用放大镜观察。在 7 日龄鸡胚卵黄囊中生长良好，能使鸡胚致死，并出现病变（5～7 天死亡），经鸡胚传代后毒力增强，也可在鸡肾脏细胞及气管环上生长。

培养条件特殊，常呈潜伏感染，病料中常混有非致病性的常在性支原体，比致病性支原体生长快，使得本病原的分离很困难。

3. 生物学特性　能凝集鸡、绵羊和人红细胞，能诱导产生 HI 抗体和凝集抗体，能在细胞内也可在细胞外寄生。对黏膜亲和力强，主要存在于呼吸道黏膜。

4. 抵抗力 对热敏感，45 ℃加热 1 小时或 50 ℃加热 20 分钟即可被杀死，但耐低温，低温条件下可长期存活。对红霉素、链霉素、泰乐菌素等敏感，但抗新霉素和磺胺类药物。

（二）流行病学

1. 传染源 病鸡和隐性感染鸡是该病的传染源。

2. 传播途径 鸡毒支原体病的传播途径有垂直传播和水平传播两种方式。水平传播可通过飞沫和尘埃经呼吸道传染，被污染的饮水、饲料、用具也能使本病由一个鸡群传至另一个鸡群。垂直传播可构成代代相传，使本病在鸡群中连续不断地发生。

3. 易感动物 4 ～ 8 周龄鸡和火鸡最敏感，纯种鸡比杂种鸡易感染。少数鹌鹑、珠鸡、孔雀和鸽子也能感染本病，对实验动物无致病性。

4. 流行特点 鸡毒支原体病有季节性，即冬春寒冷季节多发。易受环境因素影响，如雏鸡的气雾免疫、所处环境卫生状况差、饲养管理不良、应激、其他病激发等可诱发本病。该病长期存在、反复发生、流行缓慢，很难根除。

（三）临床症状

人工感染潜伏期为 4 ～ 21 天，自然感染潜伏期更长。鸡毒支原体病呈慢性经过，有不少病例呈轻症经过，几乎不被人注意。

幼龄鸡发病时，症状较典型，表现为浆液或黏液性鼻液，使鼻孔堵塞妨碍呼吸，频频摇头、喷嚏、咳嗽，还见有窦炎、结膜炎和气囊炎。当症状蔓延至下部呼吸道时，则喘气和咳嗽更为显著，并伴有呼吸道啰音。病鸡食欲减退，生长停滞。到了后期如鼻腔和眶下窦中蓄积渗出物则引起眼睑肿胀，症状消失后，发育受到不同程度的抑制。成年鸡很少死亡，幼鸡如无并发症，病死率也较低。

产蛋鸡感染后，只表现为产蛋量下降和孵化率低，孵出的雏鸡生活力降低。如继发大肠杆菌，还会出现厌食和腹泻，死亡淘汰率增高。

滑液囊支原体会引起鸡和火鸡发生急性或慢性的关节炎、腱鞘炎或黏液囊炎。出现站立不稳，跛行。

（四）病理变化

单纯感染时，可见鼻道、气管、支气管和气囊内含有混浊的黏稠渗出物。气囊壁变厚和混浊，严重者有干酪样渗出物。

自然感染的病例多为混合感染，可见呼吸道黏膜水肿、肥厚、充血。窦腔内充满黏液和干酪样渗出物，有时波及肺、鼻窦和腹腔气囊，如有大肠杆菌混合感染时，可见纤维素性肝包膜炎和心包炎。

（五）诊断

1. 临诊诊断 根据流行病学、症状和病变，可做出初步诊断，但进一步确诊须进行病原分离鉴定和血清学检查。

2．实验室诊断　病原分离较麻烦，因此较少做，必要时可接种鸡胚或特殊培养基分离病原，且往往分离到 2 种以上的细菌。做病原分离时，可取气管或气囊的渗出物制成悬液，直接接种，加有 1∶4 000 醋酸铊和 2 000 IU/ml 青霉素的支原体肉汤或琼脂培养基。

血清学方法主要用于 MG 控制计划的鸡群监测和怀疑有感染时的辅助诊断，以血清平板凝集试验最常用，其他还有 HI、IHA、IFA、ELISA、PCR 等方法进行诊断。

（六）防治

1．治疗　一些抗生素对鸡毒支原体病有一定的疗效。泰乐菌素、壮观霉素、链霉素、多西环素和红霉素对鸡毒支原体病都有疗效。进行抗生素治疗时，停药后往往复发，因此应考虑几种药轮换使用。

2．预防　建立无支原体病的种鸡群：在引种时，必须从无该病的鸡场购买种鸡。

免疫接种：控制 MG 感染的疫苗有灭活疫苗和活疫苗两大类。灭活疫苗为油乳剂，可用于幼龄鸡和产蛋鸡。活疫苗主要源于 F 株和温度敏感突变种 S6 株，据报道其免疫保护效果确实比未免疫的对照鸡病变轻，生产性能较好。

五、禽曲霉菌病

禽曲霉菌病是一种严重危害家禽生产的真菌性疾病。其主要病原有烟曲霉菌、黄曲霉菌、黑曲霉菌等。其主要危害雏禽，以侵害呼吸器官为主，主要是肺脏和气囊发生炎症，并形成霉菌小结节，又叫真菌性肺炎。成禽则为散发流行。1～4 周龄幼畜多呈急行爆发，发病率和病死率较高，可造成较大的经济损失。

（一）病原

曲霉菌为需氧菌，在沙堡氏、马铃薯等培养基上以 25 ℃～37 ℃培养，生长良好，形成特征性菌落，菌落最初呈白色绒毛状，后变为绿色、暗绿色以及黑色，呈绒毛状，有的菌株呈黄色、绿色和红棕色。

曲霉菌的孢子在自然界分部较广，常污染垫草及饲料。对理化作用的抵抗力也很强，一般冷热干湿的条件下均不能破坏其孢子的生存能力，煮沸 5 分钟才能杀死。一般的消毒药经 1～3 小时也只能将其致弱，而不能将其杀死。其对一般的抗生素也不敏感，制霉菌素、两性霉素 B、灰黄霉素、碘化钾对其有抑制作用。

（二）流行病学

1．传染源　污染的饲料和饮水，尤其是霉变饲料是该病的主要传染源。

2．传播途径　该病可通过过多种传播途径感染，曲霉菌可穿透蛋壳进入蛋内，引起胚胎死亡或雏鸡感染，健康幼雏主要是接触到被霉菌孢子污染的饲料、饮水、垫草以及空气而发生感染，此外通过注射、点眼、气雾、阉割伤口等都可感染该病。育雏阶段的卫生条件不良，孵化器，饲养、用器具等被霉菌污染是该病高发的主要诱因。

3．易感动物　可在各种禽类中发生，常见于鸡、火鸡、水禽及野鸟，动物园中的鸟以及笼养鸟也偶有发生。胚胎及 6 周龄以下的雏鸡与雏火鸡比成年鸡易感染，4 ～ 12 日龄最易感染，幼雏常呈急性爆发，发病率很高，死亡率一般在 10％～ 50％，以后随日龄增大逐渐减少，成年禽仅为散发，且多为慢性。

4．流行特点　该病一年四季都可发生，但多雨潮湿季节常呈现爆发性流行。

（三）临床症状

1．幼禽发病多呈急性经过，病鸡表现为呼吸困难，张口呼吸，喘气，呼吸加快，但不伴有啰音。有浆液性鼻漏。食欲减退，饮欲增加，精神委顿，嗜睡，羽毛松乱，缩颈垂翅。后期病禽迅速消瘦，发生下痢。常呆立于一角落，伸颈张口喘气，最终衰竭痉挛死亡。

2．若病原侵害眼睛，可能出现一侧或两侧眼睛发生灰白混浊，也可能引起一侧眼肿胀，角膜溃疡，结膜囊有干酪样物，可见瞬膜下形成绿豆大的球状结节，致使眼睑肿胀、突出，或出现角膜浑浊、失明。

3．部分禽由于病原侵害脑组织，引起共济失调，步行困难，角弓反张，麻痹等神经症状。一般发病后 2 ～ 7 天死亡，慢性者可达 2 周以上，死亡率一般为 5％～ 50％。

4．若食道黏膜受损时，则吞咽困难。若曲霉菌污染种蛋及孵化后，常造成孵化率下降，胚胎大批死亡。

5．成年禽多呈慢性经过，病鸡发育不良，羽毛无光泽，产蛋下降，病程有拖延，死亡率不定。

（四）病理变化

病理变化主要在肺和气囊上：

1．肺脏可见散在的粟粒至绿豆大小的黄白色或灰白色的霉菌结节，质地较硬，结节中心为干酪样坏死，外围呈暗红色，有多个结节时，则肺组织质地变硬，失去弹性。

2．有时气囊壁上可见大小不等的干酪样结节或斑块，质地稍显柔软，有弹性，似橡皮样，切开后，其中黄色干酪物内含大量菌丝体，外层为类似肉芽组织的炎性层。有的小结节相互融合，形成较大的圆盘状坏死。随着病程的发展，气囊壁明显增厚，干酪样斑块增大、增多，有的融合在一起。后期病例可见在干酪样斑块上以及气囊壁上形成灰绿色霉菌斑。

3．严重病例的腹腔、胸膜、肝脏、肠或其他部位表面还可见深褐色和烟绿色、大小不等、圆形、稍突起、中心凹陷、呈灰尘状的结节、霉菌斑。

（五）诊断

1．临诊诊断　根据发病特点（饲料、垫草的严重发霉，幼禽多发且呈急性经过）、临床特征（呼吸困难）、剖检病理变化（在肺、气囊等部位可见灰白色结节或霉菌斑块）等，做出初步诊断，确诊必须进行微生物学检查和病原分离鉴定。

2．实验室诊断　取病禽肺或气囊上的白色或灰白色结节（结节中心的菌丝体最好），放在载玻片上加入 10％～ 20％的氢氧化钾溶液 1 ～ 2 滴，浸泡 10 分钟，加盖玻片后用酒精灯加热，轻压盖玻片，使之透明，在显微镜下观察，可见曲霉菌的菌丝和孢子。有时直接进行抹片检查可能观察不到，必须接种培养，然后进行检查鉴定。

（六）防治

1. 治疗　可参考以下方案进行治疗：

每千克饲料拌入制霉菌素片 50 万 IU，喂服 5～7 天，健康雏禽减半，重症者加倍使用。

用 1：2 000 的硫酸铜或 0.5%～1% 碘化钾溶液饮水，连用 3～5 天。如和制霉菌素片配合使用，则疗效更高。

桔梗 250 g，蒲公英、鱼腥草、苏叶各 500 g，水煎取汁，为 1 000 只鸡的用量，用药液拌料喂服，每天 2 次，连用 1 周。另外在饮水中加入 0.1% 高锰酸钾溶液。对曲霉菌病鸡用药 3 天后，病鸡群停止死亡，用药 1 周后痊愈。

在每千克饲料中加入 25～50 mg 恩诺沙星或环丙沙星以防继发感染。

2. 预防　应防止饲料和垫料发霉，使用清洁、干燥的垫料和无霉菌污染的饲料，避免禽类接触发霉堆放物，改善禽舍通风和控制湿度，减少空气中霉菌孢子的含量。为了防止种蛋被污染，应及时收蛋，保持蛋库与蛋箱卫生。育雏室应注意通风换气和卫生消毒，保持室内干燥、清洁。长期被曲霉菌污染的育雏室、土壤、尘埃中含有大量孢子，雏禽进入之前，应彻底清扫、换土和消毒。消毒可用福尔马林熏烟法，或 0.4% 过氧乙酸或 5% 石炭酸喷雾后密闭数小时，经通风后使用。

【重点提示】

1. 本节对新城疫、禽流感、传染性支气管炎、鸡毒支原体病、禽曲霉菌病等几种病的病因、流行特点、临床症状和防治方法进行了系统的讲述，有助于学习者对各种病的发病特点建立初步的认识。

2. 几种疾病均为育雏鸡常发病，其中新城疫和禽流感除了呼吸道症状以外，还有腹泻、冠髯发绀、神经症状等多种表现，病死率高，剖检为败血症的特征，而其他几种疾病的病变主要表现在呼吸道及呼吸器官，在临诊上要注意各病之间的鉴别。可参考表 5-2。

表 5-2　育雏鸡呼吸道传染病鉴别诊断表（仅供参考）

类别		新城疫	禽流感	传染性支气管炎	鸡毒支原体病	曲霉菌病
流行病学	病死率	可达 100%	可达 100%	30%～50%	1%～10%	10%～50%
	发病日龄	各日龄	各日龄	各日龄，以雏鸡和产蛋鸡发病较多，40 日龄以内最为严重	1～2 月龄	6 周龄以内，4～12 日龄最易受到感染
	流行速度	快	快	快	慢	较快

续表

	类别	新城疫	禽流感	传染性支气管炎	鸡毒支原体病	曲霉菌病
临床症状	腹泻	常排绿色稀粪	多见绿色或水样稀粪	可见水样白色稀便，含尿酸盐	少见	多见
	肿头	少见	多见	少见	多见	少见
	运动障碍（跛、瘫）	多见	多见	少见	可见	可见
	神经症状	多见	多见	少见	少见	多见
	腿鳞出血	少见	多见	少见	少见	少见
	口腔、嗉囊积液	多见	少见	少见	少见	少见
	皮肤、黏膜痘疹	少见	少见	少见	少见	少见
病理变化	腺胃乳头出血	多见	多见	少见	少见	少见
	气管环出血	多见	多见	可见	少见	少见
	气囊浑浊内有干酪样物	少见	少见	可见	多见	少见
	肝脏坏死	少见	少见	少见	少见	少见
	真菌结节	少见	少见	少见	少见	多见
	消化道出血	多见	多见	少见	少见	可见
治疗效果	抗生素治疗效果	无效	无效	无效	有效	有效

【病例分析】

某鸡场 4 周龄鸡出现咳嗽气喘，流泪、流鼻液症状，发病时间稍长的鸡出现眼睑肿胀，剖检可见气管内有大量的黏液，气囊浑浊增厚，有纤维素样的渗出物附着，其他组织脏器未经明显病变，分泌物经牛心浸出液琼脂培养基培养，7 天后可见露珠样小菌落。

1. 该病可能是（　　）。

A. 鸡毒支原体病　　　　　　　B. 新城疫

C. 传染性喉气管炎　　　　　　D. 传染性支气管炎

2. 治疗本病应首选（　　）。

A. 磺胺嘧啶钠　　B. 泰乐菌素　　C. 头孢菌素　　　　D. 青霉素

第二节 以腹泻为主的传染病的诊断与防治

以腹泻症状为主的疾病是鸡场的常见病和多发病，尤其育雏鸡阶段常见。常见的疾病有传染性法氏囊病、禽沙门氏菌病、坏死性肠炎、溃疡性肠炎等几种疾病。本节任务是对这些疾病的病因、流行特点、临床症状、防治等进行深入系统的学习，特别是要学会类症之间的鉴别方法，为临床诊断打下良好的基础。

任务实施指南：

（1）对传染性法氏囊病、对禽沙门氏菌病、坏死性肠炎、溃疡性肠炎等几种病的病因、流行特点、临床症状和病理变化进行认真的学习，掌握每种病的示病症状和病理变化，为临床诊断打下坚实的理论基础。

（2）当系统学完各病之后，对类症进行鉴别诊断（可参考学习资料后的鉴别诊断表）。

（3）当鸡群出现腹泻症状时，首先应对该病定性，确定为传染性疾病。排除其他疾病。然后重点从传染性法氏囊病、禽沙门氏菌病、坏死性肠炎、溃疡性肠炎这几种疾病入手采用鉴别排除法进行诊断，有条件的进行实验室诊断。

（4）对所诊断的疾病提出科学合理的防治方案。

一、传染性法氏囊病

鸡传染性法氏囊病（IBD）又称传染性腔上囊炎，是由传染性法氏囊病病毒（IBDV）引起雏鸡的一种急性、高度接触性传染病。以突然发病、病程短、发病率高、腹泻及法氏囊水肿，出血，有干酪样渗出物为特征。除了可引起易感鸡死亡外，早期感染还可引起严重的免疫抑制，其危害非常严重，可造成较大的经济损失。

1957 年鸡传染性法氏囊病首次在美国特拉华州甘保罗镇的肉鸡群中暴发，因此又被称为甘保罗病。在我国，1979 年、1980 年分别在广州、北京首先报道该病。

（一）病原

IBDV 属于双股 RNA 病毒科，禽双股 RNA 病毒属。IBDV 病毒粒子为球形，无囊膜，单层核衣壳，二十面立体对称，直径为 55 nm。

IBDV 能在鸡胚上生长繁殖，分离病毒时将病料接种于 9 ～ 12 日龄鸡胚的绒毛尿囊膜（CAM），接种后死亡鸡胚可见到胚胎水肿、出血。该病毒在适应鸡胚后可在鸡胚成纤维细胞上培养并产生细胞病变。该病毒有两种血清型，即血清 I 型和血清 II 型。针对 VP2 蛋白的单克隆抗体可对它们进行区分，两种类型病毒的抗原相关性小于 10%。其中血清 I 型为鸡源毒株，只对鸡致病，研究表明它还可以分为 6 个不同的亚型，其相关性为 10% ～ 70%；血清 II 型为火鸡源性，一般对鸡和火鸡无致病性。IBDV 无红细胞凝集特性。

病毒对外界环境极为稳定，在鸡舍内能够持续存在 122 天。病毒特别耐热、耐阳光及紫外线照射。病毒耐酸不耐碱，pH2 时不受影响，pH12 时可被灭活。对乙醚、氯仿不敏感。3% 的煤酚皂溶液、0.2% 的过氧乙酸、3% 的石炭酸、3% 甲醛、5% 的漂白粉等可在 30 分钟之内灭活病毒。

（二）流行病学

1. 传染源　病鸡和带毒鸡是主要传染源，其粪便中含有大量病毒。

2. 传播途径　易感鸡通过和病鸡直接接触传播，还可经污染饲料、饮水、垫料、用具、人员等间接接触传播。传播途径包括消化道、呼吸道和眼结膜等，目前尚无垂直传播的报道。

3. 易感动物　自然感染仅发生于鸡，主要发生于 2 ～ 15 周龄的鸡，以 3 ～ 6 周龄的鸡最易感染。近年来，该病的发病日龄范围已扩大，小至 10 日龄左右，大至 138 日龄的鸡群均有发病的报道。成年鸡一般呈隐性经过。

4. 流行特点　该病的传播速度很快，一旦发病，在短时间内鸡群很快被感染，在感染后第 3 天开始死亡，5 ～ 7 天达到高峰，以后很快停息，呈尖峰式死亡曲线。该病程约 1 周，死亡率一般为 15% ～ 20%，但超强毒感染，则死亡率高达 70%。由于出现免疫抑制，通常易与大肠杆菌病、新城疫、鸡毒支原体病混合感染，病情复杂，死亡率高。

（三）临床症状

该病多见于新疫区和高度易感鸡群，常呈急性爆发。

病初可见个别鸡突然发病，精神不振，1 ～ 2 天内可波及全群，病鸡表现精神沉闷，食欲减退，羽毛蓬松，翅下垂，闭目打盹，有些病鸡自啄泄殖腔；很快出现腹泻，排出白色稀粪或蛋清样稀粪，内含有细石灰渣样物，干涸后呈石灰样，肛门周围羽毛污染严重；畏寒、挤堆，严重者垂头、伏地，严重脱水，极度虚弱，对外界刺激反应迟钝或消失，后期体温下降。

近几年来，发现传染性法氏囊病毒亚型毒株或变异株感染的鸡，表现为亚临诊症状，炎症反应弱，法氏囊萎缩，死亡率较低，但产生严重的免疫抑制，因此其危害性更大。

（四）病理变化

尸体脱水，胸肌、腿肌有不同程度的条状或斑点状出血。特征病变为法氏囊肿大、出血。黏液性、浆液性渗出，干酪样物沉着。严重时呈葡萄色，有时萎缩。腺胃和肌胃交界处常有横向出血斑点或出血带。肾脏肿大，有尿酸盐沉积。肝脏土黄色、出血呈斑驳状。

（五）诊断

1. 临诊诊断　根据流行病学特点、临床症状和病理变化可对该病做出初步诊断。确诊或对亚临床型感染病例诊断时则需进行实验室诊断。

2. 实验室诊断　可以通过病毒分离与鉴定、琼脂免疫扩散试验、病毒中和试验、ELISA、PCR 等方法进行诊断。

（六）防治

1. 治疗　在发病早期，使用高免血清、卵黄抗体有一定的治疗效果，可减轻症状，降低死亡，控制疫情。高免血清每只雏鸡可注射 0.3 ～ 0.5 ml，卵黄抗体为 1 ml。

采取对症治疗措施，如适当加大维生素和微量元素用量，口服补充电解质，利用某些中成药缓解肾脏损伤，使用抗生素防止继发感染等。

2. 预防　平时应加强饲养管理，搞好卫生，严格消毒，注意切断各种传播途径。不同年龄的鸡应尽可能分开饲养，最好采取全进全出的饲养方式。发现病鸡应及时隔离，死鸡要焚烧或深埋。

免疫接种是预防本病的最重要的措施，特别应做好种鸡的免疫，以保障有足够高的母源抗体保护雏鸡。

种鸡的免疫：种鸡群免疫后可产生高水平的抗体，并可将抗体传给后代。通常在 18 ～ 20 周龄和 40 ～ 42 周龄进行两次 IBD 油乳剂灭活疫苗的免疫，雏鸡可获得较整齐和较高的母源抗体，在 2 ～ 3 周龄以内得到较好的保护，防止雏鸡早期感染和免疫抑制。

雏鸡的免疫：首免时间常通过琼脂扩散试验测定的雏鸡母源抗体水平来确定。对 1 日龄雏鸡琼扩抗体阳性率不到 80% 的雏鸡群，首免时间为 10 ～ 16 日龄。阳性率达 80% ～ 100% 的雏鸡群，待到 7 ～ 10 日龄时再测一次抗体水平，其阳性率达 50% 时，首免时间为 14 ～ 18 日龄。

目前，我国常用的疫苗有活疫苗和灭活疫苗两大类。活疫苗有三种类型：一是弱毒疫苗，对法氏囊无任何损伤，但免疫后保护率低，现不常使用；二是中等毒疫苗，接种后对法氏囊有轻微的损伤，但保护率高，在污染场使用这类疫苗效果较好，现常用 Cu-IM、D78.TAD、B87.BJ836 疫苗；三是中等偏强毒力型，对法氏囊损伤严重，并有免疫干扰，故现在不用。

灭活疫苗是用鸡胚成纤维细胞毒或鸡胚毒的油佐剂灭活疫苗，一般用于弱毒疫苗免疫后的加强免疫。

二、禽沙门氏菌病

禽沙门氏菌病是由沙门氏菌属中的某一种或多种沙门氏杆菌引起的禽类急性或慢性疾病的总称。

（一）病原

沙门氏杆菌是肠杆菌科中的一个大属，有 2 000 多个血清型，它们广泛存在于人和各种动物的肠道内。在自然界中，家禽是其最主要的贮存宿主。禽沙门氏菌病依病原微生物的抗原结构不同可分为三类：

由鸡白痢沙门氏菌引起的疾病，称为鸡白痢沙门氏菌。

由鸡伤寒沙门氏菌引起的疾病，称为禽伤寒沙门氏菌。

由其他有鞭毛能运动的沙门氏菌引起的疾病，称为禽副伤寒沙门氏菌。

其中鸡白痢和禽伤寒有宿主特异性，主要引起鸡和火鸡发病，而禽副伤寒则能广泛感染各种动物和人类。目前受其污染的家禽及相关产品已成为人类沙门氏菌感染和食物中毒的主要来源之一。另外，随着家禽业的迅速发展以及高密度饲养模式的推广，沙门氏菌病已成为家禽最重要的蛋传递性细菌病之一，每年造成的经济损失非常明显。

1. 鸡白痢沙门氏菌　鸡白痢沙门氏菌属于肠道杆菌科沙门氏菌属 D 血清群中的一个成员。无荚膜，不形成芽孢，是少数不能运动的沙门氏菌之一，为两端钝圆的细小革兰氏阴性杆菌，大小约为（1.0～2.5）µm×（0.3～0.5）µm。

2. 禽伤寒沙门氏菌　禽伤寒沙门氏菌与鸡白痢沙门氏菌均为肠道杆菌科沙门氏菌属 D 血清群中的成员，是一种革兰氏阴性的短粗杆菌，大小为（1.0～2.0）µm×1.5µm，常单独存在，无鞭毛，不能运动，不形成芽孢和荚膜，染色时两端比中间着色略深。本菌与鸡白痢沙门氏菌在生化特性上有些差异，可通过鸟氨酸脱羧试验进行鉴别，前者不能脱羧，而后者则能迅速脱羧。

需要指出的是，鸡白痢沙门氏菌与禽伤寒沙门氏菌具有很高的交叉凝集反应性，可使用一种抗原检出另一种病的带菌者。

3. 禽副伤寒沙门氏菌　引起禽副伤寒的沙门氏菌约有 60 多种 150 多个血清型，其中最常见的为鼠伤寒沙门氏菌、肠炎沙门氏菌、鸭沙门氏菌、乙型副伤寒沙门氏菌、猪霍乱沙门氏菌、德尔卑沙门氏菌和海得堡沙门氏菌，有周鞭毛、能运动，不形成荚膜和芽孢。但在自然条件下，也可遇到无鞭毛或有鞭毛而不能运动的变种。

本属细菌对干燥、腐败、日光等因素具有一定的抵抗力，在外界条件下可以生存数周或数月。对于化学消毒剂的抵抗力不强，一般常用的消毒方法就能达到消毒的目的。

（二）流行病学

1. 传染源　病鸡和带菌鸡是主要的传染源，其粪便内含有大量病菌，可通过污染土壤、饲料、饮水、用具、车辆或其他环境因素进行传播。

2. 传播途径　该病是典型的经蛋垂直传播疾病之一，也可能通过消化道、呼吸道或损伤的皮肤传染。感染禽的粪便是最常见的病菌来源，病愈禽则是最重要的带菌者。而经蛋垂直传播使疾病的清除更为困难。污染的饲料、饮用水和蛋壳是主要传染媒介，野鸟、猫、鼠、蛇、苍蝇，甚至饲养人员也都可能成为本病的机械传播者。

3. 易感动物

鸡白痢：多种禽类（如鸡、火鸡、鸭、雏鹅、珠鸡、野鸡、鹌鹑、麻雀、欧洲莺、鸽子等）都有自然感染该病的报道，但流行主要限于鸡和火鸡，鸡对该病最敏感。

禽伤寒：鸡和火鸡对该病最易感。雉、珠鸡、鹌鹑、孔雀、松鸡、麻雀、斑鸠亦有自然感染的报道。鸽子、鸭和鹅对该病有抵抗力。

禽副伤寒：禽副伤寒沙门氏菌广泛存在于禽类、啮齿类、爬虫类及哺乳类动物体内和自然环境中，引起多种动物的交互感染，并通过食品等途径传染给人，引起人的胃肠炎，甚至败血症，因此防治该病在公共卫生方面具有特别重要的意义。

4. 流行特点

鸡白痢：各种品种、龄期和性别的鸡对该病均有易感性，但以 2～3 周龄以内的雏鸡发病率与病死率最高，常呈流行性爆发。新发病的雏鸡死亡率可高达100%，老疫区一般为20%～40%。随着日龄的增加，鸡对该病的抵抗力增强，如4周龄后的鸡发病率和死亡率显著下降。

禽伤寒：该病常呈散发性，有时也会出现地方流行性，老疫区鸡的抵抗力相对新疫区鸡的抵抗力要强。该病主要发生于成年鸡（尤其是产蛋期的母鸡）和3周龄以上的青年鸡，3周龄以下的鸡偶尔会发病。

禽副伤寒：在家禽中，该病最常见于鸡、火鸡、鸭、鸽子等，呈地方流行性。幼禽对副伤寒最易感，常在2～5周龄内感染发病。1月龄以上的家禽有较强的抵抗力，一般不引起死亡，也不表现临床症状。

（三）临床症状

1. 鸡白痢　该病在雏鸡和成年鸡中所表现的症状和经过有显著的差异。潜伏期为4～5天，故出壳后感染的雏鸡多在孵出后几天才出现明显症状。7～10天后雏鸡群内病雏逐渐增多，在第二、三周达到高峰。发病雏鸡呈最急性者，无症状迅速死亡。稍缓者表现为精神委顿，绒毛松乱，两翼下垂，缩头颈，闭眼昏睡，不愿走动，与其他雏鸡拥挤在一起。病初食欲减少，而后停食，多数出现软嗉症状。同时腹泻，排稀薄如糨糊状白色粪便，肛门周围绒毛被粪便污染，有的因粪便干结封住肛门周围，影响排粪。由于肛门周围炎症引起疼痛，故常发生尖锐的叫声，最后因呼吸困难及心力衰竭而死。有的病雏出现眼盲，或肢关节呈跛行症状。病程短的为1天，一般为4～7天，20天以上的雏鸡病程较长。3周龄以上发病的极少死亡。耐过鸡生长发育不良，成为慢性患者或带菌者。

成年鸡多呈慢性经过或隐性感染。一般不见明显的临床症状，当鸡群感染比较多时，可明显影响产蛋量，产蛋高峰期产蛋不高，维持时间较短，死亡淘汰率增高。有的鸡表现鸡冠萎缩，有的鸡开产时鸡冠发育尚好，以后则表现出鸡冠逐渐变小，发绀。病鸡有时下痢。仔细观察鸡群可发现有的鸡寡产或根本不产蛋。极少数病鸡表现精神委顿，头翅下垂，腹泻，排白色稀粪，产卵停止。有的感染鸡因卵黄囊炎引起腹膜炎，腹膜增生而呈"垂腹"现象，有时成年鸡可呈急性发病。

2. 禽伤寒　该病的潜伏期一般为4～5天，病程约5天。雏鸡和雏火鸡发病时在临床症状和病理变化上与鸡白痢较为相似。如果在胚胎阶段感染，常造成死胚或弱雏。在育雏期感染，病雏表现为精神沉闷，怕冷扎堆并拉白色的稀粪。当肺部受到感染时，出现呼吸困难。雏鸡的死亡率可达10%～50%，雏火鸡的死亡率约30%。

青年或成年鸡和火鸡发病后常表现为急性病例，往往不见任何症状而出现几只鸡突然死亡，接着病鸡数增加，体温升高至43℃～44℃，停食，口渴，精神委顿，两翅下垂，冠和肉髯发绀，由于肠炎和肠中胆汁增多，病鸡排出带恶臭的水样黄绿色稀粪。死亡多发生在感染后5～10天内，有些病鸡发病2天后即快速死亡。慢性型病鸡，有些能拖延数周病程，死亡率较低，康复禽往往成为带菌者。慢性型病鸡消瘦、贫血、冠及肉髯呈苍白色。当发生慢性腹膜炎时，病鸡呈企鹅式站立。

3. 禽副伤寒　禽副伤寒在幼禽身上多呈急性或亚急性经过，与鸡白痢相似，而在成禽一般为慢性经过，呈隐性感染。该病在临床上发病严重程度与育雏环境条件、感染程度以及有无其他感染都有关系。胚胎感染者一般在出壳后几天发生死亡。在出壳后才感染的雏鸡或雏火鸡则表现闭眼，翅下垂，羽毛松乱，厌食，饮水增加，怕冷扎堆，并出现严重的水样下痢，稀粪黏附于肛门周围，少数病鸡还出现眼结膜炎。成年鸡或火鸡在临床上多呈慢性经过，少数呈急性经过。一般没有症状，即使有症状也比较轻微，表现慢性下痢，产蛋下降，消瘦等。

（四）病理变化

1. **鸡白痢** 雏鸡主要病变为肝脏有点状出血及坏死点，胆囊肿大，脾脏有时肿大，心外膜炎，肾脏充血或贫血，输尿管充满尿酸盐而扩张，盲肠中有干酪样物堵塞肠腔，有时还混有血液，肠壁增厚，常有腹膜炎。有些病例的心肌、肺、肝脏、盲肠、大肠及肌胃肌肉中有坏死灶或结节。在上述器官病变中，以肝脏的病变最为常见，其次为肺、心肌、肌胃及盲肠的病变。死于几日龄的病雏，可见出血性肺炎；稍大的病雏，肺可见有灰黄色结节和灰色肝变。

慢性带菌的母鸡，最常见的病变为卵子变形、变色、质地改变以及卵子呈囊状，有腹膜炎，伴以急性或慢性心包炎。受害的卵子常呈油脂或干酪样，卵黄膜增厚，变性的卵子仍附在卵巢上，常有长短粗细不一的卵蒂（柄状物）与卵巢相连，脱落的卵子深藏在腹腔的脂肪性组织内。有些卵则自输卵管逆行而坠入腹腔，有些则阻塞在输卵管内，引起腹膜炎及腹腔脏器粘连。心脏变化稍轻，但常有心包炎，其严重程度和病程长短有关。轻者只见心包膜透明度较差，含有微混的心包液。重者心包膜变厚而不透明，逐渐粘连，心包液显著增多，在腹腔脂肪中或肌胃及肠壁上有时会发现琥珀色干酪样小囊包。成年公鸡的病变，常局限于睾丸及输精管。睾丸极度萎缩，同时出现小脓肿。输精管管腔增大，充满稠密的均质渗出物。

2. **禽伤寒** 病死雏鸡的病变与雏鸡白痢基本相似，特别是在肺和心肌中常见到灰白色结节状病灶。青年鸡和成年鸡的肝脏充血、肿大并染有呈青铜色或绿色的胆汁，质脆，表面时常有散在性的灰白色粟米状坏死小点，胆囊充斥胆汁而膨大；脾脏与肾脏呈显著的充血肿大，表面有细小坏死灶；心包发炎、积水；母鸡卵巢有时萎缩和卵泡充血、出血、变形、变色和变性，有的卵泡坏死，并呈钟摆样悬挂，且往往因卵泡破裂而引发严重的卵黄性腹膜炎；脾脏、肾脏、心脏表面有粟粒样坏死灶；肺和肌胃可见灰白色小坏死灶；肠道一般可见到卡他性肠炎，小肠最为明显，盲肠有土黄色干酪样栓塞物，大肠黏膜有出血斑，肠管间发生粘连。成年鸡、鸭的卵泡及腹腔病变与成年鸡、鸭得的鸡白痢相似。

3. **禽副伤寒** 最急性者无可见病理变化。病期稍长的禽类，肝脏、脾脏充血，有条纹状或针尖状出血，有时尖部有灰黄至褐色坏死灶，肺及肾脏出血，常有出血性肠炎、心包炎，盲肠内常有豆腐渣样堵塞物。成年鸡，肝脏、脾脏、肾脏充血肿胀，有出血性或坏死性肠炎、心包炎及腹膜炎，产卵鸡的输卵管坏死、增生，卵巢坏死、化脓。

（五）诊断

1. **临诊诊断** 根据流行病学、临床症状及病理变化可以做出初步诊断。

2. 实验室诊断　成年鸡沙门氏菌的检查可以通过血清学检查来确诊。现场诊断方法常采用全血平板凝集反应。该方法简便、快速、准确，是种鸡场净化本病的主要手段。

细菌的分离鉴定也是常用的方法。细菌的分离一般采自没有用过药物治疗的病死鸡，可取其肝脏、脾脏或有病变的心肌，成年鸡还可采取输卵管和有病变的卵子作为病料，用麦康凯鉴别培养基分离培养，观察菌落形态特征，获取纯培养后可通过生化试验进一步鉴定。

（六）防治

1. 治疗　通过药敏实验结果，选择合适药物，如氯霉素、庆大霉素及新型喹诺酮类药物、新霉素等。不要长时间使用一种药物，更不要一味加大药物剂量来达到防治目的。应该考虑到有效药物可以在一定时间内交替、轮换使用，药物剂量要合理，防治要有一定的疗程。

近些年来微生态制剂开始在畜牧业中应用，有的生物制剂在防治畜禽下痢有较好效果，具有安全、无毒、不产生副作用，细菌不产生抗药性，价廉等特点。常用的药物有促菌生、调痢生、乳酸菌等。在使用这类药物的前后 4 ～ 5 天应该禁用抗菌药物。

2. 预防　预防该病发生的原则在于杜绝病原的传入，消除群内的带菌者与慢性患者。同时还必须执行严格的卫生、消毒和隔离制度。其主要措施如下：

（1）挑选健康种鸡、种蛋、建立健康鸡群，坚持自繁自养，慎重地从外地引进种蛋。孵化时，用季胺类消毒剂喷雾消毒的孵化前的种蛋，拭干后再入孵。

（2）加强育雏饲养管理卫生，鸡舍及一切用具要经常清洁消毒。育雏室及运动场要保持清洁干燥，饲料槽及饮水器要每天清洗一次，并防止被鸡粪污染。

（3）适时进行药物、微生态制剂预防。

（4）必须最大限度地减少外源沙门氏菌的传入，禽舍必须有防飞鸟、防啮齿动物的设施，并做好防虫工作。

三、坏死性肠炎

坏死性肠炎又称肠毒血症，是由魏氏梭菌引起的一种以侵害鸡的肠道，引起肠道出血、溃疡和坏死为主要特征的一种疾病。

（一）病原

魏氏梭菌是一大群厌氧性的革兰氏阳性大杆菌，该菌无鞭毛，不能运动，通常在厌氧条件下形成芽孢，芽孢不大于菌体，位于中央、近端或顶端。在厌氧条件下，能在鲜血琼脂平板上形成大而圆的菌落，并有溶血。

魏氏梭菌广泛分布在环境中，主要存在于土壤、牛奶、尘埃、污水及人和动物的消化道中。芽孢的热抵抗力很强，能耐受 100 ℃高温，目前没有消毒剂可以杀灭芽孢梭菌，魏氏梭菌可长期存在于土壤和沉淀物中。

魏氏梭菌是一种条件性致病菌，常存在于鸡的消化道中，一般不引起发病，当受到一些应激性因素，如饲养管理不当，鸡舍潮湿，舍内环境卫生差，通风不良或机体的抵抗力下降时即可诱导该病的发生。其中该病发生的一个主要原因就是在鸡群患有球虫病时，由于肠黏膜受到损伤，致使魏氏梭菌在肠道内大量的繁殖，从而导致了该病的发生。

（二）流行病学

1. 传染源　病鸡和带菌鸡，污染的尘埃、污物、垫料、饲喂的变质动物蛋白质都可以感染健康鸡。

2. 传播途径　该病的传播途径主要是经消化道摄入致病菌。饲养管理不当、肠道机能降低、球虫感染等因素均可诱发该病。

3. 易感动物　在禽类中仅有鸡能自然感染。该病常发生于 2 ～ 12 周龄的鸡，但 3 ～ 6 个月的鸡也有发生。

4. 流行特点　该病一般在潮湿温暖的 4 ～ 9 月份易发。该病无明显的季节性，多以温暖潮湿的季节发生该病，并且常呈地方性流行。

（三）临床症状

该病以突然发病、急性死亡为特征。有的病雏表现为精神沉闷，羽毛松乱，两眼闭合，食欲减退或废绝，贫血，排红色乃至黑褐色煤焦油样粪便，有的粪便混有血液和肠黏膜组织。多数病雏不显任何症状而突然死亡。疾病在鸡群中持续 5 ～ 10 天，死亡率为 2% ～ 50%。慢性病鸡生长发育受阻，排灰色稀粪，最后衰竭而死，耐过鸡多发育不良，肛门周围常被粪便污染。

（四）病理变化

病变主要在小肠，尤其是空肠和回肠。小肠有严重的弥漫性黏膜坏死。其表现为肠管肿大，肠腔内充满气体，肠壁充血、出血或因附着黄褐色伪膜而肥厚、脆弱。剥去伪膜可见肠黏膜由卡他性炎到坏死性炎的各阶段变化。肠内容物少而呈白色、黄白色或灰色，有的呈血样、黑红色并有恶臭味。盲肠内有陈旧血样内容物。慢性病例多在肠黏膜上形成伪膜。

（五）诊断

1. 临诊诊断　根据 2 ～ 12 周龄鸡易发病，发病急、死亡快，剖检见小肠后段膨胀、易碎，含有棕色、恶臭液体，肠黏膜上覆盖淡棕色白喉样伪膜等特点可以做出初步诊断，确诊依靠实验室诊断。

2. 实验室诊断　通过革兰氏染色镜检呈阳性，大杆菌，有荚膜初步鉴定，可通过病原分离鉴定进行确诊。

3. 鉴别诊断　在鉴别诊断上应与溃疡性肠炎和球虫病相区别。坏死性肠炎在临床症状上与溃疡性肠炎有相似之处，但溃疡性肠炎病例的肠黏膜无出血现象，有数量不等的溃疡斑，上有大小不等的黄白坏死区，而坏死性肠炎病例的盲肠和肝脏一般无明显病变。球虫病与坏死性肠炎也有相似之处，但球虫病以肠黏膜严重出血为特征，镜检可见球虫卵囊。

（六）防治

1. 治疗　下列药物可供参考治疗：

青霉素：雏鸡每只每次 2 000 IU，成鸡每只每次 2 万～ 3 万 IU，混料或饮水，每日 2 次，连用 3 ～ 5 天。

杆菌肽：雏鸡每只每次 0.6 ～ 0.7 mg，青年鸡 3.6 ～ 7.2 mg，成年鸡 7.2 mg，拌料，每日 2 ～ 3 次，连用 5 天。

红霉素：每日每千克体重 15 mg，分两次内服；或拌料，每千克饲料加入 0.2 ～ 0.3 g 红霉素，连用 5 天。

林可霉素：拌料，每千克体重 15 ～ 30 mg，每日 1 次，连用 3 ～ 5 天。

2. 预防　应加强饲养管理，搞好鸡舍卫生和消毒工作，保管好动物性蛋白质饲料，防止有害菌污染，也可在饲料中添加药物进行预防。

四、溃疡性肠炎

溃疡性肠炎是由鹌鹑梭状芽孢杆菌引起的鸡和鹌鹑的一种细菌性疾病，主要发生在 4 ～ 12 周龄的幼禽。

（一）病原

该病的病原为鹌鹑梭状芽孢杆菌，革兰氏阳性菌，该菌具有梭状芽孢杆菌的一般特性，呈直杆状或稍弯曲，两端钝圆。芽孢较菌体小，位于菌体的近端。该菌在厌氧条件下生长，最适宜温度为 37 ℃～ 40 ℃，首选培养基为含 0.12％葡萄糖和 0.15％酵母提取物的色氨酸、磷酸盐琼脂，加 8％ 的马血浆，制成平板培养基，用肝脏病料接种，厌氧培养 24 小时后出现菌落。菌落直径为 1 ～ 3 mm，半凸起，具有纤丝样边缘，半透明，灰白色，有光泽。该菌能形成芽孢，对各种物理化学因素有很强抵抗力。

（二）流行病学

1. 传染源　该病的传染源为病鸡和带菌鸡。

2. 传播途径　该病在自然条件下经粪便传播，禽类食入污染的饲料、饮水或垫草时易被感染。

3. 易感动物　该病较常见于幼禽，鸡为 4 ～ 12 周龄。

4. 流行特点　该病的病原体能形成芽孢，本病暴发一次后，禽舍长期被污染，经常连续几批鸡年复一年地发生此病。鸡发病多伴有球虫病、再生障碍性贫血及传染性法氏囊病，或在这些疾病之后发生。

（三）临床症状

该病在禽群中流行过程一般持续 3 周，死亡高峰为感染后 5 ～ 14 天。病禽急性死亡前无任何先兆。有的排出水样白色粪便，严重时排绿色或褐色稀粪便。随着病情的发展，病禽倦怠无力，喜扎堆，眼似闭非闭，羽毛蓬乱无光。病后 1 周以上，极度消瘦，胸肌萎缩，幼禽发病后几天之内波及全群，病死率可高达 100%。鸡群发生典型的溃疡性肠炎时，病死率为 2%～20%。自然感染后恢复的病禽，产生主动免疫力。

（四）病理变化

剖检病变主要表现在肠道和肝脏。肠壁有明显的出血点，十二指肠、小肠和盲肠上有灰黄色的坏死灶，慢性病变者可从肠壁的浆膜面看到边缘出血的黄色溃疡灶。溃疡呈凸起的圆形，有时形成大的固膜性坏死斑块，溃疡有时可达黏膜深层。盲肠壁上的溃疡可形成中心凹陷的病灶，内中充满深灰色的物质。肝脏的病灶最具有特征性：从一种淡黄色的斑纹至形成大小不一的黄色坏死区，有些肝脏病则为散在性的灰色或黄色坏死灶。

（五）诊断

1. 临诊诊断　根据流行病学、临床症状及病理变化可做出初步诊断，确诊需要实验室诊断。

2. 实验室诊断　以无菌操作采取病鸡肝脏组织做涂片，经革兰氏染色后镜检，可见杆状、两端钝圆、一端具有芽孢的单个杆菌，革兰氏染色呈阳性。

（六）防治

1. 治疗　链霉素注射或拌料、饮水有一定的预防和治疗效果。预防投喂链霉素的剂量为 60 g/t 料，或 260 mg/L 饮水。在饲料中加入 0.04% 的甲砜霉素原粉及 0.05% 的维生素 C，连续喂服 3～4 天，一般 1 天后不再有病鸡死亡，3 天后均能痊愈。溃疡性肠炎有时和鸡球虫病同时发生，因此应同时治疗两病。

2. 预防　由于该病原菌常存于粪便中，并长期存活在垫料中及存活病鸡可以带菌，所以要求在进雏前清除垫料和粪便，对舍内和用具彻底消毒，以及大小鸡不得同舍饲养等，这样做对防止该病发生有重要意义。应避免鸡群应激，包括防止拥挤，控制球虫病，预防可致免疫抑制等的病毒。康复病禽带毒，尽量不要与未感染禽混养。经常添加微生态制剂，改善和恢复肠道正常菌群，可以提高鸡群抵抗力。

【重点提示】

本节对以腹泻为主要症状的几种疾病如传染性法氏囊病、禽沙门氏菌病、坏死性肠炎和溃疡性肠炎进行了系统的学习，由于几种疾病在临床上均以腹泻为主要症状，因此，学习过程中要重点掌握每种病的病变特征，以便更好地进行类症的鉴别诊断。鉴别诊断表见表 5-3。

表 5-3　育雏鸡腹泻性传染病鉴别诊断表（仅供参考）

	类别	传染性法氏囊病	鸡白痢、禽伤寒	禽副伤寒	坏死性肠炎	溃疡性肠炎
流行病学	病死率	感染超强毒株时死亡率可达 70% 以上，有的仅为 1%～5%，多数情况下为 20% 左右。呈尖峰式的死亡曲线	新疫区 100%，老疫区一般为 20%～40%	10%～80%	2%～50%	2%～20%，也可高达 100%
	发病日龄	3～6 周龄	各日龄，2～3 周龄发病率与病死率最高	4～5 日龄可发病，10～21 日龄达死亡高峰	2～12 周龄，3～6 月龄也偶发	4～12 周龄
	流行速度	快	快	快	快	快
临床症状	腹泻	白色稀粪或蛋清样稀粪，内含有细石灰渣样物，干涸后呈石灰样	多见排灰白色稀粪	水样稀粪	排红色乃至黑褐色煤焦油样粪便，有的粪便混有血液和肠黏膜组织	排出水样白色粪便，重时排绿色或褐色稀粪
	呼吸困难	少见	多见	可见	少见	少见
	运动障碍	少见	可见	可见	少见	少见
病理变化	法氏囊出血	多见	少见	少见	少见	少见
	肌肉出血	多见	少见	少见	少见	少见
	腺胃和肌胃交界处出血带	多见	少见	少见	少见	少见
	肾肿尿酸盐沉积	多见	少见	少见	少见	少见
	肝脏坏死灶	少见	多见	多见	少见	少见
	小肠溃疡灶	少见	少见	少见	少见	多见
治疗效果	抗生素治疗效果	无效	有效	有效	有效	有效

【病例分析】

某新建鸡场饲养海蓝褐壳蛋鸡 5 000 只，在育雏期用庆大霉素进行开口，虽有零星死亡但大多数海蓝褐壳蛋鸡并无大碍所以并未引起注意。在第七天接种新城疫疫苗进行免疫后死亡率有所提高，而且发病逐渐增多，主要表现为大数海蓝褐壳蛋鸡精神沉闷，怕冷，扎堆。病鸡食欲减退，腹泻，排出白色糨糊样的粪便，泄殖腔周围的羽毛上粘有白色、干结成石灰样的粪便，并且个别鸡发出"叽叽"的叫声，呼吸困难、张口喘息。病死雏鸡剖检可见机体消瘦，肝脏肿大，呈典型的青铜色，且肝脏上布满了大量的小米粒大小的黄白色坏死灶，蛋黄吸收不良，卵黄囊皱缩，内容物变硬；在肺、心脏上有大量的黄白色坏死结节，盲肠中有灰白色的干酪样物堵塞；肾脏肿大充血，输尿管内充满尿酸盐。

1. 该病可能是（　　）。

A. 鸡白痢　　　　　　　　　　　B. 大肠杆菌病

C. 传染性法氏囊病　　　　　　　D. 坏死性肠炎

2. 该病发生的主要原因可能是（　　）。

A. 雏鸡带菌　　　B. 应激反应　　　　C. 环境卫生差　　　D. 细菌耐药

3. 预防该病首先应做到（　　）。

A. 净化种鸡群　　B. 加强消毒　　　　C. 通风　　　　　　D. 大剂量的投药

第三节　以败血症症状为主的传染病的诊断与防治

败血性疾病是对鸡群危害最重的一类疾病，可引起鸡群的大批量死亡，造成巨大的经济损失，因此，本类疾病是鸡场防疫的重中之重。本类疾病的特点是高热、食欲减退，精神极度萎靡，并伴有呼吸道症状、腹泻、神经症状等多种临床表现，病理剖检常见有黏膜、浆膜的广泛性出血及实质器官的不同程度变性坏死等。

育雏鸡阶段败血性疾病常见的有新城疫、禽流感、大肠杆菌病、沙门氏菌病等几种疾病。本节对这些疾病的病因、流行特点、临床症状、防治等进行深入系统的学习，特别是要学会类症之间的鉴别方法，为临床诊断打下良好的基础。

任务实施指南：

1. 对大肠杆菌病的病因、流行特点、临床症状、病理变化、防治方法等进行认真的学习，掌握其示病症状和病理变化，同时对新城疫、禽流感、沙门氏菌病等疾病进行回顾。

2. 将大肠杆菌病和之前学过的有败血症表现的疾病进行类症的鉴别诊断（可参考学习资料后的鉴别诊断表）。

3. 当鸡群出现多种症状并存，病理剖检组织器官广泛性的病理变化时，首先应对该病定性，确定为败血性传染病，排除其他疾病。然后重点从新城疫、禽流感、大肠杆菌病、沙门氏菌病这几种疾病入手采用鉴别排除法进行诊断，有条件的进行实验室诊断。

4. 对所诊断的疾病提出科学合理的防治方案。

本节仅以大肠杆菌病作为案例进行讲述。

大肠杆菌病是某些致病血清型或条件致病性大肠埃希氏杆菌引起禽类不同疾病的总称，包括大肠杆菌性败血症、大肠杆菌性肉芽肿、气囊炎、肝周炎、肿头综合征、腹膜炎、输卵管炎、滑膜炎、全眼球炎及脐炎等一系列疾病。该病是禽类胚胎和雏鸡死亡的重要病因之一。大肠杆菌病发生在各个养禽的国家，本病也是我国多数鸡场，无论是雏鸡还是成年鸡最常见的疫病之一。

（一）病原

大肠埃希氏杆菌是中等大小杆菌，其大小为（1～3）μm×（0.5～0.7）μm，有鞭毛，无芽孢，有的菌株可形成荚膜，革兰氏染色阴性，需氧或兼性厌氧，生化反应活泼、易于在普通培养基上增殖，适应性强。本菌对一般消毒剂敏感，对抗生素及磺胺类药等极易产生耐药性。

根据抗原结构不同，已知大肠杆菌有菌体（O）抗原170种，表面（K）抗原近103种，鞭毛（H）抗原60种，因而构成了许多血清型。最近菌毛（F）抗原被用于血清学鉴定，最常见的血清型K88、K99，分别命名为F4和F5型。在引起人畜肠道疾病的血清型中，有肠致病性大肠杆菌（EPEC）、肠毒素性大肠杆菌（ETEC）和肠侵袭性大肠杆菌（EIEC）等之分，多数肠毒素性大肠杆菌都带有F抗原。在170种"O"型抗原血清型中约1/2对禽有致病性，最多的是O1、O2、O78和O35四个血清型。大肠杆菌能分解葡萄糖、麦芽糖、甘露醇、木糖、甘油、鼠李糖、山梨醇和阿拉伯糖，产酸和产气。多数菌株能发酵乳糖，有部分菌株可发酵蔗糖。可产生靛基质。不分解糊精、淀粉、肌醇和尿素。不产生硫化氢不液化明胶、V－P试验阴性，M.R试验阳性。

（二）流行病学

1. 传染源 患病禽和带菌禽，大肠杆菌是人和动物肠道等处的常在菌。大肠杆菌在鸡场普遍存在，特别是通风不良，大量积粪的鸡舍，在垫料、空气尘埃、污染用具、道路、粪场及孵化厅等处染菌最高。

2. 传播途径 带菌禽以水平方式传染健康禽，消化道、呼吸道为常见的传染门户，也可由感染的种鸡经垂直传播使雏鸡感染，使禽胚死亡或出壳发病和带菌。交配等途径可使公母鸡间互相感染发病。啮齿动物的粪便常含有致病性大肠杆菌，可污染饲料、饮水而造成传染。

3. 易感动物 多种类型的禽和各种龄期的禽均可感染大肠杆菌，以鸡、火鸡、鸭最为常见。该病在雏鸡、育成期和产蛋鸡均可发生。

4. 流行特点 该病一年四季均可发生，每年在多雨、闷热、潮湿季节多发。多数情况下因受各种应激因素和其他疾病的影响，该病危害十分严重。

（三）临床症状

大肠杆菌病无特征性临床症状。疾病表现与其发生感染的日龄、感染持续时间，受侵害的组织器官以及是否并发其他疾病有关。该病在临床上有以下多种类型：急性败血型、鸡胚和雏鸡早期死亡、内脏型、肠炎型、卵黄性腹膜炎型、生殖型（输卵管炎、卵巢炎、输卵管囊肿）、腹膜炎、大肠杆菌性肉芽肿、神经型（脑炎型）、眼炎型、皮肤型、肿头型、骨髓炎型、卵黄囊炎和脐炎型。

其共同症状表现为精神沉闷，食欲减退，羽毛粗乱，消瘦。侵害呼吸道后会出现呼吸困难，黏膜发绀；侵害消化道后会出现腹泻，排绿色或黄绿色稀便；侵害关节后表现为跗关节或趾关节肿大，在关节的附近有大小不一的水泡和脓疮，病鸡跛行，站立不稳；侵害眼时，眼前房积脓，有黄白色的渗出物；侵害大脑时，出现神经症状，表现为头颈震颤，弓角反张，呈阵发性发作等。

（四）病理变化

1. 鸡胚和雏鸡早期死亡 该病型主要通过垂直传染，鸡胚卵黄囊是主要感染灶。鸡胚死亡发生在孵化过程，孵化后期的病理变化为卵黄呈干酪样或黄棕色水样物质，卵黄膜增厚。病雏突然死亡或表现软弱、发抖、昏睡、腹胀、畏寒聚集和下痢（白色或黄绿色），个别有神经症状。病雏除了有卵黄囊病变外，多数发生脐炎、心包炎及肠炎。鸡感染该病后可能不死，常表现为卵黄吸收不良及生长发育受阻。

2. 大肠杆菌性急性败血症 该病常引起幼雏或成鸡急性死亡。各器官呈败血症病理变化。特征性病理变化是纤维素性肝周炎、心包炎；肝脏肿大呈铜绿色，肝脏边缘纯圆，外有纤维素性黄、白色包膜，心包膜被纤维素性渗出覆盖，心包积液；也可见腹膜炎、肠浆膜有出血点，卡他性肠炎等病变。

3. 气囊炎 气囊炎主要发生于3～12周龄幼雏，3～8周龄的肉仔鸡最为多见。病鸡表现沉闷，呼吸困难，有啰音和喷嚏等症状。气囊壁增厚、混浊，有的上附纤维素性渗出物或黄白色干酪样物，并伴有纤维素性心包炎和腹膜炎等。偶尔可见败血症、眼球炎和滑膜炎等。

4. 大肠杆菌性肉芽肿 该病的病鸡消瘦贫血、减食、拉稀。在肝脏、肠（十二指肠及盲肠）、肠系膜或心上有菜花状增生物，针头大至核桃大不等，很易与禽结核或肿瘤相混。

5. 肠炎型大肠杆菌病 小肠黏膜出现斑块状出血。

6. 卵黄性腹膜炎及输卵管炎 该病常通过交配或人工授精时感染。多呈慢性经过，并伴发卵巢炎、子宫炎。母鸡减产或停产，呈直立企鹅姿势，腹下垂、恋巢、消瘦死亡。其病理变化为卵巢感染发炎，卵泡变形，卵泡破裂，卵黄液掉入腹腔，使腹腔内充满卵黄液，引起腹膜炎，致使肠粘连，之后卵黄凝固。其特征为输卵管扩张，内有干酪样团块及恶臭的渗出物。

7. 关节炎及滑膜炎 该病表现为关节肿大，内含有纤维素或混浊的关节液，股骨头坏死等症状。

8. 眼球炎 眼球炎是大肠杆菌败血病一种不常见的表现形式。多为一侧性，少数为双侧性。病初畏光、流泪、红眼，随后眼睑肿胀突起。开眼时，可见前房有黏液性脓肿或干酪样分泌物。最后角膜穿孔，失明。病鸡食欲减退，经7～10天衰竭死亡。

9. 脑炎 脑炎的主要病变为脑膜充血、出血、脑脊髓液增加、大脑后方塌陷。

10. 肿头综合征 表现为眼周围、头部、颌下、肉垂及颈部上2/3水肿，病鸡喷嚏、并发出咯咯声，剖检可见头部、眼部、下颌及颈部皮下黄色胶胨样渗出物。

（五）诊断

1. 临诊诊断　根据流行病学、临床症状及特征性的病理变化可做出初步诊断，确诊需要实验室诊断。

2. 实验室诊断　根据病型采取不同病料，如果是败血性疾病，采取血液、肝脏、脾脏等内脏实质器官；若是局限性病灶，直接采取病变组织。采取病料应尽可能在病禽濒死期或死亡不久，因死亡时间过久，肠道菌很容易侵入其机体内。

病料直接进行涂片，进行革兰氏染色，典型者可见革兰氏阴性小杆菌，但有时在病料中很难看到典型的细菌。

分离培养：如病料没有被污染，可直接用普通平板或血平板进行划线分离，如病料中细菌数量很少，可用普通肉汤增菌后，再行划线培养。如果病料污染严重，可用鉴别培养基划线分离培养后，挑取可疑菌落除涂片镜检外，作纯培养进一步鉴定。

种属鉴定：符合下述主要症状者可确定为大肠杆菌：形态染色，革兰氏阴性小杆菌；运动性，呈阳性；吲哚产生试验，呈阳性；柠檬酸盐利用，呈阴性；H_2S 产生试验，呈阴性；乳糖发酵试验，呈阳性。

对于已确定的大肠埃希氏杆菌，可通过动物试验和血清型鉴定确定其病原性。

（六）防治

1. 治疗　该病菌对抗生素及磺胺类药等极易产生耐药性。选择药物时必须先进行药敏试验，以免应用无效的药物。在实际用药时，尽量选择高度敏感的药物，避免同一药物连续使用，要采取"轮换"或"交替"用药方案，同时药物剂量要充足，可在发病日龄前 1～2 天进行预防性投药，或发病后做紧急治疗。

2. 预防　搞好饲养管理，消除发病诱因，及时收集种蛋，经常消毒禽舍及饲养用具，选择敏感药物预防，给药拌料或饮水。有条件的可选择常见血清型菌株或本场分离出的菌株，制成大肠杆菌灭活菌疫苗，用于鸡群可控制本病的发生。

【重点提示】

本节重点对大肠杆菌病的病因、流行特点、临床症状和防治方法进行了系统的学习，同时把和大肠杆菌病类似的几种疾病进行了鉴别诊断，为临床诊断打下了坚实的基础。鉴别诊断表见表 5-4。

表 5-4　育雏鸡败血性传染病鉴别诊断表（仅供参考）

类别		禽流感	新城疫	大肠杆菌病	沙门氏菌病
流行病学	育雏鸡病死率	可达 100%	可达 100%	因病情而异	新疫区 100%，老疫区一般为 20%～40%。
	发病日龄	各日龄	各日龄	各日龄	各日龄，2～3 周龄发病率与病死率最高
	流行速度	快	快	快	快

续表

	类别	禽流感	新城疫	大肠杆菌病	沙门氏菌病
临床症状	腹泻	多见绿色或水样稀粪	常排绿色稀便，有时混有少量血液	排绿色或黄绿色稀粪	多见排灰白色稀便
	呼吸困难	多见	多见	可见	多见
	运动障碍	多见	多见	可见	可见
	神经症状	多见	多见	可见	可见
	腿鳞出血	多见	少见	少见	少见
	口腔、嗉囊积液	少见	多见	少见	少见
病理变化	腺胃乳头出血	多见	多见	少见	少见
	肝脏坏死灶	少见	少见	少见	多见
	纤维素性肝周炎、心包炎	少见	少见	多见	少见
	小肠枣核样坏死	多见	多见	少见	少见
治疗效果	抗生素治疗效果	无效	无效	有效	有效

【病例分析】

某养鸡场从外地某孵化场购入雏鸡 15 000 只，网上育雏。10 日龄时，雏鸡开始发病，并出现死亡，至 15 日龄时共发病 4 250 只，死亡 1 556 只，发病率为 28.2%，死亡率为 10.4%。病雏鸡食欲下降，精神萎靡，饮欲增加，翅膀下垂，离群呆立，不愿走动，闭目昏睡，排灰白色水样粪便，泄殖腔周围羽毛污秽，沾满粪便，有的泄殖腔红肿外翻；有的死于脐炎。剖检病鸡消瘦，腹腔中积有半透明黄色液体；心包膜浑浊增厚，心包积液增多；肝脏稍肿、质脆，并有灰白色或黄白色坏死灶，肝脏包膜增厚有纤维素性渗出；肺淤血水肿，气囊浑浊；肠管内充满气体，肠上皮脱落，黏膜呈条片状出血，肠内容物呈灰白色或黄白色水样黏液，有的肠管与腹膜粘连在一起；卵黄膜薄而易碎，卵黄呈干酪样或黄棕色水样的残留卵黄。无菌采取病料，涂片进行革兰氏染色，可见红色杆菌。

1. 根据描述该病可能是（　　）。

A．大肠杆菌病　　B．沙门氏菌病　　　　C．巴氏杆菌病　　　　D．坏死杆菌病

2. 实验室鉴别诊断首选的培养基是（　　）。

A．血琼脂培养基　B．麦康凯培养基　　　C．普通琼脂培养基　　D．马铃薯培养基

3. 临床诊疗本病最好的方案是（　　）。

A．通过药敏试验选择敏感药　　　　　　B、选用头孢类药物

C、选用广谱抗生素

第四节 以神经症状为主的传染病的诊断与防治

在养鸡业生产中，经常会遇到一些神经症状相似的传染性疾病，这些疾病如果不加以仔细区分，往往会误诊误治，给养鸡业造成极大的损失。

在育雏鸡阶段引起鸡神经症状的疾病种类较多，有禽脑脊髓炎、亚急性、慢性型及非典型新城疫、禽流感、大肠杆菌、禽曲霉菌病等。因临床症状比较类似，所以本次任务要认真深入地对每种疾病的病因、流行特点、临床症状进行学习，为临床诊断打下良好的基础。

任务实施指南：

（1）对禽脑脊髓炎的病因、流行特点、临床症状、病理变化和防治措施进行认真的学习，掌握其示病症状和病理变化，为临床诊断打下基础。

（2）系统学习禽脑脊髓炎后，重点对新城疫、禽流感、大肠杆菌、禽曲霉菌等病出现的神经症状进行鉴别性诊断。

（3）当鸡群出现神经症状时，首先应对该病定性，确定为传染性疾病，排除其他疾病。然后重点从新城疫、禽流感、禽脑脊髓炎、大肠杆菌、禽曲霉菌病这几种疾病入手，采用鉴别排除法进行诊断，有条件的进行实验室诊断。

（4）对所诊断的疾病提出科学合理的防治方案。

本节仅以禽传染性脑脊髓炎作为案例进行讲述。

禽传染性脑脊髓炎（AE），是一种主要侵害雏鸡的病毒性传染病，以共济失调和头颈震颤为主要特征。该病首次见于1932年的美国。此后，世界各地相继有该病流行的报道。

（一）病原

禽传染性脑脊髓炎病毒属于小RNA病毒科的肠道病毒属，病毒粒子直径为24～32 nm。对氯仿、乙醚、酸、胰蛋白酶、去氧胆酸盐、去氧核酸酶等有抵抗力，病毒在1 mol/L氯化镁溶液中对50 ℃的温度也有抵抗力。

禽传染性脑脊髓炎病毒可以在无母源抗体的鸡胚卵黄囊、尿囊腔和羊膜腔中繁殖，受感染鸡胚的特征为肌肉萎缩、神经变性和脑水肿。病毒也可以在神经胶质细胞、鸡胚成纤维细胞、鸡胚脑细胞、鸡胚胰细胞等细胞培养物中繁殖。

（二）流行病学

1. 传染源 该病的传染源主要是病鸡和带毒鸡。

2. 传播途径 经种蛋垂直传播是该病的重要传播途径，也可通过直接或间接的接触传播。

产蛋母鸡感染3周内所产的种蛋内均带有病毒，这些种蛋的一部分可能在孵化过程中死亡，另一部分虽可以孵化出壳，但出壳的雏鸡在1～20日龄之间陆续出现典型的临床症状。由于受感染的母鸡在感染后逐渐产生循环抗体，因而母鸡的带毒和排毒程度也随之减轻，一般在感染 3 ～ 4 周之后，种蛋内的母源抗体即可保护雏鸡顺利出壳，并不再出现任何该病的临床症状。

3. 易感动物　自然感染见于鸡、雉、日本鹌鹑和火鸡，各种日龄均可感染，但一般只在雏禽才有明显的临床症状。雏鸭、雏鸽可被人工感染，而豚鼠、小白鼠、兔和猴对病毒的脑内接种有抵抗力。

4. 流行特点　该病流行无明显的季节差异，一年四季均可发生。在日龄不同的多批次种鸡共存的种鸡场，往往由于种鸡早期已受感染而使产蛋时蛋内有足够的母源抗体，因而出壳小鸡一般不容易发生该病，而在新建鸡场中新养的种鸡群，如未接种疫苗加以预防，又值鸡群在开产前或开产后期间才受病毒所感染，就可能在出壳雏鸡群中暴发本病。

（三）临床症状

经胚胎传播感染的小鸡，潜伏期为 1 ～ 7 天，经接触或经口感染的小鸡，最短的潜伏期为 11 天。该病主要见于 3 周龄以下的雏鸡，虽然在出雏时有较多的弱雏并可能有一些病雏，但是有典型神经症状的病鸡大多在 1 ～ 2 周龄时才陆续出现。

病雏起先较为迟钝，不喜欢走动而喜欢蹲坐在跗关节上，驱赶时可勉强走动，但步态和速度失去控制，摇摇摆摆或向前猛冲后倒下，最后侧卧不起。肌肉震颤大多在表现共济失调之后才出现，在腿翼，尤其是在头颈部可见到明显震颤，在病鸡受刺激或惊扰时更加明显。病雏在早期仍能采食和饮水，随病情的加重就再不能走动和站立，此后往往因得不到食物和饮水而迅速衰竭，加上卧地不起而受到同群鸡践踏，因而死亡逐渐增加。除了共济失调和震颤之外，部分病雏还可见一侧或两侧眼球的晶状体浑浊或浅蓝色褪色，眼球增大，眼睛失明，如保留这样的病鸡作为种鸡，则其后代也可能有眼球增大、晶状体浑浊等眼病。

该病的感染率很高，死亡率不定，从刚受野外病毒感染几天内产的种蛋孵出的小鸡，其死亡率可高达 90% 以上，随后逐渐降低，感染后 1 个月，种鸡的后代就不再出现新的病例。1 月龄以上的鸡群受感染后，除了出现阳性血清学反应之外，无任何明显的临床症状和病理变化。产蛋鸡受感染后，除血清学出现阳性反应外，唯一可觉察到的异常就是 1 ～ 2 周的产蛋率轻度下降，下降幅度大多为 10% ～ 20%。

（四）病理变化

禽脑脊髓炎唯一的病理变化是病雏肌胃有带白色的区域，是由浸润的淋巴细胞团块所致，但该变化易被忽略。

组织学病理变化主要见于中枢神经系统和腺胃、肌胃、胰腺等一些脏器中，而周围神经一般不受侵害。在中枢神经系统中，主要显示病毒性脑炎的病变，如神经元变性、胶质细胞增生和血管套等，在延脑和脊髓灰质中可见神经元中央染色质溶解，神经元胞体肿大，细胞核膨胀，细胞核移向细胞体边缘等变化，大多数神经元细胞核消失。有时还可见到以神经元细胞核固缩，细胞染色较深为特征的渐进性坏死。在中脑的圆形核和卵圆核、小脑的分子层、延脑和脊髓中可见有胶质细胞的增生灶。在大脑、视叶、小脑、延脑、脊髓中容易见到以淋巴细胞浸润为主的血管套。在腺胃的黏膜肌层以及肌胃、肝脏、肾脏和胰腺中可见到密集的淋巴细胞增生灶。

（五）诊断

1. 临诊诊断　根据疾病仅发生于雏鸡，无明显肉眼病变而以共济失调和震颤为主要症状，药物治疗无效等，可做出初步诊断。

2. 实验室诊断　可采用病毒的分离与鉴定、鸡胚易感性试验、中和试验、荧光抗体试验、琼脂扩散沉淀试验等方法进行诊断。

（六）防治

1. 治疗　急性型病鸡尚无有效治疗方法，一般应将发病鸡群扑杀并做无害化处理。

2. 预防　预防上可采取加强卫生管理及鸡舍的定期消毒的方法，采用全进全出的饲养方式，不从有该病的地区引进种鸡、种蛋，同时对鸡群接种疫苗。目前有两类疫苗可供选择使用，一类是致弱了的活毒疫苗，可经饮水口服或滴眼滴鼻免疫，一般应在10周龄至开产前一个月这段时间内接种，使母鸡在开产前就得到免疫力，并经蛋传递到下一代雏鸡，保护雏鸡不发病。另一类是灭活的油乳剂疫苗，一般在种鸡开产前的一个月经肌肉注射接种。

【重点提示】

本节对禽脑脊髓炎的病因、流行特点、临床症状和防治方法进行了系统的学习，同时对新城疫、禽流感、大肠杆菌、禽曲霉菌病等病进行回顾和复习，并对几种疾病进行了鉴别诊断，以期同学们能够掌握本类疾病的诊断方法和防治措施。鉴别诊断表见表5-5。

表5-5　育雏鸡神经症状传染病鉴别诊断表（仅供参考）

类别		禽流感	新城疫	禽传染性脑脊髓炎	大肠杆菌病	禽曲霉菌病
流行病学	育雏鸡病死率	可达100%	可达100%	随日龄不同而不定，可高达90%	因病情而异	10%～50%
	发病日龄	各日龄	各日龄	3周龄以下	各日龄	6周龄以内，4～12日龄最为易感
	流行速度	快	快	快	快	较快
临床症状	腹泻	多见绿色或水样稀粪	常排绿色稀粪	少见	多见	多见
	呼吸症状	多见	多见	少见	可见	少见
	运动障碍（跛、瘫）	多见	多见	多见，喜欢蹲坐在跗关节上	可见	可见
	神经症状	多见，但较新城疫少	多见，阵发性痉挛，角弓反张，呈"观星"姿态，翅腿麻痹	震颤最明显，共济失调，在病鸡受刺激或惊扰时更加明显	两腿站立不稳，不愿走动，瘫痪	多见，共济失调、斜颈、步行困难、角弓反张、麻痹等
	腿鳞出血	多见	少见	少见	少见	少见
	口腔、嗉囊积液	少见	多见	少见	少见	少见

续表

	类别	禽流感	新城疫	禽脑脊髓炎	大肠杆菌	禽曲霉菌病
病理变化	腺胃乳头出血	多见	多见	少见	少见	少见
	纤维素性肝周炎心包炎	少见	少见	少见	多见	少见
	小肠枣核样坏死	多见	多见	少见	少见	少见
	脑膜出血	多见	多见	少见	多见	少见
	真菌结节	少见	少见	少见	少见	多见
治疗效果	抗生素治疗效果	无效	无效	无效	有效	有效

【病例分析】

　　某养殖专业户购进肉杂雏鸡 5 000 只，进雏后 6 天开始发病，最初表现为迟钝、精神沉闷，不愿走动或走几步就蹲下来，常以跗关节着地，继而出现共济失调，走路蹒跚，步态不稳，驱赶时勉强用跗关节走路并拍动翅膀。多数病鸡在发病 3 天后，出现麻痹而倒地侧卧。发病 5 天后头颈部可见明显的阵发性震颤，频率较高，当有人工刺激，给水、加料或驱赶时，表现更为明显。而且瘫痪鸡只一天天增多，雏鸡 20 日龄时，瘫痪 1 000 只左右，死亡 200 只。死亡鸡只中大部分是由于瘫痪被其他鸡踩踏或吃不着食物，喝不着水，渴饿而死。剖检病死鸡 10 只，主要病变为脑组织水肿，在软脑膜下有水样透明感。脑膜上有出血点、出血斑，着地的跗关节红肿，脚皮下有胶胨样渗出物，其他脏器未见明显变化。

　　1. 该病可能是（　　）。

　　A. 新城疫　　　　B. 大肠杆菌病　　　C. 食盐中毒　　　　D. 禽脑脊髓炎

　　2. 下列哪种方法可用于本病的诊断？（　　）

　　A. 病料抹片镜检　B. 琼脂扩散试验　　C. 粪便检查　　　　D. 细菌生化试验

　　3. 对本病易感的是（　　）。

　　A. 1 月龄以内雏鸡　　　　　　　　B. 育成鸡

　　C. 成年蛋鸡　　　　　　　　　　　D. 成年种鸡

第五节　以关节炎症状为主的传染病的诊断与防治

　　随着家禽规模化养殖程度的提高，由多种病因引起的不同日龄的关节炎、运动障碍为主的传染病越来越多，往往造成病鸡活动困难，经常被其他鸡踩踏，且易继发其他传染病，并且带来阻碍生长发育、死亡淘汰率增加等危害，给养禽业带来额外损失。

　　在育雏鸡阶段引起以站立不稳，关节障碍症状为主的传染病种类较多，常见的有：脑脊髓炎、病毒性关节炎、葡萄球菌、大肠杆菌、沙门氏菌病、支原体感染等几种疾病。

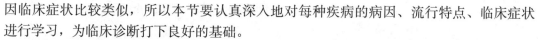

因临床症状比较类似，所以本节要认真深入地对每种疾病的病因、流行特点、临床症状进行学习，为临床诊断打下良好的基础。

任务实施指南：

1．对病毒性关节炎、葡萄球菌等疾病的病因、流行特点、临床症状和病理变化进行认真的学习，掌握每种病的示病症状和病理变化，为临床诊断打下坚实的理论基础。同时对可出现关节炎症状的脑脊髓炎、大肠杆菌、沙门氏菌病和支原体感染等疾病进行回顾。

2．系统学习后，重点对脑脊髓炎、病毒性关节炎、葡萄球菌、大肠杆菌、沙门氏菌病、滑液囊支原体感染等病疾进行鉴别。

3．当鸡群出现运动障碍症状时，首先应对该病定性，确定为传染性疾病，排除其他疾病。然后重点从脑脊髓炎、病毒性关节炎、葡萄球菌、大肠杆菌、沙门氏菌病和滑液囊支原体感染这几种疾病入手采用鉴别排除法进行诊断，有条件的进行实验室诊断。

4．对所诊断的疾病提出科学合理的防治方案。

一、病毒性关节炎

病毒性关节炎（VA）是一种由呼肠孤病毒（REO）引起的可在鸡群中传播的传染病。病鸡因运动障碍而生长停滞，消瘦衰竭，鸡群的饲料利用效率下降，淘汰率增高，因而给养鸡业带来巨大的经济损失。这种病在世界各地均有发生，我国自 20 世纪 80 年代中期以来已有多个省、市发现本病。

（一）病原

呼肠孤病毒，无囊膜，呈正二十面体对称，有双层衣壳结构。病毒基因组为分节的双股 RNA，由 3 个类别的 10 个节段组成。不同的毒株在抗原性和致病性方面有差异，据此可将呼肠孤病毒分类。已有不少划分血清型的报告，但有很大的随意性，不同血清型之间有相当大的交叉中和反应。

呼肠孤病毒对热有一定的抵抗能力，能耐受 60 ℃达 8～10 小时。对乙醚不敏感。对 H202、pH3、2％来苏水、3％福尔马林等均有抵抗力。用 70％乙醇和 0.5％有机碘可以灭活病毒。

（二）流行病学

1．传染源　该病的传染源为病鸡和带毒鸡，关节腱鞘及消化道的含毒量较高，排毒途径主要经消化道。

2．传播途径　该病主要通过消化道与呼吸道在鸡群中水平传播，也可以通过种蛋垂直传播。

3．易感动物　鸡是本病唯一的宿主，各种日龄、品系的鸡都易感染，4～7 周龄的肉鸡最为多发，也有更大鸡龄发病的报道。蛋鸡发病率较低，但近几年来，常有蛋鸡发病的病例出现，影响其生产性能。

4. 流行特点　该病毒在鸡群中的感染率几乎为 100%，但死亡率通常在 6% 以下。

（三）临床症状

大多数感染鸡呈隐性经过，只有血清学和组织学的变化而无临床症状。在感染的鸡群中，有症状的病例一般占鸡群总数的 1% ～ 5%，也有 10% 或高于 10% 的报道。

腱鞘炎型以关节炎、腱鞘炎为特征。病鸡可见单侧或双侧跗、跗关节肿胀，慢性病例跗骨歪曲，趾向后屈曲，步态不稳，跛行或单侧跳跃，不愿走动，喜坐在关节上。患肢上不能伸展，不敢负重，较大日龄的病鸡可见腓肠肌腱断裂，导致顽固性跛行。病鸡因运动障碍，缺乏营养和水分，最后衰竭而死。

种鸡群或蛋鸡群感染后，产蛋量可下降 10% ～ 15%。有资料报道，种鸡群感染后种蛋受精率下降，这可能是因病鸡运动功能障碍而影响正常的交配所致。

（四）病理变化

腱鞘炎型表现为趾屈肌腱和跗伸肌腱出现明显的双侧性肿胀。患肢跗关节上下周围肿胀，切开皮肤可见到关节上部腓肠肌腱水肿，关节腔充满淡红色透明滑膜液，如有细菌混合感染，可见到脓样渗出物。大雏鸡或成鸡由于腓肠肌腱断裂，局部组织可见到明显的血液浸润，患肢的其他关节腔呈淡红色，关节液增加。

（五）诊断

1. 临诊诊断　根据流行病学、临床症状和病理变化可做出病毒性关节炎的初步诊断。

2. 实验室诊断

病毒分离鉴定：可使用关节渗出液、滑膜及腱膜悬液接种作为初代病毒分离，最好在鸡胚卵黄囊内接种，分离病毒。

血清学试验：琼脂扩散试验最常用，国外已有商品化的 ELISA 试剂盒，也可应用中和试验（VN）。

动物接种：病毒的致病性可通过接种 1 日龄易感雏鸡的足垫得到证实，致病株在接种后 72 小时内引起显著炎症。

（六）防治

对该病目前尚无有效的治疗方法，所以预防是控制本病的唯一方法。预防的方法如下：

1. 加强卫生管理，对鸡舍定期消毒，采用全进全出的饲养方式，对鸡舍彻底清洗和用 3% 氢氧化钠溶液或 0.5% 有机碘消毒，可以防止上批感染鸡留下的病毒对新鸡群的感染。病鸡长时间不断向外排毒，是重要的传染源，因此，对病鸡要坚决淘汰。

2. 预防接种　包括活疫苗和灭活疫苗。由于雏鸡对致病性 REO 病毒最易感，而至少要到 2 周龄才开始具有对 REO 病毒的抵抗力，因此，对雏鸡提供免疫保护是防疫的重点。1 日龄雏鸡接种弱毒疫苗可有效地预防感染，但将影响马立克氏病疫苗的免疫效果。提倡用灭活疫苗免疫种鸡，免疫后的种鸡传给子代的母源抗体可保护初生雏鸡，避免感染，且降低了经蛋传播的可能性。无母源抗体的后备鸡，可在 5 ～ 8 日龄用活疫苗进行免疫，8 周龄时再用活疫苗加强免疫，在开产前 2 ～ 3 周注射灭活疫苗，一般可使雏鸡在 3 周内不受感染。

二、鸡葡萄球菌病

鸡葡萄球菌病是由葡萄球菌感染所引起的传染病，可引起鸡的急性败血症或慢性关节炎、脐炎、眼炎和肺炎。雏鸡和中雏鸡病死率较高，因而该病是集约化养鸡场中危害严重的疾病之一。

（一）病原

金黄色葡萄球菌是唯一对家禽有致病力的葡萄球菌菌种。典型的致病性金黄色葡萄球菌是革兰氏阳性球菌。在固体培养基上培养的细菌呈葡萄串状排列，在液体培养基中可能呈短链状，培养物超过 24 小时，革兰氏染色可能呈阴性。葡萄球菌在 5% 的血液培养基上容易生长，18 ～ 24 小时生长旺盛。在固体培养基上培养 24 小时，金黄色葡萄球菌形成圆形、光滑的菌落，直径 1 ～ 3 mm。金黄色葡萄球菌是需氧菌，兼性厌氧菌，β 溶血，凝固酶阳性，能发酵葡萄糖和甘露醇，并能液化明胶。

葡萄球菌分布非常广泛，与家禽有关的葡萄球菌病遍布世界各养禽国家。该菌亦是皮肤和黏膜的正常菌群之一，并且是家禽孵化、饲养或加工场所中的常见微生物。大多数葡萄球菌属正常菌群，它们通过干扰或竞争性排除作用抑制其他的可能致病菌，但也有一些具有潜在的致病性，可以穿过皮肤或黏膜引起发病。金黄色葡萄球菌除了引起家禽致病外，约有 50% 的金黄色葡萄球菌菌株产生肠毒素，可引起人类食物中毒。

（二）流行病学

1. 传染源　金黄色葡萄球菌广泛分布在自然界的土壤、空气、水、饲料、物体表面以及鸡的羽毛、皮肤、黏膜、肠道和粪便中。

2. 传播途径　该病的主要传播途径是皮肤和黏膜的创伤，但也可能通过直接接触和空气传播，脐带也是常见的传播途径。

3. 易感动物　金黄色葡萄球菌可侵害各种禽类，尤其是鸡和火鸡。任何年龄的鸡，甚至鸡胚都可感染。发生在 40 ～ 60 日龄的中雏鸡最多。

4. 流行特点　季节和品种对该病的发生无明显影响，平养和笼养都有发生，但以笼养为多。

（三）临床症状

1. 关节炎型　该型的症状多由皮肤创伤继发葡萄球菌感染所引起。发生关节炎的病鸡表现跛行，不愿站立和走动，多伏卧，驱赶时尚可勉强行动。病鸡可见多个关节炎性肿胀，趾、跗关节肿大较为多见。肿胀的关节呈紫红色或紫黑色，有的已破溃并结成污黑色的痂，有的出现趾瘤，趾垫肿大，有的趾尖发生坏死、坏疽或脱落。病鸡一般有饮食欲，多因采食困难，饥饱不匀，常被其他鸡只踩踏，逐渐消瘦，最后衰竭死亡，病程多为10天左右。

2. 急性败血症型　该型的症状常常继发于硒缺乏、渗出性素质、再生障碍性贫血、坏疽性皮炎、出血性疾病和药物中毒之后或与这些病同时发生。病鸡精神沉闷，呆立，不愿活动，两翅下垂、缩颈、眼半闭呈嗜睡状态，羽毛粗乱无光泽，食欲减退或废绝，部分鸡下痢，粪便呈水样，粪便的颜色呈灰白色或黄绿色。胸腹部、大腿内侧皮下水肿，有数量不等的血样渗出液，外观呈紫色或紫黑色，触摸有波动感，局部羽毛极易脱落。皮肤破溃后流出褐色或紫红色的液体，使周围羽毛又湿又脏。部分鸡的翅膀背侧或腹面、翅尖、尾部、头、脸、肉垂、背及腿部等部位出现大小不等的出血斑。局部发炎，坏死或干燥结痂（呈暗紫色）。急性败血症的病鸡多在2～5天内死亡，最急性者可在1～2天内死亡。平均死亡率为5%～10%，多数死亡率小于5%，少数急性暴发的病例死亡率可高达60%。

3. 脐炎型　新出壳的雏鸡因脐环闭合不全而引起感染。病雏腹部膨大，脐孔发炎肿胀、潮湿，局部呈黄色或紫黑色，触之质硬，俗称"大肚脐"。发生脐炎的病雏常在2～5天后死亡，很少能存活或正常发育。

4. 眼型　病程长的病鸡，或发生鸡痘时可继发葡萄球性眼炎，临床表现常呈单侧性上下眼睑肿胀、闭眼，有脓性分泌物粘连，用手分开时，则见眼结膜红肿，眼内有大量分泌物，并见有肉芽肿。有的头部肿大，眼睛失明，结膜苍白污浊。病鸡常因饥饿、衰竭而死。

5. 肺型　肺型葡萄球菌感染病鸡多呈急性经过，个别鸡死前可见咳嗽、呼吸困难，冠和肉髯发绀，头颈水肿。

（四）病理变化

1. 关节炎型　关节和滑膜发炎，关节肿大，滑膜增厚，充血或出血，关节内有浆液体、黏液性或纤维性渗出物。病程较长的慢性病例，渗出物变为干酪样，关节周围组织增生，关节畸形。

2. 急性败血症型　病死鸡的胸部、前腹部的羽毛脱落，皮肤呈紫黑色，水肿。剪开皮肤可见整个胸、腹部皮下充血、出血，呈弥漫性紫红色或黑红色，积有大量胶陈样红色或黄红色水肿液，胸、腹部及腿内侧有散在性出血斑点或条纹，尤以胸骨柄处肌肉为重，病程久者还可见轻度坏死。肝脏肿大，呈紫红色或花斑样的颜色，有出血点及白色坏死点。脾脏肿大，有坏死点，呈紫红色，病程稍长者亦有白色坏死点。腹腔脂肪、肌胃浆膜等处有时可见紫红色水肿或出血。心包积液，呈黄红色半透明，心冠脂肪及心外膜偶见出血。肠炎，肠内容物呈水样。

3. 脐炎型　病例以幼雏为主，可见脐部肿大，卵黄吸收不良，呈污黄色、污红色或黑色，内容物稀薄、黏稠，豆腐渣状，时间稍长，则为脓样干涸坏死物。病鸡体表有皮炎、坏死。肝脏肿大，有出血点，胆囊肿大。

4. 眼型　眼结膜红肿，有的有苍白云雾状覆盖物，眼内有大量分泌物，并见有肉芽肿。有的头部肿大，眼睛失明。

5．肺型　肺型的病理病变为喉头，气管黏膜呈弥漫性充血或出血，气管内积有大量黏稠分泌物。严重者肺呈紫红色，并有水肿，切开后流出泡沫状液体。有的病例一侧或两侧肺全部溃烂呈烂泥状，有的表面和实质充满淡黄色黄豆及粟粒大脓性结节。

（五）诊断

1．临诊诊断　根据流行病学、临床症状和病理变化可做出初步诊断，确诊须进行实验室诊断。

2．实验室诊断

涂片镜检：无菌采取病死鸡的肝脏、脾脏及皮下病变组织渗出物触片，革兰氏染色镜检，可见排列不规则，呈葡萄串状的球菌，无鞭毛、无芽孢、无荚膜，革兰氏染色阳性。

细菌培养：无菌采取病死鸡的肝脏、脾脏及皮下病变组织渗出物分别接种于普通营养琼脂、肉汤培养基和血液琼脂中，置于 37 ℃培养箱内培养 24 小时。

观察结果：在普通营养琼脂培养基上生长出表面湿润、光滑、边缘整齐、不透明、隆起的圆形菌落，菌落颜色为金黄色；在普通肉汤培养基中呈均匀混浊，培养 2 ～ 3 天后肉汤表面有菌膜形成，管底形成多量的黏液沉淀；病原体在血液琼脂中呈溶血现象，除菌落呈黄白色外，其他形态特点同普通营养琼脂培养基；取典型菌落的纯培养，备用于病原微生物的鉴定。

生化试验：能分解麦芽糖、蔗糖、葡萄糖、乳糖和果糖，并产酸不产气，能分解甘露醇，能还原硝酸盐，不产生靛基质。

（六）防治

1．治疗　鸡场一旦发生葡萄球菌病，要立即对鸡舍、饲养管理用具进行严格消毒，以杀灭散在环境中的病原微生物。药物治疗是发病后的主要防治措施，但由于本菌的耐药性很强，对大多数药物不敏感，务必从速进行药物敏感试验，选出敏感药物后，及时进行治疗，方可收到良好的治疗和预防效果。环丙沙星 0.5 g/kg 料，混饲，连喂 3 ～ 5 天或环丙沙星 0.2 ～ 0.3 g/L 水，混饮，连饮 3 ～ 5 天。庆大霉素 1 万～ 2 万 IU/kg 体重，肌内注射（口服无效），每天 2 次，连用 3 天。5%红霉素水溶性粉剂 1 ～ 3 g/L 水，混饮，连饮 5 ～ 7 天。

2．预防　加强饲养管理，光照合理，适时通风，保持鸡舍干燥，适时为鸡断喙，防止相互啄羽，避免鸡只发生外伤，鸡群密度不宜过大。鸡舍内的设备安装要安全、合理、不能有任何尖锐的物体。对鸡进行断喙、剪趾、免疫接种时要细心。做好消毒工作，保持鸡舍、用具及周围环境的清洁卫生。定期用 0.3% 过氧乙酸进行鸡舍的带鸡喷雾消毒，可以减少环境中的含菌量，从而减少感染机会，防止该病的发生。坚持做好种蛋的消毒、孵化用具和孵化过程中的消毒工作，以减少胚胎感染和雏鸡发病。由于鸡痘的发生常为鸡群发生该病的重要因素，故应及时注射鸡痘疫苗，预防鸡痘发生。

【重点提示】

本节对病毒性关节炎和鸡葡萄球菌病的病因、流行特点、临床症状和防治方法进行了系统的学习，同时对脑脊髓炎、大肠杆菌、沙门氏菌病、支原体感染等疾病进行了回顾和复习，并对几种疾病进行了鉴别诊断，以期同学们能够初步掌握本类疾病的诊断方法和防治措施。鉴别诊断表见表5-6。

表5-6　育雏鸡关节炎为主传染病鉴别诊断表（仅供参考）

类别		禽脑脊髓炎	病毒性关节炎	鸡葡萄球菌病	大肠杆菌病	沙门氏菌病	支原体感染
流行病学	育雏鸡病死率	随日龄不同而不定，可高达90%	低于6%	不同鸡场死亡率变化很大，最高可达75%以上	因病情而异	新疫区100%，老疫区一般为20%～40%	1%～10%
	发病日龄	3周龄以下	4～7周龄的肉鸡多发	30～70日龄多发	各日龄均可出现，但多发生于1～2周龄的雏鸡	各日龄，2～3周龄发病率与病死率最高	1～2月龄
	流行速度	快	慢	慢	快	快	慢
临床症状	腹泻	少见	少见	可见	多见	多见排灰白色稀粪	少见
	呼吸症状	少见	少见	少见	可见	多见	多见
	运动障碍（跛、瘫）	多见，喜欢蹲坐在跗关节上	步态不稳，跛行或单侧跳跃，不愿走动，喜坐在关节上	常侵害鸡的膝关节以及脚趾关节，病鸡因疼痛，常一只脚点地行走	一侧或两侧趾关节、跗关节以及膝关节炎性肿胀，运动常受到限制，出现跛行	关节一侧性或两侧性关节肿胀，跛行	鸡只表现跛行。许多病鸡头部苍白，跗关节、趾关节、翼关节或爪垫肿胀
	体表溃烂	少见	少见	多见	少见	少见	少见
病理变化	腓肠肌血样渗出、断裂	少见	多见	少见	少见	少见	少见
	纤维素性肝周炎、心包炎	少见	少见	少见	多见	少见	少见
	肝脏坏死灶	少见	少见	少见	少见	多见	少见
治疗效果	抗生素治疗效果	无效	无效	有效	有效	有效	有效

【病例分析】

某养鸡场 6 周龄的肉鸡发病，发病率在 80% 以上，病初有轻微的呼吸道症状，食欲减退，不愿走动，蹲伏、贫血和消瘦，随后出现跛行，胫关节、趾关节及连接的肌腱发炎肿胀。患肢跗关节上下周围肿胀，切开皮肤后可见到关节上部腓肠肌腱水肿，关节腔充满淡红色透明滑膜液，严重时病例可见一侧或两侧腓肠肌腱断裂，跖骨歪扭，趾后屈。投服多种抗生素治疗无效，病死率为 5% 左右。

1．该病可能是（　　）。

A．病毒性关节炎　B．大肠杆菌病　　　C．沙门氏菌病　　　D．禽脑脊髓炎

2．确诊本病需要（　　）。

A．病料涂片镜检　B．生化指标检测　　C．病毒分离鉴定　　D．细菌生化试验

第六节　以肿瘤为主的传染病的诊断与防治

育雏鸡阶段出现肿瘤现象的疾病比较少，主要有马立克氏病和网状内皮组织增生症两种疾病，其中以马立克氏病最为常见，但要注意和网状内皮组织增生症相区分。

任务实施指南：

1．对马立克氏病和网状内皮组织增生症的病因、流行特点、临床症状、病理变化、防治方法等进行认真的学习，掌握每种病的示病症状和病理变化，为临床诊断打下坚实的理论基础。

2．当鸡皮肤或内脏器官出现肿瘤症状时，重点考虑马立克氏病和网状内皮组织增生症这两种疾病，对临床资料进行综合分析和诊断，采用鉴别排除法进行诊断，有条件的进行实验室诊断。

3．对所诊断的疾病提出科学合理的防治方案。

一、马立克氏病

马立克氏病（MD）是鸡的一种高度接触传染的淋巴组织增生性肿瘤疾病，以内脏器官、外周神经、性腺、虹膜、肌肉和皮肤的单个或多个组织器官发生单核细胞浸润为特征。

该病具有高度传染性，也是一种免疫抑制性疾病。目前呈世界性分布，对养禽业造成严重经济损失。MD 最初由匈牙利兽医病理学家马立克在 1907 年报道。

（一）病原

马立克氏病是由疱疹病毒科、α 疱疹病毒亚科马立克氏病病毒（MDV）引起的。

本病病原属于疱疹病毒的 B 亚群（细胞结合毒），共分三个血清型：血清 I 型，对

鸡致病致瘤，主要毒株有超强毒（Md5 等）、强毒（JW、GA、京 1 等）；血清Ⅱ型，在自然情况下存在于鸡体内，但不致瘤，主要毒株有 SB/1 和 301B/1 等；血清Ⅲ型，对鸡无致病性，并使鸡具有良好的抵抗力，是一株火鸡疱疹病毒株（HVT FC—126 株）。该病毒能在鸡胚绒毛尿囊膜上产生典型的痘斑，卵黄囊接种较好，也能在鸡肾脏细胞、鸡胚成纤维细胞和鸭胚成纤维细胞上生长产生痘斑。

该病毒的抵抗力较强，在粪便和垫料中的病毒，室温下可存活 4～6 个月之久。细胞结合病毒在 4 ℃可存活 2 周，在 37 ℃可存活 18 小时，在 50 ℃可存活 30 分钟，60 ℃只能存活 1 分钟。

（二）流行病学

1．传染源　病鸡和隐性感染鸡是主要的传染源。

2．传播途径　该病可通过直接或间接接触传播，呼吸道是病毒进入体内的最重要途径。目前尚无 MD 可垂直传播的报道。

3．易感动物　鸡最易感染，火鸡、山鸡和鹌鹑等较少感染，哺乳动物不感染。鸡是马立克氏病最重要的宿主，鹌鹑也是 MDV 的重要自然宿主。源于鹌鹑的 MDV 比来自鸡的 MDV 对鹌鹑有更强的致病力。HVT 疫苗不能保护鹌鹑抵抗 MDV 强毒株攻击。

4．流行特点　自然感染的蛋鸡，多在 2～5 月龄之间发病，偶见 3～4 周龄的幼龄鸡和 60 周龄的老龄鸡发病。肉仔鸡多在 40 日龄之后发病。该病的发生无季节性。

环境管理和混合感染也影响 MD 的发生，如雏鸡过早暴露在 MDV 严重污染地区、群体的应激、快速生长鸡的选育均可提高鸡的易感性；隐孢子虫的混合感染、免疫抑制病毒（如鸡传染性贫血病毒等）的混合感染，都可增加 MD 的发生及其严重程度。

（三）临床症状

该病是一种肿瘤性疾病，潜伏期较长，受病毒的毒力、剂量、传播途径和鸡的遗传品系、年龄和性别的影响，可以存在很大差异。MD 的临床症状与所感染的 MDV 的毒力有关，一般可分为神经型、内脏型、眼型和皮肤型。

1．神经型（古典型）　神经型多见于弱毒感染或 HVT 免疫失败的青年鸡（2～4 月龄），常侵害周围神经，以坐骨神经和臂丛神经最易受侵害。当坐骨神经受损时病鸡一侧腿发生麻痹，站立不稳，两腿前后伸展，呈"劈叉"姿势，为典型症状。当臂丛神经受损时，翅膀下垂；支配颈部肌肉的神经受损时病鸡低头或斜颈；迷走神经受损时，鸡嗉囊麻痹或膨大，食物不能下行。一般病鸡精神尚好，并有食欲，但往往由于饮不到水而脱水，吃不到饲料而衰竭，或被其他鸡只踩踏，以死亡告终，多数情况下病鸡被淘汰。

2．内脏型（急性型）　内脏型的病鸡精神委顿，食欲减退，羽毛松乱，鸡冠苍白、皱缩，有的鸡冠呈黑紫色或黄绿色下痢，迅速消瘦，胸骨似刀锋，触诊腹部能摸到硬块。病鸡脱水、昏迷，最后死亡。内脏器官发生肿瘤，缺乏特征性症状，突然发病，流行迅速，病程短，死亡率高。

3．眼型　眼型在病鸡群中很少见到，一旦出现则病鸡表现瞳孔缩小，严重时仅有针尖大小；虹膜边缘不整齐，呈环状或斑点状，虹膜色素（特征）消失，颜色由正常的橘红色变为弥漫性的灰白色，呈"鱼眼状"。轻者表现对光线强度的反应迟钝，重者对光线失去调节能力，最终失明。

4. 皮肤型　皮肤型较少见，往往在禽类加工厂屠宰鸡只时褪毛后才发现，病变常见于躯干、背、大腿生长粗干羽毛的部位。此种病型仅在宰后拔毛时发现，羽毛囊肿大，形成结节或瘤状物。

这几种类型有时可混合发生。临床症状以神经型和内脏型多见，有的鸡群发病以神经型为主，内脏型较少，一般死亡率在5%以下，在鸡群开产前该病基本平息。有的鸡群发病以内脏型为主，兼有神经型，危害大且损失严重，常造成较高的死亡。

（四）病理变化

1. 神经型（古典型）　受害神经肿大，增粗2～3倍，外观似水中浸泡过，呈黄（灰）白色，纹理不清或消失，与对侧神经对比，有助于鉴别。

2. 内脏型（急性型）　特征为病鸡的内脏出现肿瘤。其中以性腺（卵巢等）的发生率最高，其次为肾脏、肝脏、脾脏、心、肺、胰、肠系膜、腺胃和肠道。在上述器官和组织中可见大小不等的肿瘤块，呈灰白色，质地坚硬而致密，有时肿瘤呈弥漫性，使整个器官变得很大。除法氏囊外内脏的病理变化很难与禽白血病等肿瘤病相区别。

法氏囊通常萎缩，极少数情况下发生弥漫性增厚的肿瘤变化，这是由肿瘤细胞的滤泡间浸润所致。

3. 皮肤型　皮肤型病变以羽毛囊为中心，呈半球状突出于表面，或融合呈丘状；病变可融合成片，呈清晰的带白色结节，拔毛后的胴体尤为明显。

（五）诊断

1. 临诊诊断　根据流行病学、临床症状和病理变化可以作出初步的诊断。确诊需要进行实验室诊断。

2. 实验室诊断　病毒分离不能作为主要诊断标准，接种疫苗的鸡虽能得到保护不发生MD，但仍能感染MDV。因此该病的实验室诊断常采用病理组织学方法，其主要表现为淋巴细胞增生，也可以使用其他方法，如琼脂扩散试验、ELISA试验、PCR检测、病毒中和试验及免疫荧光试验等。

（六）防治

加强环境卫生与消毒工作，尤其是孵化场、育雏舍的消毒，努力净化环境，防止雏鸡的早期感染。加强饲养管理，增强鸡体的抵抗力对预防该病有很大的作用。环境条件差或某些疾病，如球虫病等常是重要的诱发因素。坚持全进全出的饲养制度，防止不同日龄的鸡混养于同一鸡舍。防止应激因素和预防能引起免疫抑制的疾病（IBD、CAA、腺病毒感染）。

现行条件下，我国大部分地区，尤其是没有发生过HVT冻干疫苗免疫失败的地区，可选用优质的HVT冻干疫苗，该疫苗不仅运输、保存和使用方便，而且免疫效果也较好。对于 HVT 疫苗长期使用的地区，应适当增大剂量，以减少母源抗体的干扰作用。

对马立克氏病流行较严重或出现过 HVT 疫苗免疫失败的地区，应选用 CVI998 液氮疫苗，该疫苗受母源抗体作用小，产生的免疫力快。

二、网状内皮组织增生症

网状内皮组织增生症（RE）是由网状内皮组织增生症病毒（REV）引起的一种病理综合征。

1974 年首次在美国分离到此病毒，之后相继在欧洲、亚洲、澳大利亚等一些国家发生此病。1987 年在我国首次发现此病，1988 年分离到 1 株 REV。RE 不仅引起禽类生长迟缓、生产性能降低、淘汰率增高和死亡，而且引起免疫抑制，使鸡群容易感染其他禽病，如禽痘、鸡传染性支气管炎、沙门氏菌病、球虫病等，还能引起禽病疫苗免疫保护效应降低，从而造成巨大经济损失。

（一）病原

网状内皮组织增生症是由与禽白血病病毒完全不同的反转录病毒引起的疾病，有囊膜，为禽 C 型肿瘤病毒亚属，为 RNA 病毒，有 1 个血清型，3 个亚型。该病包括免疫抑制、致死性网状细胞瘤、生长抑制综合征（矮小综合征）和淋巴组织以及其他组织的慢性肿瘤。

（二）流行病学

1. 传染源　病禽和带毒禽是传染源。由于环境、疫苗污染和其他免疫抑制性病鸡的存在，使得 REV 在鸡场内广泛存在。

2. 传播途径　经消化道、呼吸道和眼结膜等途径传播，也经种蛋垂直传播。其他应激因素（寒冷、过热、断喙）可促使该病的发生。

3. 易感动物　各日龄的鸡、火鸡、鸭、鹅、鹌鹑和鸟类均易感染，鸡和火鸡最为严重。

4. 流行特点　该病的发病率和死亡率不高，呈一过性流行，病程约 10 天；常因免疫功能下降而导致其他疾病继发感染，加重病情，造成严重损失。

（三）临床症状

REV 的临床症状可分为完全复制型 REV 和不完全复制型 REV，感染的病毒种类不同，危害的严重程度也不同。

完全复制型 REV 可以引起矮小综合征和慢性肿瘤。病鸡生长不良，停滞，体重较轻，羽毛异常，有的表现为运动失调，免疫抑制等，导致细胞和体液免疫力低下，免疫效果差。耐过鸡可能有神经肿大症状。

不完全复制型 REV 可以引起急性网状细胞肿瘤，潜伏期最短为 3 天，接种后 6 ～ 21 天死亡，死亡率高。将新生雏鸡或火鸡接种后，很少有特征性肿瘤出现，但死亡率达

100%。自然情况下死亡率通常在 20% 以下，并出现失重、迟钝、白色稀粪等现象，免疫抑制严重。

（四）病理变化

肝脏、脾脏肿大，表面有大小不等的网状细胞的灰白色结节或弥漫性增生肿瘤，有时可见肿瘤结节呈扣状，病鸡胸腺、法氏囊严重萎缩，充血、出血和水肿；肠壁结节增生呈串珠状，腺胃肿胀，乳头界限不清，腺胃黏膜出血。胰腺、性腺、心脏、肌肉和肾脏肿瘤增生。

（五）诊断

1. 临诊诊断　自然发生的 RE 病变在鸡群中易与马立克氏病、淋巴型白血病和其他淋巴组织增生病或免疫抑制病相混淆，很难通过临诊诊断进行鉴别。确诊必须依赖实验室诊断。

2. 实验室诊断　可通过病毒分离鉴定、聚合酶链式反应、琼脂扩散试验、荧光抗体试验以及生物素 – 亲和素酶联免疫吸附试验（BAS-ELISA）等方法进行诊断。

（六）防治

对禽病要贯彻"预防为主"的方针，提高执法力度，强化兽医法制管理，制定疫病的净化和扑灭规划及实施方案。我国正在实行"无规定动物疫病区项目建设"，这是重要的有益的防疫措施。加强饲养管理，做好消毒工作，消除应激因素，将病禽及时淘汰，做好种蛋和孵化过程的消毒、淘汰阳性鸡等措施都是防治该病的有效方法。

【重点提示】

本节对马立克氏病和网状内皮组织增生症的病因、流行特点、临床症状和防治方法进行了系统的学习，并对两种疾病进行了鉴别诊断，以期同学们能够掌握本类疾病的诊断方法和防治措施。鉴别诊断表见表 5-7。

表 5-7　出现肿瘤为主传染病鉴别诊断表（仅供参考）

类别		马立克氏病	网状内皮组织增生症
流行病学	病死率	高	20% 以下
	发病日龄	一般在 18 周龄前，但超强毒株使肿瘤最早在 3 周龄即可出现，有的到 60 周龄还有爆发	各日龄
	流行速度	快	快
	垂直感染	不见	多见
临床症状	虹膜色素消失	多见	少见
	神经症状	多见，劈叉姿势	少见
	免疫抑制	多见	多见

续表

类别		马立克氏病	网状内皮组织增生症
病理变化	肿瘤特点	T淋巴细胞样瘤	T、B淋巴细胞样瘤都有
	出血不止血管瘤	少见	少见
	外周神经病变	横纹消失，坐骨神经单侧增粗	少见
	法氏囊萎缩	多见	多见
治疗效果	有无疫苗	有	无

注意：确诊必须依靠实验室诊断，并且禽白血病病毒与网状内皮组织增生症病毒、马立克氏病病毒混合感染的情况也日趋严重。

【病例分析】

某养殖户饲养 1 000 余只商品蛋鸡，于 3 月龄时开始发病，每天死亡 3 ～ 4 只。部分鸡精神不振，采食量无明显下降，拉黄、绿色稀粪，部分鸡冠歪倒一侧。少部分鸡无明显症状突然死亡。剖检头部轻微出血；心冠沟脂肪及心肌形成灰白色的肿瘤结节，切开后发现肿瘤结节已深入组织内部与心肌相连；肝脏、脾脏、肺、胰、肠系膜等处表面可见肿瘤病灶，灰白色，质地坚硬而致密。使用抗生素类药物治疗均无效。

1. 根据描述该病可能是（　　　）。

A. 马立克氏病　　B. 沙门氏菌病　　　　C. 传染性法氏囊病　　D. 非典型新城疫

2. 该病免疫接种日龄通常是（　　　）。

A. 7 日龄　　　　B. 14 日龄　　　　　C. 21 日龄　　　　D. 1 日龄

第六章　育成鸡常发病的诊断与防治

育成鸡是指 7 ～ 20 周龄的大、中雏鸡。育成鸡羽毛已丰满，具备了调节体温和适应环境的能力，消化机能已健全，采食量增加，骨骼、肌肉都处于生长旺盛时期。育成鸡的培养目标是保持适当的体重及合理的体型，促使鸡群适时达到性成熟，并且在开产前有良好的繁殖和生产体况，为在产蛋期高产、稳产，持久生产打下基础。因此做好育成鸡阶段的传染病控制和预防是日后产生良好经济效益的重要基础，也是预防产蛋鸡日后因带毒、带菌影响生产性能的重要措施。在这个时期，我们重点完成以下几个方面的工作任务。

【知识目标】

1. 了解育成鸡常见传染病种类。
2. 能够按照临床症状将此阶段鸡的常见传染病进行准确的分类。
3. 对于育雏鸡与育成鸡均可发生的传染病，掌握同一种病在育雏鸡与育成鸡群发生后，在流行过程、临床症状和剖检变化上有哪些相同点、哪些不同点。掌握育成鸡阶段各种常见传染病的病因、流行病学、临床症状、病理变化、诊断和防治措施。
4. 掌握类症的诊断思路与方法，能够对临床症状做出初步的诊断。

【技能目标】

1. 掌握育成鸡阶段各种常见传染病诊断技术。
2. 针对育成鸡不同疾病提出科学合理的预防方案及扑灭措施。
3. 针对育成鸡不同疾病能够拟订科学合理的治疗方案并能具体实施。

【实施步骤】

1. 通过阅读和查阅资料，找出育成鸡常发生过的传染病有哪些。
2. 找出哪些传染病属于育雏鸡与育成鸡均可发生的，并且通过认真的学习、对比，找到同一种病在育雏鸡与育成鸡群发生后，在流行过程、临床症状和剖检变化上有哪些相同点、哪些不同点。
3. 按照临床症状将所列出的疾病进行分类，划分成若干个工作任务，参考分类表见表 6-1。

表 6-1　育成鸡常发传染病及分类

子任务		病毒性疾病	细菌性疾病
1	以呼吸道症状为主的传染病	新城疫、禽流感、鸡传染性喉气管炎、传染性支气管炎	大肠杆菌病、传染性鼻炎、支原体感染

	子任务	病毒性疾病	细菌性疾病
2	以腹泻为主的传染病	新城疫、禽流感、肾型传支	禽伤寒、大肠杆菌病、坏死性肠炎、溃疡性肠炎
3	以败血症为主的传染病	新城疫、禽流感	大肠杆菌病、禽伤寒、禽霍乱
4	以肿瘤为主的传染病	马立克氏病、禽白血病、网状内皮组织增生症	
5	以皮肤黏膜出现痘疹为主的传染病	禽痘	

4. 按照不同的工作任务进行针对性的学习。

第一节　以呼吸道症状为主的传染病的诊断与防治

本节主要学习育成鸡阶段以呼吸道症状为主的常见疫病的诊断与防治。育成鸡阶段鸡群表现为咳嗽、呼噜、喷嚏、鼻液增多、呼吸困难等呼吸道症状的疾病，常见的有鸡毒支原体、鸡传染性喉气管炎、鸡传染性支气管炎、新城疫、禽流感等病。由于鸡毒支原体、传染性支气管炎、新城疫、禽流感等疾病在育雏鸡阶段已经系统的学习，所以本节主要针对鸡传染性喉气管炎、传染性鼻炎的病因、流行特点、临床症状进行深入的学习，同时对已学习过的疾病进行回顾，并进一步做好类症的鉴别性分析诊断，为临床诊断打下良好的基础。

任务实施指南：

1. 对新城疫、禽流感、传染性支气管炎、传染性喉气管炎、支原体、传染性鼻炎、大肠杆菌病等几种病的病因、流行特点、育成鸡发病后的临床症状和病理变化进行认真的学习，掌握每种病的示病症状和病理变化，为临床诊断打下坚实的理论基础。

2. 当系统学习完各病之后，对类症进行鉴别诊断（可参考学习资料后的鉴别诊断表）。

3. 当育成鸡群出现呼吸道症状时，首先应对该病定性，确定为传染性疾病，排除其他疾病。重点从新城疫、禽流感、传染性支气管炎、传染性喉气管炎、支原体、传染性鼻炎、大肠杆菌病这几种疾病入手进行综合分析和诊断，采用鉴别排除法进行诊断，有条件的进行实验室诊断。

4. 对所诊断的疾病提出科学合理的防治方案。

一、鸡传染性喉气管炎

鸡传染性喉气管炎是由传染性喉气管炎病毒引起鸡的一种急性接触性呼吸道传染病。目前该病在大多数国家中存在，是危害养鸡业的重要呼吸道传染病之一。

（一）病原

传染性喉气管炎病毒（ILTV），属于 α 疱疹病毒亚科中的鸡疱疹病毒。病毒粒子有囊膜，基因组为双股 DNA。

ILTV 的不同毒株在致病性和抗原性上均有差异，但被认为只有一个血清型。由于不同毒株对鸡的致病力差异很大，给该病的控制带来一定的困难。

该病毒的抵抗力很弱，不耐热，37 ℃可存活 22 ～ 24 小时，55 ℃只能存活 10 ～ 15 分钟，但在 13 ℃～ 23 ℃中能存活 10 天。对一般消毒剂都敏感，如 3% 来苏水或 1% 苛性钠溶液，1 分钟即可杀死病毒。

（二）流行病学

1. 传染源　病鸡和康复后的带毒鸡是主要的传染源。

2. 传播途径　病毒存在于气管和上呼吸道分泌液中，通过咳出血液和黏液而经上呼吸道传播，污染的垫料、饲料和饮水，也可成为传播媒介。易感鸡与接种活苗的鸡长时间接触，也可感染该病。

3. 易感动物　该病毒在自然条件下，主要侵害鸡，不同年龄的鸡均易感，但以育成鸡和成年产蛋鸡多发，4 ～ 10 月龄的成年鸡感染该病时发病症状最典型；褐羽褐壳蛋鸡品种发病较为严重，来航白、京白等白壳蛋鸡有一定的抵抗力。幼龄火鸡、野鸡、鹌鹑和孔雀也可感染，但发病和死亡程度有差异，鸭、鸽子、珍珠鸡、麻雀及哺乳动物对该病有抵抗力。

4. 流行特点　该病一年四季均可发生，由于该病毒不耐热，所以夏季发病少，秋、冬、早春季节多发。鸡群饲养管理不善，如鸡群密度过大、拥挤，鸡舍通风不良，维生素缺乏，存在寄生虫感染等，都可促进该病的发生和传播。该病感染率达 90%～ 100%，死亡率为 5%～ 70%，平均发病率为 10%～ 20%。该病毒顽固，痊愈鸡带毒可达 1 年以上，鸡场很难清除，常呈地方性流行。

（三）临床症状

自然感染的潜伏期为 6 ～ 12 天，人工气管接种后 2 ～ 4 天，鸡只即可发病。潜伏期的长短与病毒株的毒力有关。

初期病例，常有数只病鸡突然死亡。病鸡初期有透明状鼻液，眼流泪，伴有结膜炎。其后表现为呼吸道症状，呼吸时发出湿性啰音，咳嗽，有喘鸣音。病鸡蹲伏地面或栖架上，每次吸气时出现头和颈部向前向上、张口、尽力吸气的姿势，有喘鸣叫声。

严重病例，高度呼吸困难，可听到带有"嘎嘎"尖叫的痉挛性咳嗽，可咳出带血的黏液。当鸡群受到惊扰时，咳嗽更为明显，可见眶下窦肿胀。在鸡舍墙壁、垫草、鸡笼、鸡背羽毛或邻近鸡身上沾有血痕。检查口腔时，可见喉部黏膜上有淡黄色凝固物附着，不易擦去。若分泌物不能咳出堵住时，病鸡可窒息死亡。

产蛋鸡的产蛋量迅速减少（可达35%）或停止，康复后1～2个月才能恢复。

最急性病例可于24小时左右死亡，多数5～10天或更长，不死者多经8～10天恢复。在有些毒力较弱的毒株引起发病时，流行比较缓和，发病率低，症状较轻，只是生长缓慢，产蛋减少，有时有结膜炎、眶下窦炎、鼻炎及气管炎。这时病程较长，长的可达1个月，死亡率一般较低（2%）。

（四）病理变化

该病的典型病理变化出现在喉头和气管的前半部。

发病初期，喉头气管黏膜肿胀，充血、出血，甚至坏死，喉头气管可见带血的黏性分泌物或条状血凝块。中后期死亡鸡只喉头气管黏膜附有黄白色纤维素性假膜，并在该处形成栓塞，病鸡多因窒息而死亡。严重时，炎症可扩散到支气管、肺和气囊或眶下窦。内脏器官无特征性病变。病程较长时，喉腔内常有黄色干酪样栓子。后期死亡鸡只常见继发感染的相应病理变化有大肠杆菌病、鸡白痢和鸡慢性呼吸道疾病。

（五）诊断

1. 临诊诊断　根据流行病学、临床症状和典型的病理变化，即可做出诊断。在症状不典型且与鸡传染性支气管炎、鸡毒支原体病不易区别时，须进行实验室诊断。

2. 实验室诊断

病毒分离与鉴定：鸡胚接种可采集发病鸡的喉头、气管黏膜及其分泌物、肺组织，做成1∶5～1∶10悬液，离心取上清液，加入双抗（青霉素、链霉素）在室温下作用30分钟，接种9～12日龄鸡胚绒毛尿囊膜上或尿囊腔，0.1～0.2 ml/只，接种后4～5天鸡胚死亡，绒毛尿囊膜增厚，其上可见到灰白色的痘斑样坏死灶。取绒毛尿囊膜做包涵体检查，可见细胞核内包涵体。用已知抗血清与病毒分离物做中和试验，用单层细胞培养的空斑减少试验或绒毛尿囊膜坏死斑减少试验，可鉴定分离病毒。

动物接种：用发病鸡的气管分泌物或组织悬液，经喉头或鼻腔或气管接种易感鸡，2天～5天可出现典型的ILT症状和病变。

血清学诊断：目前已经建立的可用于检测ILTV抗体的血清学方法有间接荧光抗体技术、琼脂扩散试验、病毒中和试验、ELISA方法等，可用于检测病料中抗原的方法有免疫过氧化物酶技术、免疫荧光抗体技术、双抗体夹心ELISA和单抗捕捉ELISA、Dot-ELISA等。

分子生物学方法：聚合酶链式反应，核酸探针技术和DNA酶切图谱分析等。

（六）防治

1. 发生疫情后控制措施　发生该病后，可用消毒剂每日进行1～2次消毒，以杀死鸡舍中的病毒。对发病的呼吸困难的鸡可用辐条钩出阻塞物，同时辅以氯霉素、红霉素、庆大霉素、泰乐菌素等药物治疗，防止继发细菌感染。同时给鸡群投喂电解多维，可增强鸡只抵抗力，降低死亡率。结合鸡群的状况，应用 ILT 弱毒疫苗进行紧急接种，对于控制疫情有一定效果。耐过的康复鸡在一定时间内可带毒和排毒，因此需严格控制康复鸡与易感鸡群的接触，最好将病愈鸡只做淘汰处理。

2. 预防　平时加强饲养管理，坚持全进全出的饲养制度，改善鸡舍通风，注意环境卫生，定期进行严格消毒，防止该病侵入鸡群。适时进行疫苗接种，注意 ILT 疫苗株毒力偏强，在易感鸡中有传代返祖现象，可引起易感鸡发病，接种后容易出现较为严重的反应，甚至引起成批死亡。因此，接种途径和接种量应严格按照说明书进行。无论疫苗的毒力强弱，都只能在疫区或发生过该病的地区使用，因为接种疫苗的鸡群仍可向外界排出病毒。

二、传染性鼻炎

传染性鼻炎是由鸡副嗜血杆菌所引起的急性呼吸道疾病，以鼻窦炎、流鼻涕、打喷嚏、面部肿胀和结膜炎为主要症状。该病分布广，可造成生长停滞及淘汰鸡增加，蛋鸡产蛋量下降。传染性鼻炎呈世界性分布，处于温带的国家和地区最常见。我国目前已有十多个省市报道过该病的发生。

（一）病原

鸡副嗜血杆菌呈多形性。在初分离时为一种革兰氏阴性的小球杆菌，两极染色，不形成芽孢，无荚膜，无鞭毛，不能运动。该菌对营养的需求较高，属于兼性厌氧菌。鲜血琼脂或巧克力琼脂可满足本菌的营养需求，经 24 小时后可形成露滴样小菌落，不溶血。该菌可在鸡胚卵黄囊内接种，24 ～ 48 小时内致死鸡胚，在卵黄和鸡胚内含菌量较高。

平板凝集可将该菌分为三个血清型：A、B 和 C 型，各型间无交叉保护性，我国流行的多为 A 型。该菌抵抗力不强，一般消毒药都可将其杀死。

（二）流行病学

1. 传染源　病鸡，尤其是慢性感染的老病鸡，以及隐性带菌的鸡是主要传染源。

2. 传播途径　该病主要是经飞沫及尘埃由呼吸道传播，也可以通过污染的饲料和饮水经消化道传播。麻雀也能成为传播媒介。

3. 易感动物　各种年龄的鸡均可发病，但 4 周龄以上的鸡更易感，1 周龄内的雏鸡有一定抵抗力，老龄鸡病程长。

4. 流行特点　该病一年四季均可发生，但以每年 10 月至次年 5 月较为多发，近年来炎热季节也常有发生。

鸡群拥挤，不同年龄的鸡混群饲养，通风不良，氨气浓度过大，或气温骤变，鸡舍寒冷潮湿，维生素 A 缺乏，或受寄生虫侵袭等均能促使鸡群发病。该病与其他疫病混合感染现象比较严重，近年来本病常和支原体、大肠杆菌、新城疫等混合感染，病情变得越来越复杂，从而造成死亡淘汰率增加。

（三）临床症状

潜伏期短，自然接触感染，常于 1～3 天内出现病状；流鼻涕，打喷嚏，面部肿胀，鼻窦发生炎症者，常仅表现为鼻腔流出稀薄清液，后转为浆液黏性分泌物；公鸡肉髯肿胀，病鸡眼周及脸水肿，引起眼结膜炎，眼睛陷入肿胀的眼眶内；食欲及饮水减少，或有下痢，体重减轻；仔鸡生长不良，成年母鸡产蛋减少甚至停产；通常发病率高而病死率低，耐过者生长发育受阻，一般死亡率约为 20%，淘汰率在 30% 以上。

（四）病理变化

该病的病理变化主要为鼻腔和窦黏膜充血肿胀，表面附有大量黏液，窦内有渗出物凝块及干酪样坏死物。常有卡他性结膜炎，结膜充血肿胀，眼内有时有干酪样物质。脸部及肉髯皮下水肿。可能发生气管黏膜炎症、肺炎和气囊炎。成年母鸡的卵泡变性、坏死和萎缩。

从临床病例来看，由于混合感染（如鸡慢性呼吸道疾病、鸡大肠杆菌病、鸡白痢等）的存在，病理变化往往复杂多样，有的鸡兼有 2～3 种疾病的病理变化特征。诊断时需要特别加以注意。

（五）诊断

1. 临诊诊断　根据流行病学、临床症状、病理变化可以做出初步的诊断。确诊则有赖于实验室诊断。

2. 实验室诊断　病原的分离与鉴定：取急性病鸡眶下窦内渗出物涂片染色，可见到呈短链或单个存在的革兰氏阴性球杆菌。进而用消毒棉拭子从病鸡的鼻窦深处、气管或气囊无菌采取病料，直接在血琼脂平板上划直线，然后再用葡萄球菌在平板上画横线，将其放置在蜡烛罐或厌氧培养箱中，37℃培养 24～28 小时后，在葡萄球菌菌落边缘可长出一种细小的卫星菌落，而其他部位不见或很少见有细菌生长。这些小的卫星菌落就有可能是鸡副嗜血杆菌。然后取单个菌落，进行扩增。将纯培养物分别接种在鲜血（5%鸡血）琼脂平板和马丁肉汤琼脂平板上，若在前者上生长出针尖大小、透明、露滴状、不溶血菌落，且做涂片镜检可观察到大量两极着色的球杆菌，而在马丁肉汤琼脂平板上无菌落生长，即可做出确诊。必要时进行生化试验。

有条件时，还应进行动物致病性试验。取病鸡眶下窦内的渗出物或分离的纯培养物经鼻腔或眶下窦腔接种 2～3 只 7 日龄的敏感健康鸡，若 24～48 小时后出现典型症状，则可确诊。有些保存时间长的接种材料因含菌量少，其潜伏期可能延长至 7 天。

血清学诊断：可用直接补体结合试验、琼脂扩散试验、血凝抑制试验、荧光抗体技术、ELISA 等方法进行检查和诊断该病。

（六）防治

1. 治疗　该病的病原对许多抗菌药物均敏感，如磺胺嘧啶、链霉素、红霉素、土霉素、金霉素、壮观霉素、林肯霉素、环丙沙星、诺氟沙星、恩诺沙星等，在发病早期及时在饲料或饮水中添加一些敏感抗菌药物，能取得良好的治疗效果。

2. 预防　鸡舍应保持良好的通风，搞好环境卫生，做好鸡舍内外的卫生消毒工作，避免过分拥挤，并在饲料中适当添加富含维生素 A 的饲料。在饮水中加入含氯消毒剂，对该病的防治可起到较好的作用。常发地区可使用多价鸡传染性鼻炎灭活疫苗，于 3 ～ 5 周龄和开产前 1 月分 2 次接种。发病后的鸡舍内外环境应进行彻底消毒。该病原菌对外界理化因素抵抗力较弱，一般鸡舍内经清扫、水冲、消毒药喷洒或福尔马林熏蒸，并空舍至少一周后，可再引入新鸡群。

【重点提示】

本节对鸡传染性喉气管炎和传染性鼻炎的病因、流行特点、临床症状和防治方法进行了系统的学习，同时对有呼吸道症状的其他疾病进行了认真的回顾，并对这些疾病进行了鉴别诊断，以便掌握本类疾病的诊断方法和防治措施。鉴别诊断表见表 6-2。

表 6-2　育成鸡呼吸道传染病鉴别诊断表（仅供参考）

	类别	鸡传染性喉气管炎	传染性鼻炎	鸡传染性支气管炎	禽流感	新城疫	大肠杆菌	支原体感染
流行病学	病死率	5% ～ 70%	约 20%	随年龄增长，明显降低，低于 30%	可达 100%	可达 100%	因病情而异	1% ～ 10%
	发病日龄	各日龄均可感染，4 ～ 10 月龄最典型	4 周龄以上鸡	以雏鸡和产蛋鸡发病较多，育成鸡症状较轻	各日龄	各日龄	各日龄，3 ～ 8 周龄最多见	1 ～ 2 月龄
	流行速度	快	快	快	快	快	快	慢
临床症状	腹泻	少见	少见	少见	绿色或水样稀粪	常排绿色稀粪	多见	少见
	肿头	可见	多见	少见	多见	少见	可见	多见
	运动障碍（跛、瘫）	少见	少见	少见	多见	多见	可见	可见
	神经症状	少见	少见	少见	多见	多见	可见	少见
	腿鳞出血	少见	少见	少见	多见	少见	少见	少见
	口腔、嗉囊积液	少见	少见	少见	少见	多见	少见	少见
	咳血	多见	少见	少见	少见	少见	少见	少见

续表

类别		鸡传染性喉气管炎	传染性鼻炎	鸡传染性支气管炎	禽流感	新城疫	大肠杆菌	支原体感染
病理变化	腺胃乳头出血	少见	少见	少见	多见	多见	少见	少见
	气管血凝块	多见	少见	少见	少见	少见	少见	少见
	气囊浑浊	少见	少见	可见	少见	少见	多见	多见
	消化道出血	少见	少见	少见	多见	多见	多见	少见
治疗效果	抗生素治疗效果	无效	有效	无效	无效	无效	有效	有效

【病例分析】

某鸡场为新建鸡舍，从 A 公司引进一批种蛋在场内孵化，雏鸡出壳后随机分两栋相互隔离的甲、乙鸡舍饲养，饲养管理比较科学，雏鸡起初均生长良好，达 4 周龄时用新城疫弱毒疫苗接种甲舍的小鸡，乙舍的小鸡由于疫苗不足没有进行接种，甲舍的小鸡自接种疫苗后陆续出现有呼吸道和气囊的黏液性干酪样渗出物为特征的表现。乙舍的小鸡没有出现这种观象，但到了 8 周龄时，鸡群突然开始发病，10 天内死亡 80%，病变以消化道黏膜和心冠状沟出血为特征，经临诊诊断和实验室诊断后，确诊甲、乙鸡舍鸡群分别患以下五种病中的一种病（禽曲霉菌病，鸡慢性呼吸道病，鸡白痢，大肠杆菌），经综合分析发现，其中一种疾病是由种蛋带入鸡舍。

请回答：

甲鸡群患（　　　）。

乙鸡群患（　　　）。

其中从种蛋带进了（　　　　　）。

第二节　以腹泻为主的传染病的诊断与防治

在育成鸡阶段引起鸡腹泻症状的疾病种类较多，常见的以腹泻为主的疾病有：新城疫、禽流感、鸡肾型传支、沙门氏菌、大肠杆菌病、坏死性肠炎、溃疡性肠炎等几种疾病。因临床症状比较类似，所以本次任务要认真深入地对每种疾病的病因、流行特点和临床症状进行学习，为临床诊断打下良好的基础。

由于这些疾病在育雏鸡阶段常见病当中已经系统学习，所以本节参照育雏鸡阶段的诊断与防治即可。鉴别诊断表见表 6-3。

表 6-3 育成鸡腹泻性传染病鉴别诊断表（仅供参考）

类别		禽流感	新城疫	肾型传支	大肠杆菌病	禽伤寒	坏死性肠炎	溃疡性肠炎
流行病学	病死率	可达100%	可达100%	约10%～60%	因病情而异	较低	2%～50%	2%～20%，也可高达100%
	发病日龄	各日龄	各日龄	20～50日龄	各日龄	主要发生在3周龄以上的青年鸡和成年鸡（尤其是产蛋期的母鸡），3周龄以下的鸡偶尔会发病	2～12周龄，3～6月龄也偶发	4～12周龄
	流行速度	快	快	快	快	快	快	快
临床症状	腹泻	多见绿色或水样稀粪	常排绿色稀粪，有时混有少量血液	排白色稀粪，粪便中充满尿酸盐	排绿色或黄绿色稀粪	排出带恶臭的水样黄绿色稀粪	排红色乃至黑褐色煤焦油样粪便，有的粪便混有血液和肠黏膜组织	排出水样白色粪便，严重时排绿色或褐色稀粪
	呼吸困难	多见	多见	一过性出现	可见	可见	少见	少见
	运动障碍	多见	多见	少见	可见	可见	少见	少见
	神经症状	多见	多见	少见	可见	可见	少见	少见
	腿鳞出血	多见	少见	少见	少见	少见	少见	少见
	口腔、嗉囊积液	少见	多见	少见	少见	少见	少见	少见
病理变化	肾肿尿酸盐沉积	少见	少见	多见	少见	少见	少见	少见
	腺胃乳头出血	多见	多见	少见	少见	少见	少见	少见
	肝脏坏死灶	少见	少见	少见	少见	多见	少见	少见
	小肠枣核样坏死	多见	多见	少见	少见	少见	少见	少见
	纤维素性肝周炎、心包炎	少见	少见	少见	多见	少见	少见	少见
治疗效果	抗生素治疗效果	无效	无效	无效	有效	有效	有效	有效

第三节　以败血症为主的传染病的诊断与防治

本节主要学习育成鸡阶段以败血症症状为主的常见疫病的诊断与防治。育成鸡阶段鸡群表现高热、食欲下降或废绝，精神极度萎靡，并伴有呼吸道症状、腹泻、神经症状等多种临床表现，病理剖检常见有黏膜、浆膜的广泛性出血及实质器官的不同程度变性坏死等现象的疾病，如新城疫、禽流感、禽霍乱、大肠杆菌病。由于新城疫、禽流感、大肠杆菌病等疾病在育雏鸡阶段已经系统的学习，所以本节主要针对禽霍乱的病因、流行特点、临床症状进行深入的学习，同时对已学习过的疾病进行回顾，并进一步做好类症的鉴别性分析诊断，为临诊打下良好的基础。

任务实施指南：

1. 对禽霍乱的病因、流行特点、临床症状、病理变化、防治方法等进行认真的学习，掌握其示病症状和病理变化，同时对新城疫、禽流感、大肠杆菌病等疫病进行回顾。

2. 当系统学习完各种疫病之后，对类症进行鉴别诊断（可参考学习资料后的鉴别诊断表）。

3. 当育成鸡群出现多种症状并存，病理剖检组织器官广泛性的病理变化时，首先应对该病定性，确定为败血性传染病，排除其他疾病。然后重点从新城疫、禽流感、大肠杆菌病、禽霍乱这几种疾病入手，采用鉴别排除法进行诊断，有条件的进行实验室诊断。

4. 对所诊断的疾病提出科学合理的防治方案。

本节仅以禽霍乱作为案例进行讲述。

禽霍乱是一种侵害家禽和野禽的接触性疾病，又名禽巴氏杆菌病、禽出血性败血症。该病常呈现败血性症状，发病率和死亡率都很高，但也常出现慢性或良性经过。

该病的历史很长，18 世纪后半叶，欧洲鸡群曾发生过数次大的流行。该病在世界上的大多数国家都有分布，是家禽常见病之一，呈散发性流行。在我国，广大农村的鸡、鸭群中时有发生，造成一定的经济损失。

（一）病原

多杀性巴氏杆菌是两端钝圆，中央微凸的短杆菌，长 1 ~ 1.5 μm，宽 0.3 ~ 0.6 μm，不形成芽孢，也无运动性。普通染料都可着色，革兰氏染色阴性。病料组织或体液涂片采用瑞氏染色法、姬姆萨染色法或美蓝染色法进行镜检，见菌体多呈卵圆形，两端着色深，中央部分着色较浅，很像并列的两个球菌，所以又叫两极杆菌。用培养物所做的涂片，两极着色则不那么明显。用印度墨汁等染料染色时，可看到清晰的荚膜。新分离的细菌荚膜宽厚，经过人工培养而发生变异的弱毒菌，荚膜狭窄而且不完全。

本菌按菌株间抗原成分的差异，可分为若干血清型。有人用本菌的特异性荚膜（K）抗原吸附于红细胞上做被动血凝试验，将本菌分为 A、B、D、E 和 F 等 5 个血清群。利用菌体（O）抗原做凝集反应，将本菌分为 12 个血清型。利用耐热抗原做琼脂扩散试验，将本菌分为 16 个菌体型。菌株的血清型可列式表示，如 5：A、6：B、2：D 等（即 O 抗原：K 抗原），或 A：1、B：2.5、D：2 等（即 K 抗原：耐热抗原）。

本菌对物理和化学因素的抵抗力比较弱。在培养基上保存时，至少每月移植 2 次。在自然干燥的情况下，很快死亡。在 37 ℃保存的血液、猪肉及肝脏、脾脏中，分别于 6 个月、7～15 天死亡。在浅层的土壤中可存活 7～8 天，粪便中可存活 14 天。普通常用消毒药对本菌具有良好的消毒力，1％石炭酸、1％漂白粉、5％石灰乳、0.02％升汞液可在数分钟至数十分钟杀死病毒。日光对本菌有强烈的杀菌作用，薄菌层暴露阳光 10 分钟即被杀死。热对本菌的杀菌力很强，马丁肉汤 24 小时培养物加热到 60 ℃在 1 分钟即死。

（二）流行病学

1. 传染源　禽群中发生巴氏杆菌病时，往往查不出传染源。一般认为家畜在发病前已经带菌。当家禽饲养在不卫生的环境中，由于一些外因的诱导（断料、饲养管理不当，天气突然变化，营养不良，维生素、矿物质、蛋白质缺乏），而使其抵抗力降低，病菌即可乘机侵入体内，经淋巴液入血液，发生内源性传染。

2. 传播途径　该病的传播途径主要是呼吸道、消化道及皮肤外伤感染。病鸡的尸体、粪便、分泌物和被污染的用具、饲料、饮水等是该病的主要传染源，昆虫也是该病的传染媒介。

3. 易感动物　各种家禽和野禽对该病都易感染，家禽中以鸡、火鸡、鸭、鹅和鹌鹑最易感。16 周龄以下的雏鸡对此病有较强的抵抗力，发病较少，但临床上也曾发现 10 天发病的鸡群。该病造成的死亡损失通常发生在产蛋鸡群。

4. 流行特点　该病呈散发或地方流行性，一年四季都可发生流行，但高温、潮湿、多雨的夏秋两季和气候多变的春季发生较多。

（三）临床症状

自然感染的潜伏期一般为 2～9 天，有时在引进病鸡后 48 小时内也会突然暴发病例。由于家禽的机体抵抗力和病菌的致病力强弱不同，所表现的症状亦有差异。该症状一般分为最急性型、急性型和慢性型三种病型。

1. 最急性型　该型常见于流行初期，产蛋量高的鸡最常见。病鸡无前驱症状，突然倒地，双翼扑动几下就死亡。

2. 急性型　该型最为常见，病鸡主要表现为精神沉闷，羽毛松乱，缩颈闭眼，头缩在翅下，不愿走动，离群呆立。病鸡常有腹泻，排出黄色、灰白色或绿色的稀粪。体温升高到 43 ℃～44 ℃，食欲减退或废绝，渴欲增加。呼吸困难，口、鼻分泌物增加。鸡冠和肉髯发绀呈黑紫色，肉髯常发生水肿，发热和疼痛。产蛋鸡停止产蛋。最后发生衰竭，昏迷而死亡，病程短的约半天，长的 1～3 天。

3. 慢性型　该型由急性型不死转变而来，多见于流行后期。慢性肺炎、慢性呼吸道炎和慢性胃肠炎较为多见。病鸡鼻孔有黏性分泌物流出，鼻窦肿大，喉头积有分泌物而影响呼吸。病鸡经常腹泻，以至消瘦，精神委顿，冠苍白。有些病鸡的一侧或两侧肉髯显著肿大，随后可能有脓性干酪样物质，或干结、坏死、脱落。有的病鸡有关节炎，常局限于脚、翼关节和腱鞘处，表现为关节肿大、疼痛、脚趾麻痹，因而发生跛行。该病程可拖至一个月以上，生长发育和产蛋长期不能恢复。

（四）病理变化

1. 最急性型　死亡的病鸡无特殊病变，有时只能看见心外膜有少许出血点。

2. 急性型　病鸡的腹膜、皮下组织及腹部脂肪常见小点出血。心包变厚，心包内积有大量不透明淡黄色液体，有的含纤维素絮状液体，心冠脂肪和心外膜上有很多出血点或出血斑。肺有充血或出血点。肝脏的病理变化具有特征性，肝脏稍肿，质变脆，呈棕色或黄棕色。肝脏表面散布有许多灰白色或灰黄色针头大的坏死点。脾脏一般不见明显变化，但有的稍微肿大，质地较柔软。肌胃出血显著，肠道尤其是十二指肠呈卡他性和出血性肠炎，肠内容物含有血液。

3. 慢性型　因侵害的器官不同而有差异。当以呼吸道症状为主时，见到鼻腔和鼻窦内有大量黏性分泌物，某些病例见肺硬变。局限于关节炎和腱鞘炎的病例，主要见关节肿大变形，有炎性渗出物和干酪样坏死。公鸡的肉髯肿大，内有干酪样的渗出物，母鸡的卵巢明显出血，有时卵泡变形，卵泡松软，表面的血管模糊不清或破裂，似半煮熟样，腹内有大量的卵黄。

（五）诊断

1. 临诊诊断　根据流行病学、临床症状和病理变化等可以做出初步诊断，确诊须由实验室诊断。

2. 实验室诊断　微生物学诊断是确诊禽霍乱的可靠方法。

（1）涂片镜检：取病死禽心血、肝脏、脾脏等组织进行涂片，用美蓝染色法或瑞氏染色法染色，显微镜检查，可见呈卵圆形，两极着色的两极杆菌。

（2）细菌培养病料：分别接种鲜血琼脂、血液琼脂、普通肉汤培养基，放置 37 ℃温箱中培养 24 小时，观察培养结果。在鲜血琼脂培养基上，可长出圆形、湿润、表面光滑的露滴状小菌落，菌落周围不溶血，表面光滑，边缘整齐；在普通肉汤培养基中，呈均匀混浊，放置后有黏稠沉淀，摇振时沉淀物呈辫状上升。必要时可进一步做培养物的生化特性鉴定。

动物接种试验：取病料研磨，用生理盐水做成 1∶10 悬液（也可用 24 小时肉汤纯培养物），取上清液接种小白鼠、鸽子或鸡，0.2 ml/ 只，接种动物在 1～2 天后发病，呈败血症死亡，再取病料（心血、肝脏、脾脏等）涂片、染色、镜检或做培养，即可确诊。

（六）防治

1. 治疗　鸡群发病应立即采取治疗措施，有条件的地方应通过药敏试验选择有效药物进行全群治疗。磺胺类药物、氯霉素、红霉素、庆大霉素、环丙沙星、恩诺沙星、喹乙醇等药物均有较好的疗效。在治疗过程中，剂量要足，疗程要合理，当鸡只死亡明显减少后，再继续投喂 2～3 天以巩固疗效，防止复发。

2. 预防　加强鸡群的饲养管理，平时严格执行鸡场兽医卫生防疫措施，采取全进全出的饲养制度，预防该病的发生是完全有可能的。从未发生该病的鸡场一般不需要进行疫苗接种。发病期注意隔离，每天进行一次消毒。如果需要进行免疫接种，现国内有较好的禽霍乱蜂胶灭活疫苗可供选用，该疫苗安全可靠，可在 0 ℃下保存二年，易于注射，不影响产蛋，无副作用，可有效防治该病。

【重点提示】

本节对禽霍乱的病因、流行特点、临床症状和防治方法进行了系统的学习，同时对有败血症症状的其他疾病进行了认真回顾，并对这些疾病进行了鉴别诊断，以便掌握本类疾病的诊断方法和防治措施。鉴别诊断表见表 6-4。

表 6-4　育成鸡败血症传染病鉴别诊断表（仅供参考）

类别		禽流感	新城疫	大肠杆菌病	禽伤寒	禽霍乱
流行病学	病死率	可达 100%	可达 100%	因病情而异	20% 以上	20% 以上
	发病日龄	各日龄	各日龄	各日龄	16 周龄以上	16 周龄以上
	流行速度	快	快	快	快	快
临床症状	腹泻	多见绿色或水样稀粪	常排绿色稀粪，有时混有少量血液	排绿色或黄绿色稀粪	排带恶臭的水样黄绿色稀粪	排黄色、灰白色或绿色的稀粪
	呼吸困难	多见	多见	可见	可见	可见
	运动障碍	多见	多见	可见	可见	可见
	神经症状	多见	多见	可见	可见	可见
	腿鳞出血	多见	少见	少见	少见	少见
	口腔、嗉囊积液	少见	多见	少见	少见	少见
病理变化	腺胃乳头出血	多见	多见	少见	少见	少见
	肝脏坏死灶	少见	少见	少见	多见	多见
	纤维素性肝周炎、心包炎	少见	少见	多见	少见	少见
	小肠枣核样坏死	多见	多见	少见	少见	少见
治疗效果	抗生素治疗效果	无效	无效	有效	有效	有效

【病例分析】

2010 年 4 月 10 日，某鸡场饲养的海蓝育成蛋鸡 5 000 余只，于 80 日龄时突然发病。

2天后，发病、死亡增多，每日少则六、七只多则几十只。发病后7天统计，发病率为30%，死亡率为9%，用过多种药物无法控制。其他鸡舍32周龄的产蛋鸡无明显症状，仍然保持97%左右的产蛋率，产蛋率无影响。经问诊及现场观察，表现有明显的呼吸道症状，病鸡张口伸颈，气喘，呼吸困难，常有"呼噜"声，咳嗽，口腔中分泌物增多，摇头并有吞咽动作，企图将黏性分泌物排出；下痢，排黄白色或黄绿色稀粪。病程稍长，发病鸡出现精神沉闷，羽毛蓬松，无光泽，垂头缩颈，翅膀下垂，冠和肉髯发绀，眼半闭或全闭，似昏睡状态。病死鸡内脏浆膜和黏膜出血，心冠脂肪和腹部脂肪有出血点。口咽部蓄积黏液，嗉囊内充满酸臭、混浊液体。喉头和气管黏膜充血、出血，有黏液。部分鸡肾脏肿大，淤血。腺胃乳头出血、溃疡，腺胃与食道交界处黏膜肿胀。肌胃内膜易剥离，肌层有出血斑；各段肠管出血，十二指肠前段、空肠及回肠肠壁有枣核状肿胀和轻度出血，直肠黏膜呈条纹状出血。

1. 该病可能是（　　）。

A. 新城疫　　　　B. 大肠杆菌病　　　C. 禽流感　　　　D. 禽霍乱

2. 确诊本病首选（　　）。

A. 涂片镜检　　　B. HI试验　　　　C. 平板凝集试验　　D. 荧光抗体试验

3. 该病发生的原因可能是（　　）。

A. 抗体水平下降　　　　　　　B. 营养不全价

C. 饮水不足　　　　　　　　　D. 未使用抗生素保健

第四节　以肿瘤为主的传染病的诊断与防治

育成鸡阶段出现肿瘤现象的疾病比较少，主要有马立克氏病、禽白血病和网状内皮组织增生症等，其中马立克氏病和网状内皮组织增生症在育雏鸡阶段已系统学习，本节主要对禽白血病的病因、流行特点、临床症状、防治方法等进行深入系统的学习，同时对已学习过的疾病进行回顾，并进一步做好类症的鉴别性分析诊断，为临诊打下良好的基础。

任务实施指南：

1. 对禽白血病的病因、流行特点、临床症状、病理变化、防治方法等进行认真的学习，掌握其示病症状和病理变化，同时对马立克氏病和网状内皮组织增生症进行认真回顾，为临床诊断打下坚实的理论基础。

2. 当系统学习完各种疫病之后，对类症进行鉴别诊断（可参考学习资料后的鉴别诊断表）。

3. 当育成鸡皮肤或内脏器官出现肿瘤症状时，重点考虑马立克氏病、禽白血病和网状内皮组织增生症这三种疾病，对临床资料进行综合分析和诊断，采用鉴别排除法进行诊断，有条件的进行实验室诊断。

4. 对所诊断的疾病提出科学合理的防治方案。

本节仅以禽白血病作为案例进行讲述。

禽白血病又称禽白细胞增生病，是由禽白血病／肉瘤病毒群中的病毒引起的禽类多种肿瘤性疾病的统称。禽白血病是一种世界性分布的疾病。

1991 年美国首次报道分离到一种新型淋巴细胞白血病病毒（J 型），20 世纪 90 年代末世界各国肉种鸡和肉仔鸡均遭到 J 型病毒侵袭，造成了巨大的经济损失。因此，该病被认为是目前危害禽类的主要疫病之一。我国也普遍存在该病，控制和消灭该病是我国禽业面临的一项重要任务。

（一）病原

禽白血病／肉瘤病毒群中的病毒在分类上属于反录病毒科，禽 C 型反录病毒群。

病毒亚群：根据病毒在不同遗传型鸡胚成纤维细胞上的宿主范围，不同病毒间的干扰情况及病毒囊膜中和抗原特性，将该病毒分为 A、B、C、D、E 和 J 等亚群。A 和 B 亚群病毒为临床上常见的外源性病毒，E 亚群病毒为极普遍的致瘤性的内源性病毒，而 C 和 D 亚群病毒在临床上罕见，J 亚群病毒则是在 20 世纪 90 年代从肉用型鸡中分离到的一种新的致病性白血病病毒。此外，从其他禽类中分离到的病毒亚群包括 F、G、H 和 I 等亚群。很多禽白血病／肉瘤病毒群的实验室毒株都属于遗传缺陷型，而且缺乏病毒囊膜基因，它们属于辅助白血病病毒亚群。

该病毒对脂溶剂和去污剂敏感，乙醚、氯仿可破坏病毒。对热不稳定，加热到56 ℃，经 30 分钟可使之灭活。该病毒只有在 − 60 ℃以下才能较长时间保存而不丧失感染力。

（二）流行病学

1．传染源　该病的传染源是病鸡或带毒鸡。先天性感染的鸡可形成免疫，因而常常出现无症状带毒现象，这种病鸡是该病净化的主要对象。

2．传播途径　经卵垂直传播是该病毒的主要传播途径。首先公鸡是病毒的携带者，它可以通过接触及交配成为感染其他禽的传染源。母鸡的输卵管壶腹部含有大量的病毒并可在局部复制，因此鸡胚和卵白蛋白也携带有白血病病毒，从而使新生雏鸡长期持续携带病毒。

水平传播也是该病的重要传播途径，污染的粪便、飞沫、脱落的皮肤等都可通过消化道使易感鸡感染。人工接种污染了禽白血病病毒的各种禽用疫苗可造成该病水平传播。

3．易感动物　鸡是该群病毒中所有病毒的自然宿主，肉鸡最易感染，母鸡较公鸡易感染。除鸡外，鹧鸪、鹌鹑也会感染此病。

4．流行特点　通常在 4 ～ 10 月龄内的鸡发病率最高，14 周龄以下幼鸡很少发病，自然发病的病鸡都在 14 周以上，到性成熟期发病率最高。

（三）临床症状

自然症状可见于 14 周龄后的任何时间，但通常在性成熟时发病率最高。

由禽白血病／肉瘤病毒群引起的肿瘤种类有很多，其中对养禽业危害较大、流行较广的白血病类型包括淋巴细胞性白血病（LL）、成骨髓细胞瘤、血管瘤、肾肿瘤和肾胚细胞瘤、肝癌、骨质石化（硬化）病、结缔组织瘤等。各种病型的表现虽有差异，但总体来看，禽白血病病鸡无特殊的临床症状，有的病鸡甚至可能完全没有症状。

主要临床表现有：部分患有肿瘤的鸡表现消瘦，头部苍白，并由于肝脏肿大而导致病鸡腹部增大；禽白血病感染率高的鸡群产蛋量很低。

（四）病理变化

病理剖检，见很多组织均有肿瘤，常见于肝脏、脾脏和法氏囊，其次是肾脏、肺、性腺（卵巢）、骨髓、胸腺和肠系膜。结节状肿瘤质地柔软、光滑，切面略呈淡灰色到乳白色，少数有坏死灶。

1. 肝脏　根据肝脏肿瘤形态和分布特点，可分为结节型、颗粒型、弥漫型和混合型4种类型。

（1）结节型则表现为肝脏肿大，可见黄豆大到鸽蛋大或鸡蛋大的灰白色肿瘤结节，在器官表面一般呈扁平或圆形，与周围界限清楚，瘤体柔软、平滑、有光泽。

（2）颗粒型则表现为肝脏肿大，有大量灰白色小点，肝脏表面呈颗粒状而高低不平。

（3）弥漫型则表现为肝脏瘤细胞弥漫性增生，肝脏内有无数细小的灰白色瘤灶，使肝脏肿大呈灰白色或黄白色，比正常大几倍。这是该病的主要特征，被称为"大肝病"。

（4）混合型则表现为肝脏内有大量灰白色或灰黄色大小不等的瘤体，形态各异，有的呈颗粒状，有的呈结节状，有的呈弥漫性大片病灶。

2. 脾脏　脾脏的变化与肝脏相同，体积增大，呈灰棕色或紫红色，在表面和切面上可见许多灰白色肿瘤病灶，偶尔也有凸出于表面的结节。

3. 法氏囊　法氏囊肿大，出血，常见肿瘤。

4. 腿骨　腿骨的红骨髓中有明显的白色结节性瘤病变，有时也可见弥漫性增生，骨髓褪色；骨髓变粗，称"骨石症"。

5. 肾脏　肾脏肿大，颜色变淡，切面常有颗粒性增生结节或有较大的灰白色瘤组织。

6. 胸腺　鸡到开产期胸腺已萎缩，呈小豆大或米粒大扁平状，如遭白血病侵害，胸腺肿大呈指头状串珠样排列，切面白色均匀。

7. 卵巢　卵巢间质有瘤组织增生，受侵害的卵巢为灰白色呈均匀肿块状，整体外观呈菜花状。此外，心、肺、肠、睾丸等也可见肿瘤结节。

（五）诊断

1. 临诊诊断　临床症状和病理变化特点仅能作为本病推测依据，很容易与类似传染病相混淆，确诊必须进行实验室诊断。

2. 实验室诊断　可以通过病理组织学检测、PCR（基因扩增技术）、ELISA 等方法进行诊断。

（六）防治

1. 治疗　药物治疗的效果不佳。

2．预防　该病的防治策略和方法是通过对种鸡场检疫，淘汰阳性鸡，以培育出无禽白血病的健康鸡群，也可通过选育对禽白血病有抵抗力的鸡种，结合其他综合性疫病控制措施来实现。

【重点提示】

本节对禽白血病的病因、流行特点、临床症状和防治方法进行了系统的学习，同时对同样有肿瘤变化的马立克氏病和网状内皮组织增生症进行了认真回顾，并对这些疾病进行了鉴别诊断，以便掌握本类疾病的诊断方法和防治措施。鉴别诊断表见表6-5。

表6-5　育成鸡肿瘤传染病鉴别诊断表（仅供参考）

类别		马立克氏病	禽白血病	网状内皮组织增生症
流行病学	病死率	高	1%～2%，偶尔见20%以上	20%以下
	发病日龄	一般在18周龄前，但超强毒株使肿瘤最早3周龄即可出现，有的到60周龄还有暴发	14周龄后的任何时间，但通常在性成熟时发病率最高	各日龄
	流行速度	快	快	快
临床症状	垂直感染	不见	多见	多见
	虹膜色素消失	多见	少见	少见
	神经症状	多见，劈叉姿势	少见	少见
	免疫抑制	多见	多见	多见
病理变化	肿瘤特点	T淋巴细胞样瘤	B淋巴细胞样瘤、骨髓样细胞瘤（肝脏上无数针尖大小的白色肿瘤结节）	T、B淋巴细胞样瘤都有
	出血不止血管瘤	少见	可见	少见
	外周神经病变	横纹消失，坐骨神经单侧增粗	少见	少见
	法氏囊萎缩	多见	少见	多见
治疗效果	有无疫苗	有	无	无

注意：确诊必须依靠实验室诊断，并且禽白血病病毒与网状内皮组织增殖症病毒、马立克氏病病毒混合感染的情况也日趋严重。

【病例分析】

某鸡场有180日龄左右的蛋鸡3 000只，在120日龄时进行了新城疫Ⅰ系疫苗的免疫接种。175 日龄左右时鸡群开始出现死亡,死前无明显症状,仅可见有的精神不振,肉髯、头面部苍白,消瘦,产蛋量下降,偶有腹部膨大。剖检病死鸡内脏组织有白色或灰色肿瘤。肝脏肿大、质脆,表面分布很多大小不等的灰白色肿瘤;肾脏肿大,表面有局灶性白色或灰色的肿瘤;脾脏肿大,表面散布许多白色肿瘤;法氏囊肿大,有白色肿瘤,切开后可见到小结节状病灶。先后投服抗生素、抗病毒药物进行治疗,无任何治疗效果,鸡群持续死亡,病死率为 3% ~ 5% 左右。

1. 根据描述该病最有可能是(   )。

A. 白血病   B. 马立克氏病

C. 网状内皮组织增生症   D. 传染性支气管炎

2. 目前,预防该病的最好方法是(   )。

A. 疫苗接种   B. 药物预防

C. 淘汰阳性鸡,净化鸡群   D. 消毒

第五节　以皮肤黏膜出现痘疹为主的传染病的诊断与防治

本节主要对禽痘的病因、流行特点、临床症状进行学习,为临床诊断打下良好的基础。育成鸡阶段鸡的皮肤黏膜出现痘疹现象的疾病常见的只有禽痘,因此,比较容易做出临床诊断。

任务实施指南:

1. 通过学习资料对禽痘的病因、流行特点、临床症状、病理变化及防治方法进行认真的学习。

2. 当鸡群出现皮肤黏膜痘疹时,首先通过流行病学对该病定性,确定为传染性疾病。然后重点考虑禽痘,通过综合分析做出临床诊断。

3. 提出科学合理的防治方案。

本节以禽痘作为案例进行讲述。

禽痘是由禽痘病毒引起的禽类的一种接触传染性疾病,通常分为皮肤型和黏膜型两种。前者多以皮肤(尤以头部皮肤)的痘疹,继而结痂、脱落为特征,后者可引起口腔和咽喉黏膜的纤维素性坏死性炎症,常形成假膜,故又名禽白喉,两者可同时发生。

该病广泛分布于世界各国,大型鸡场中更易流行。可使病禽生长迟缓,减少产蛋,若并发其他传染病、寄生虫病和卫生条件差、营养状况不良时,也可引起大批量死亡,尤其是对雏鸡,会造成更严重的损失。

（一）病原

禽痘病毒属于痘病毒科禽痘病毒属。禽痘病毒是一种比较大的 DNA 病毒,呈砖形或

长方形，大小平均为 258 nm×354 nm。在患部皮肤或黏膜上皮细胞和感染鸡胚的绒毛尿囊膜上皮细胞的胞浆内形成包涵体，包涵体中可以看到大量的病毒粒子，即原生小体。

禽痘病毒对外界的抵抗力相当强，特别是对干燥的耐受力，上皮细胞屑和痘结节中的病毒可抵抗干燥数年之久，阳光照射数周仍可保持活力。对热的抵抗力差，将裸露的病毒悬浮在生理盐水中，加热到 60 ℃，经 8 分钟可灭活，但在痂皮内的病毒经 90 分钟的处理仍有活力。痂皮中的病毒在 4 ℃低温下保存，经 8 年仍有感染力。一般消毒药，在常用浓度下，均能迅速灭活病毒。

（二）流行病学

1. 传染源　该病的传染源主要为病鸡和带毒鸡。

2. 传播途径　禽痘的传染常通过病禽与健康家禽的直接接触而发生，脱落和碎散的痘痂是禽痘病毒传播的主要形式之一。禽痘的传播一般要通过损伤的皮肤和黏膜而感染，常见于头部、冠和肉垂外伤或经过拔毛后从毛囊侵入。黏膜的破损多见于口腔、食道和眼结膜。蚊子及体表寄生虫可传播该病，蚊子的带毒时间可达 10～30 天。这是夏秋季节禽痘流行的主要传播途径。

3. 易感动物　该病主要发生于鸡和火鸡上，鹅、鸭虽能发病，但不严重。许多鸟类，如金丝雀、麻雀、鸽子、鹌鹑、野鸡、松鸡和一些野鸟都有易感性。已在分属于 20 个科的 60 种野生鸟类中有发病的报道。

各种龄期、性别和品种的鸡都能感染，但皮肤型以成年鸡和育成鸡最常发病，而雏鸡易感染黏膜型鸡痘，且病情严重，死亡率高。

4. 流行特点　该病一年四季都可发生，夏秋季多发生皮肤型禽痘，冬季则以白喉型禽痘多见。南方地区春末夏初由于气候潮湿，蚊虫多，更多发生，病情也更为严重。某些不良环境因素，如拥挤、通风不良、阴暗、潮湿、体外寄生虫、啄癖或外伤、饲养管理不良、维生素缺乏等，可使禽痘加速发生或病情加重，如有慢性呼吸道病等并发感染，则可造成大批家禽的死亡。

（三）临床症状

禽痘的潜伏期为 4～8 天，通常分为皮肤型、黏膜型、混合型，偶有败血型。

1. 皮肤型　该型主要发生在鸡体无毛或鸡毛稀少的部位，特别是冠、肉髯、喙角、眼皮和耳球上，起初出现细薄的灰色麸皮状覆盖物，迅速长出结节，初呈灰色，后呈黄灰色，逐渐增大，表面凹凸不平，呈干而硬的结节，内含有黄脂状糊块。有时结节数目很多，互相连接融合，产生大块的厚痂，以致使眼缝完全闭合，经 20～30 天脱落。一般无全身症状。破溃的皮肤易感染葡萄球菌，使病情加重。眼睑发痘后易感染葡萄球菌病和大肠杆菌，引起严重的眼炎。

2. 黏膜型　该型多发于雏鸡，病死率较高，可达 20% 以上，甚至达到 50%，病初呈鼻炎症状。病禽委顿厌食，流鼻汁，初为浆性黏液，后转为脓性。如蔓延至眶下窦和眼结膜，则眼睑肿胀，结膜充满脓性或纤维蛋白渗出物，甚至引起角膜炎而失明。鼻炎出现后 2～3 天，口腔、咽喉等处黏膜发生痘疹，初呈圆形黄色斑点，逐渐扩散为大片的沉着物（假膜），随后变厚而成棕色痂块，凹凸不平，且有裂缝。痂块不易剥落，强行撕脱，则留下易出血的表面，伪膜逐渐扩大增厚且阻塞在口腔和咽喉部，使鸡呼吸和吞咽困难，张口呼吸发出"嘎嘎"的声音，甚至窒息而死。

3. 混合型　该型的皮肤和黏膜均被侵害。

（四）病理变化

1. 皮肤型　局部表皮及其下层的毛囊上皮增生，形成结节。结节起初表现湿润，后变为干燥，外观呈圆形或不规则形，皮肤变得粗糙，呈灰色或暗棕色。结节干燥前切开，切面出血、湿润。结节结痂后易脱落，并出现斑痕。

2. 黏膜型　该型常发生在口腔、鼻、咽、喉、眼或气管黏膜上。发病初期只见黏膜表面出现稍微隆起的白色结节，后期连片，并形成干酪样假膜。有时全部气管黏膜增厚，病变蔓延到支气管时，可引起附近的肺部出现肺炎病变。

实质脏器变化不大，但当发生败血型禽痘时，肠黏膜可能有小点状出血，肝脏、脾脏和肾脏肿大，心肌有时呈现实质变性。

（五）诊断

1. 临诊诊断　该病的临床症状诊断并不困难，但黏膜型禽痘常需要与其他疾病进行鉴别诊断。取病料接种鸡胚绒毛尿囊膜分离鉴定病毒或取口腔、气管表面的假膜制成悬浮液，通过划破禽冠或肉髯、皮下注射等途径接种同种易感禽，若接种后5～7天内出现典型的皮肤痘疹可确诊。

2. 实验室诊断　可采用琼脂扩散沉淀试验、血凝试验、血清中和试验等方法进行诊断。

（六）防治

1. 治疗　对病鸡皮肤上的痘疹一般不需治疗。如治疗时可先用1％高锰酸钾液冲洗痘痂，然后用镊子小心剥离，伤口用碘酊或龙胆紫消毒。口腔病灶可先用镊子剥去假膜，用0.1％高锰酸钾液冲洗，再涂碘甘油，或撒上冰硼散。眼部肿胀的病鸡，可先挤出干酪样物，然后用2％硼酸液冲洗，再滴入5％蛋白银溶液或氯霉素眼药水。

对于症状严重的病禽，为了防止并发感染可在饲料或饮水中添加抗菌药物，同时，改善禽群的饲养管理，在饲料中增加维生素A或胡萝卜素丰富的饲料，若用鱼肝油或其他维生素制剂补充时，其剂量应是正常量的3倍，这将有利于组织和黏膜的新生，促进采食，提高机体的抗病力。

2. 预防　平时做好卫生消毒、保持禽舍通风换气、尽量消灭禽群中的寄生虫和环境中的蚊蝇等，及时进行鸡群的疫苗免疫接种，可经皮肤刺种鸡痘鹌鹑化弱毒疫苗，初次免疫一般在20日龄前后，开产前进行第2次免疫。

【重点提示】

本节对禽痘的病因、流行特点、临床症状和防治方法进行了系统的学习，以便掌握

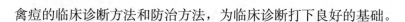

禽痘的临床诊断方法和防治方法，为临床诊断打下良好的基础。

【病例分析】

一养殖户饲养 3 000 只肉仔鸡，30 日龄左右开始发病，发病初期鸡群中有眼睑肿胀、流泪症状，养殖户用了 3 天的泰乐菌素未见效果反而更加严重，随后鸡冠、嘴角、肉髯、眼睑、背部无毛处出现大小不一的灰褐色结节样痘疹，并有个别鸡张口伸颈，呼吸困难，有的鸡眼睑失明，病鸡采食量下降，扎堆呆立，缩颈闭眼，消瘦，每天死亡 5 ～ 10 只，剖检病鸡口腔、喉头黏膜表面有一层黄白色干酪样的假膜，用镊子撕去露出红色的溃烂面，气管黏膜上出现稍微隆起的白色结节。

1. 根据描述该病可能是（　　）。

A. 马立克氏病　　　　　　　　　　B. 鸡痘

C. 大肠杆菌病　　　　　　　　　　D. 传染性喉气管炎

2. 该病死亡的主要原因是（　　）。

A. 败血症　　　　B. 窒息　　　　　　C. 脱水　　　　　　D. 继发感染

第七章 产蛋鸡常发病的诊断与防治

产蛋鸡是指育成结束开始产蛋的母鸡，通常为 21～72 周龄。本阶段产蛋鸡的生理特点是身体还没有发育完全，体重仍在增长，基础代谢旺盛，活动能力强，高生产性能使摄入的养分大多用于产蛋和增加体重，对环境变化比较敏感，抵抗力相对较差，易患疾病。因此，要注意卫生防疫和维持小气候的相对稳定，减少应激因素，维持产蛋环境的稳定。在这个时期，疫病防治我们要重点完成以下几个方面的工作任务。

【知识目标】

1. 了解产蛋鸡常见病有哪些。
2. 能够按照临床症状将产蛋鸡常见疾病进行准确的分类。
3. 掌握产蛋鸡各种常见病的病因、流行病学、临床症状、病理变化、诊断和防治措施。
4. 掌握类症的诊断思路、方法，能够对临床症状做出初步的诊断。

【技能目标】

1. 掌握产蛋鸡阶段各种常见传染病诊断技术。
2. 针对产蛋鸡的不同疾病提出科学合理的预防方案及扑灭措施。
3. 针对产蛋鸡的不同疾病能够拟订科学合理的治疗方案并能具体实施。

【实施步骤】

1. 通过阅读和查阅资料，找出产蛋鸡常发生的传染病有哪些。
2. 按照临床症状将所列出的疾病进行分类，划分成若干个工作任务，参考分类表见表 7-1。

表 7-1 产蛋鸡常发传染病及分类

	子任务	病毒性疾病	细菌性疾病
1	以呼吸道症状为主的传染病	鸡传染性喉气管炎、传染性支气管炎、新城疫、禽流感	传染性鼻炎
2	以败血症为主的传染病	新城疫、禽流感	禽霍乱
3	以腹泻为主的传染病	新城疫、禽流感	禽霍乱
4	以肿瘤为主的传染病	马立克氏病、网状内皮组织增生症、白血病	
5	以皮肤黏膜出现痘疹为主的传染病	禽痘	
6	以产蛋下降为主的传染病	产蛋下降综合征、传染性喉气管炎、传染性支气管炎、新城疫、禽流感、鸡马立克氏病、禽白血病	禽霍乱、传染性鼻炎、成年鸡大肠杆菌病、成年母鸡沙门氏菌病、禽白血病、禽痘

3．按照不同的工作任务进行针对性的学习。

子任务 1 到 5 与育成鸡阶段发病种类和特点基本相似，可参考学习。

以产蛋下降为主的传染病的诊断与防治

产蛋期鸡以产蛋为主，产蛋是创造价值的主要来源，一旦鸡群发病就会或多或少的引起产蛋下降，造成经济损失。鸡产蛋期间能够引起鸡群产蛋下降的疾病有很多，如产蛋下降综合征、传染性喉气管炎、传染性支气管炎、新城疫、禽流感、鸡马立克氏病、禽白血病、禽霍乱、传染性鼻炎、成年鸡大肠杆菌病、成年母鸡沙门氏菌病、禽白血病、禽痘等。除了产蛋下降综合征以外，其他大部分疾病发病时均有各自的发病特点，相对比较容易诊断，此外，这些疾病在前面已经系统的学习，因此，本节主要对产蛋下降综合征的病因、流行特点、临床症状进行深入的学习，同时对已学习过的引起产蛋下降的疾病进行回顾，并进一步做好类症的鉴别性分析诊断，为临诊打下良好的基础。

任务实施指南：

1．对产蛋下降综合征的病因、流行特点、临床症状和病理变化进行认真的学习，同时对引起产蛋下降的各种疾病进行认真回顾。

2．当产蛋鸡群出现产蛋下降和产畸形蛋，而又缺乏其他临床症状时，首先应对该病定性，确定为传染性疾病，排除其他疾病。重点考虑产蛋下降综合征，并注意和常见的引起产蛋下降的疾病进行鉴别，最终做出初步的临床诊断，有条件的进行实验室诊断。

3．对所诊断的疾病提出科学合理的防治方案。

本节仅以产蛋下降综合征作为案例进行讲述。

产蛋下降综合征（EDS76）是由禽类腺病毒引起的一种急性病毒性传染病。其主要表现为鸡群产蛋量骤然下降，软壳蛋和畸形蛋增加，褐色蛋蛋壳颜色变淡。

该病在 1976 年首次报道于荷兰，1977 年分离到病毒，随后英国、法国、德国、美国、澳大利亚、日本等 20 多个国家报道有该病的发生，我国在 1991 年由南京农业大学分离首株病毒。现已遍及世界各地。

（一）病原

产蛋下降综合征的致病因子属于腺病毒科、禽腺病毒属 III 群。EDS76 病毒是一种无囊膜的双股 DNA 病毒，仅有一个血清型，电镜下经负染色的病毒粒子直径为 $75 \sim 80$ nm，呈典型的 20 面立体对称，壳粒清晰可见，每一基底壳粒上有一纤突。EDS76 病毒对外界因素的抵抗力较强，对乙醚、氯仿不敏感，pH $3 \sim 7$ 范围内稳定，对热也有一定的抵抗力，可耐受 50 ℃，经 60 分钟可存活，但 60 ℃以上不能存活。

EDS76 病毒能凝集鸡、鸭、鹅及火鸡的红细胞，但不能凝集啮齿动物和马、绵羊、山羊、牛及兔等哺乳动物的红细胞。

（二）流行病学

1. 传染源　该病的传染源为病鸡和带毒鸡。

2. 传播途径　EDS76既可经卵垂直传播，又可通过水平方式传播，其中垂直传播是主要传播途径。被病毒感染的精液和受精种蛋也可以传播该病。

3. 易感动物　该病鸡、鸭、鹅均可感染，但是鸡发病，而鸭只带毒排毒。其发病与鸡品种、年龄和性别有一定关系，一般褐壳蛋鸡最易感染，26 ~ 32周龄的产蛋鸡感染后症状最明显，而幼龄鸡和35周龄以上的鸡感染后无症状。

4. 流行特点　该病的发生无明显的季节性、周期性。

（三）临床症状

产蛋率突然下降或停止上升，一般比正常要低 20% ~ 38%，个别鸡群可下降 50%。发病后 2 ~ 3 周产蛋率降至最低点，并持续 3 ~ 10 周，以后逐渐恢复。但大多数很难恢复到正常水平，且发病周龄越晚，恢复的可能性越小。

蛋壳颜色变浅或带有色素斑点，蛋壳变薄，出现破壳蛋、软壳蛋、无壳蛋和小型蛋，还有畸形蛋及砂粒壳蛋等，不合格蛋可达 10% ~ 15% 以上。种鸡群发生 EDS76 时，种蛋的孵化率降低，弱雏数增加。若开产前感染，则开产期可推后 5 ~ 8 周。

（四）病理变化

EDS76 缺乏特征性的病理变化，剖检时个别鸡可见卵巢萎缩，子宫及输卵管有卡他性炎症，有时黏膜水肿出血。卵泡充血、变形或掉落，或发育不全，输卵管腺体水肿，单核细胞浸润，子宫部黏膜上皮细胞变性、坏死或脱落，细胞核内有包涵体。

（五）诊断

1. 临诊诊断　根据该病的流行病学特征和临床症状可做出初步诊断，造成产蛋鸡和种鸡产蛋量下降的原因非常复杂，包括经营管理、饲料质量、药物中毒和一些传染病、寄生虫病等，因此发病后要仔细分析病因，并注意鉴别诊断。确诊需要进行实验室诊断。

2. 实验室诊断　病毒分离鉴定：从病鸡的输卵管、泄殖腔、肠内容物和粪便取做病料，经无菌处理后，以尿囊腔接种 10 ~ 12 日龄鸭胚（无腺病毒抗体）。病料也可以接种于鸭胚和鸡胚成纤维细胞。分离的病毒发现有血凝现象，再用已知抗 EDS76 病毒血清，进行 HI 试验或中和试验进行鉴定。

血清学试验、HI 试验是最常用的诊断方法之一，此外还可采用中和试验，ELISA，荧光抗体技术和双向免疫扩散试验等方法诊断该病。

EDS76 诊断的基因探针和聚合酶链反应等方法也已建立，可以成功地应用于临床病料，如泄殖腔拭子、血液和蛋样的检测。

（六）防治

该病主要采取综合防治措施。杜绝 EDS76 病毒传入，该病主要是经蛋垂直传播，所以应从非感染鸡群引入种蛋或鸡苗。鸡场内要搞好卫生和消毒工作，不用患病鸡群的种蛋进行孵化。在有 EDS76 的地区和鸡场，为了防止水平传播，鸡场内不同鸡群间也要进行隔离，限制非管理人员入内，管理人员要定岗定位工作。要加强对鸡群的饲养管理，提供全价日粮，特别是要保证赖氨酸、蛋氨酸、胱氨酸、胆碱、维生素 B12、维生素 E 以及钙质的需要。

对种鸡群和产蛋鸡群实行免疫接种。鸡可以在 110 ~ 130 日龄进行免疫接种，用 EDS76 油乳剂灭活疫苗免疫，免疫后 HI 抗体效价可达 8 ~ 9 log2，免疫后 7 ~ 10 天可检测到抗体，免疫期 10 ~ 12 个月。另外，以新城疫病毒和 EDS76 病毒制备二联油佐剂灭活疫苗，对这两种病有良好的保护力，还有"新支减法"四联疫苗等可供选择。

【重点提示】

本节对产蛋下降综合征的病因、流行特点、临床症状和防治方法进行了系统的学习，同时对出现产蛋下降症状的其他疾病进行了认真回顾，并对这些疾病进行了鉴别诊断，以便掌握本类疾病的诊断方法和防治措施。鉴别诊断表见表 7-2。

表 7-2　产蛋鸡产蛋下降综合征传染病鉴别诊断表（仅供参考）

类别		产蛋下降综合征	传染性支气管炎	新城疫	传染性喉气管炎	大肠杆菌	沙门氏菌病	禽霍乱	支原体
流行病学	产蛋鸡病死率	低	低	5% ~ 40%	5% ~ 70%	因病情而异	较低	20%	低
	发病日龄	26 ~ 32 周龄	雏鸡和产蛋鸡发病较多，育成鸡症状较轻	各日龄	4 ~ 10 月龄	各日龄	各日龄	16 周龄以上	1 ~ 2 月最易感染，成年鸡多隐性感染
	传播方式	垂直传播	水平传播	水平传播	水平传播	水平、垂直传播	水平、垂直传播	水平传播	水平、垂直传播
临床症状	下降幅度	突然性群体产蛋下降 20% ~ 38%，严重者甚至达 50% 以上	25% ~ 50%	40% ~ 60%，严重者可下降 90% 左右	可达 35% 以上	因病情而异	因病情而异	可停产	10% ~ 40%
	腹泻	少见	可见	多见	少见	多见	多见	多见	少见
	呼吸困难	少见	一过性出现	多见	多见	可见	可见	多见	少见

类别		产蛋下降综合征	传染性支气管炎	新城疫	传染性喉气管炎	大肠杆菌	沙门氏菌病	禽霍乱	支原体
临床症状	神经症状	少见	少见	多见	少见	可见	可见	可见	少见
	口腔、嗉囊积液	少见	少见	多见	少见	少见	少见	少见	少见
	咳血	少见	少见	少见	多见	少见	少见	少见	少见
病理变化	腺胃乳头出血	少见	少见	多见	少见	少见	少见	少见	少见
	肝脏坏死灶	少见	少见	少见	少见	少见	多见	多见	少见
	纤维素性肝周炎、心包炎	少见	少见	少见	少见	多见	少见	少见	可见
	小肠枣核样坏死	少见	少见	多见	少见	少见	少见	少见	少见
	心冠脂肪出血	少见	少见	多见	少见	少见	少见	多见	少见
	血凝块阻塞气管	少见	少见	少见	多见	少见	少见	少见	少见
治疗效果	气囊浑浊内有干酪样物	少见	少见	少见	少见	多见	少见	少见	多见

注意：此外禽流感、马立克氏病、禽白血病、禽痘、传染性鼻炎等多种传染病均可能造成鸡产蛋量下降，要根据各自典型症状及病理变化进行鉴别诊断。另外需要注意的是，实际病例中很多都是以混合感染为主，在进行疾病诊断时不可以以偏概全。

【病例分析】

某产蛋鸡群产蛋突然下降30%～40%，蛋壳颜色变浅或带有色素斑点，蛋壳变薄，出现破壳蛋、软壳蛋、无壳蛋和小型蛋，还有畸形蛋及砂粒壳蛋等，蛋清往往在蛋黄周围形成浓稠的浑浊区，而其余蛋清全呈水样稀薄、透明、无黏稠性，除此之外缺乏其他的临床表现，抗生素治疗1周产蛋未见改观。4周以后产蛋逐渐恢复，但未恢复到病前水平，经饲料分析检测，饲料配方合理，营养全价。

1．根据描述该病最有可能是（　　）。

A．EDS76　　　　　　　　　　　B．大肠杆菌病

C．非典型新城疫　　　　　　　　D．传染性支气管炎

2．实验室诊断可选用（　　）。

A．HI 试验　　　　　　　　　　B．细菌培养

C．病料涂片镜检　　　　　　　　D．补体结合试验

3．该病主要感染（　　）。

A．雏鸡　　　　　　B．育成鸡　　　　　C．产蛋鸡　　　D．所有鸡均易感

第八章　水禽常发病的诊断与防治

随着水禽养殖业规模的扩大和集约化水平的不断提高，水禽养殖业形势喜人。但由于养殖数量不断增加及其他复杂因素的影响，危害水禽的各种疾病越来越严重，往往造成较大的经济损失。目前危害水禽的传染病常见的有鸭病毒性肝炎（Ⅰ型）、鸭瘟、小鹅瘟、鸭疫里默氏杆菌病、大肠杆菌病、沙门氏杆菌病和禽霍乱等。因此，本章主要完成以下工作任务。

【知识目标】

1. 对水禽常见病的病因、流行特点、临床症状及防治措施等进行深入系统的学习。
2. 对大肠杆菌病、沙门氏菌病和禽霍乱进行回顾。

【技能目标】

1. 掌握水禽的各种常见传染病诊断技术。
2. 针对水禽的不同疾病提出科学合理的预防方案及扑灭措施。
3. 针对水禽的不同疾病能够拟订科学合理的治疗方案并能具体实施。

【实施步骤】

1. 通过阅读和查阅资料，对小鹅瘟、鸭病毒性肝炎、鸭瘟、鸭疫里默氏杆菌病进行系统的学习。
2. 大肠杆菌病、沙门氏杆菌病、禽霍乱属于鸡鸭共患病，在鸡病当中已系统学习，因此，在此阶段可对上述疾病进行回顾。

一、小鹅瘟

小鹅瘟是由小鹅瘟病毒所引起的雏鹅的一种急性或亚急性败血性传染病，以急剧下痢，神经症状及病死率高为特征。剖检后以渗出性肠炎为主要特征。该病最早在 1956 年发现于我国扬州地区，国内大多数养鹅省区均有发生。1965 年以来东欧和西欧很多国家报道有该病存在。

（一）病原

小鹅瘟病毒（GPV）是细小病毒科的一员，病毒粒子呈圆形或六角形，无囊膜、二十面体对称、单股 DNA 病毒；病毒颗粒大小为角对角直径 22 μm，边对边直径 20 μm，直径 20 ～ 22 μm，有完整病毒形态和缺少核酸的病毒空壳形态两种，空心内直径 12 μm，衣壳厚为 4 μm；壳粒数为 32 个；核酸大小约为 6 kb；有四条结构多肽，VP1、VP2、VP3、VP4 为主要结构多肽。

与一些哺乳动物细小病毒不同，该病毒无血凝活性，与其他细小病毒亦无抗原关系。国内外分离到的毒株抗原性基本相同，仅有一种血清型。

初次分离可用鹅胚或番鸭胚，也可用从它们制得的原代细胞培养。该病毒对环境的抵抗力强，65 ℃加热 30 分钟对滴度无影响，能抵抗 56 ℃ 3 小时。对乙醚等有机溶剂不敏感，对胰酶和 pH3 稳定。

（二）流行病学

1．传染源　该病的传染源为患病雏鹅。

2．传播途径　发病雏鹅从粪便中排出大量病毒，病毒通过直接或间接接触迅速传播。大龄鹅可建立亚临床或潜伏感染，并通过蛋将病毒传给孵化器中的易感雏鹅。最严重的流行发生在病毒垂直传播后的易感雏鹅群。

3．易感动物　该病仅发生在 1 月龄以内各种品种的雏鹅和雏番鸭，而其他禽类包括中国鸭、半番鸭和哺乳动物均不感染发病。

4．流行特点　雏鹅的易感性随年龄的增长而减弱。1 周龄以内的雏鹅死亡率可达100％，10 日龄以上的雏鹅死亡率一般不超过 60％，20 日龄以上的雏鹅发病率较低，而1 月龄以上的雏鹅则极少发病。

小鹅瘟的流行有一定周期性。在每年全部更新种鹅的地区大流行后，当年余下的鹅群都获得主动免疫，因此不会在一个地区连续 2 年发生大流行。该病的流行不表现明显的周期性，每年均有发病，但死亡率较低，在 20％～ 50％之间。

（三）临床症状

该病的潜伏期依感染时的日龄而定，1 日龄感染为 3 ～ 5 天，2 ～ 3 周龄感染为5 ～ 10 天。

临床症状以消化道和中枢神经系统紊乱为特征，但其症状的表现与感染发病时雏鹅的日龄有密切的关系。根据病程的长短，分为最急性型、急性型和亚急性型三种类型。

1．最急性型　该型常发生于 1 周龄以内的雏鹅。往往无前驱症状，一发现即极度衰弱，或倒地乱划，不久死亡。

2．急性型　该型常发生于 1 ～ 2 周龄的雏鹅。症状为全身委顿，食欲减退或废绝。常离群蹲卧，打瞌睡，随后腹泻，拉出灰白色或淡黄绿色稀粪，并杂有气泡、纤维碎片、未消化饲料。喙端发绀，蹼色泽变暗。死前两腿麻痹或抽搐。

3．亚急性型　该型多发生于流行后期，2 周龄以上，尤其是 3 ～ 4 周龄。以委顿消瘦和拉稀为主要症状，少数幸存者在一段时间内生长不良。

（四）病理变化

大体病理变化多见于急性病例。病理变化表现为全身性败血变化，全身脱水，皮下组织显著充血。心脏有明显急性心力衰竭变化，心脏变圆，心房扩张，心壁松弛，心肌晦暗无光泽，肝脏肿大。特征性病理变化为空肠和回肠的急性卡他性 - 纤维素性坏死性肠炎。整片肠黏膜坏死脱落，与凝固的纤维素性渗出物形成栓子或包裹在肠内容物表面的假膜，堵塞肠腔。多数病例在小肠的中段和下段，特别是在靠近卵黄柄和回盲部的肠段，外观变得极度膨大，呈淡灰白色，体积比正常肠段增大 2～3 倍，形如香肠状，手触肠段质地很坚实。肠管被一淡灰色或淡黄色的栓子塞满。栓子长短不一，最长达 10 cm 以上。栓子物很干燥，切面上可见中心为深褐色的干燥肠内容物，外面包裹着纤维素性渗出物和坏死物凝固而形成的假膜。

（五）诊断

1. 临床诊断　根据流行病学、临床症状和病理病变，可做出初步诊断，但进一步确诊须进行病原分离鉴定和血清学检查。

2. 实验室诊断　可取病雏的脾脏、胰或肝脏的匀浆上清，接种 12～15 日龄鹅胚，可在 5～7 天内致死鹅胚，主要变化为胚体皮肤充血、出血及水肿，心肌变性呈瓷白色，肝脏变性或有坏死灶。

检查血清中特异抗体的方法有病毒中和试验、琼脂扩散试验和 ELISA 试验。

3. 鉴别诊断　小鹅瘟在流行病学、临床症状以及某些组织器官的病理变化方面可能与鹅副黏病毒病、雏鹅副伤寒、鹅巴氏杆菌病、鹅流感、鹅球虫病等相似，需要通过病毒分离进行鉴别诊断。

（六）防治

1. 治疗　对于发病初期的病雏，抗血清的治愈率为 40%～50%。血清用量，对处于潜伏期的雏鹅每只 0.5 ml，已出现初期症状者为 2～3 ml，日龄在 10 日以上者可相应增加，一律皮下注射。由于病程太短，对于症状严重的病雏，抗血清的治疗效果甚微。

2. 预防　小鹅瘟主要是通过孵房传播的，因此孵房中的一切用具设备，在每次使用后必须清洗消毒，收购来的种蛋应用福尔马林熏蒸消毒。刚出壳的雏鹅要注意不与新进的种蛋和大鹅接触，以防感染。对于已污染的孵房所孵出的雏鹅，可立即注射高免血清。注射抗小鹅瘟高免血清能制止 80%～90% 已被感染的雏鹅发病。

在该病严重流行的地区，利用弱毒疫苗甚至强毒疫苗免疫母鹅是预防该病最经济有效的方法。在留种前一个月做第一次接种，每只肌注种鹅弱毒疫苗尿囊液原液 100 倍稀释物 0.5 ml，15 天后做第二次接种，每只尿囊液原液 0.1 ml。再隔 15 天方可留做种蛋。用雏鹅弱毒疫苗对刚出壳的雏鹅进行紧急预防接种，每只雏鹅皮下接种 1：50～1：100 稀释的弱毒疫苗 0.1 ml。鸭胚适应的弱毒疫苗和在细胞培养上致弱的弱毒疫苗也可用于免疫母鹅和雏鹅。

二、鹅副黏病毒病

鹅副黏病毒病是鹅的一种以消化道病理变化为特征的急性传染病。以腹泻、呼吸困难、神经症状、消化道黏膜出血坏死为主要特征，各种年龄的鹅都可发生该病，尤以雏鹅的发病率和死亡率最高，可达 100%。我国 1997 年在江苏、广东等地首次发现该病。该病已成为对养鹅业危害极大的传染病。

（一）病原

该病病毒颗粒为多边形，有囊膜和纤突，核衣壳呈螺旋状对称，基因组为单分子单股负链 RNA，纤突有两种糖蛋白，即血凝素神经氨酸酶及融合蛋白。

（二）流行病学

1. 传染源　该病的传染源为发病和带毒鹅。

2. 传播途径　自然条件下，该病主要是经过消化道和呼吸道传播。

3. 易感动物　该病主要感染鹅，与鹅共同饲养的鸡也可自然发病。各种日龄的鹅对该病都易感染，鹅的日龄越小易感性越强，发病率和死亡率随着日龄的增加而下降。

4. 流行特点　成年鹅发病率为 50%～70%，死亡率为 10%～20%，15 日龄以下的雏鹅病死率可达 100%。该病的流行无明显的季节性，几乎一年四季均可发生。

（三）临床症状

病初往往不表现任何症状，随后病鹅精神极度沉闷，食欲下降或废绝，饮水增多，拉白色稀粪或番茄汁样的稀粪，1～2 天后出现瘫痪状态；体重迅速减轻，口中流出水样液体；眼内有分泌物，眼睑周围湿润，咳嗽，流鼻涕，伸颈张口呼吸。部分病鹅后期表现扭颈、转圈仰头等神经症状，饮水时更加明显。雏鹅常常在发病后 1～3 天死亡。种鹅在感染副黏病毒后，产蛋率迅速下降，幅度可达 50% 左右，并在低水平产蛋率上持续十多天，病情得到控制后，经 3～4 周产蛋率才逐渐恢复。病鹅体重明显减轻，耐过病鹅一般生长发育不良。

（四）病理变化

剖检可见病理变化主要表现在消化道，从食道末端至泄殖腔的整个消化道黏膜都有不同程度的充血、出血和坏死等病理变化。病死鹅腺胃黏膜水肿增厚，黏膜下出现粟粒样白色坏死点，或于表面出现米粒至绿豆大小的白色结痂；肠道黏膜严重坏死结痂，剥离后出血或有溃疡，部分病例小肠黏膜呈块状或广泛的针尖样出血，盲肠扁桃体肿大、出血；呼吸道中的特征性病理变化是毛管环出血，整个肺出血，肺部有针尖或粟粒大甚至黄豆大的淡黄色结节；肝脏轻度淤血肿大，胆囊扩张，充满胆汁；脾脏、胰腺出现大量针头至粟粒大小的白色坏死点；肾脏略肿大，色淡，输尿管扩张，充满白色尿酸盐；胸腺、法氏囊萎缩；大脑、小脑充血、水肿。

（五）诊断

1. 临床诊断　根据流行病学、临床症状和病理病变，可做出初步诊断，但进一步确诊须进行病原分离鉴定和血清学检查。

2. 实验室诊断　无菌采集肝脏、脾脏、肾脏、胰腺等病料，剪碎后用灭菌的生理盐水按照 1∶5 的比例研磨，然后以 5 000 r/min 离心 10 分钟，取上清液加入双抗，使双抗的浓度达到 2 000 u/ml，混匀后放入 4 ℃冰箱过夜。然后接种 12 日龄的鹅胚尿囊腔，0.2 ml/ 枚，弃取 24 小时内死亡的鹅胚，以后每天观察一次，将死亡鹅胚尿囊液收集起来作为病毒传代毒和检测毒。常用的实验室诊断方法有分离病毒做血凝试验和血凝抑制试验、病毒中和试验。

3. 鉴别诊断　该病应与小鹅瘟、鹅流感、鹅巴氏杆菌病相鉴别。

小鹅瘟仅发生在 1 月龄以内的雏鹅，而鹅副黏病毒病对各种品种和月龄鹅均具有易感性，15 日龄以内的雏鹅有 100% 发病率和死亡率。

鹅流感以全身器官出血为特征。鹅副黏病毒病脾脏肿大，有灰白色大小不一坏死灶，肠道黏膜有散在性或弥漫性大小不一淡黄色或灰色的纤维素性结痂病灶的特征。

由鸭瘟病毒感染的病鹅在下眼睑、食道和泄殖腔黏膜有出血溃疡和假膜特征性病理变化，而鹅副黏病毒病无此病理变化。

鹅巴氏杆菌病是由禽多杀性巴氏杆菌所致。该病多发生于青年鹅、成年鹅，广谱抗生素和磺胺类药有紧急预防和治疗作用，而鹅副黏病毒病无此特征。病鹅肝脏有散在性或弥漫性针头大小坏死灶病理变化特征，而鹅副黏病毒病无此特征。

（六）防治

防治本病应采取综合防治措施。鹅群的饲养环境应保持清洁，经常进行环境消毒，最好不要与其他禽类共同饲养。除此之外接种疫苗及抵抗鹅副黏病毒高免卵黄抗体则是保护鹅群免受病毒侵袭的最重要、最有效的方法。种鹅首次免疫是在留种时（10～15 日龄）应用鹅副黏病毒油乳剂灭活疫苗进行免疫；第二次免疫是在 60 日龄左右；第三次免疫是在产蛋前半个月进行；以后每年免疫一次。雏鹅 15～20 日龄时进行接种，每只皮下注射鹅副黏病毒油乳剂灭活疫苗 0.3～0.5 ml；在首次免疫后 2 个月左右进行第二次免疫，每只雏鹅肌肉注射 0.5 ml。

对发病鹅做好紧急隔离工作，首先应对健康鹅进行免疫注射鹅副黏病毒的高免血清，然后再免疫假定健康鹅，同时适当使用抗生素以防止继发感染。

三、鸭 瘟

鸭瘟又称鸭病毒性肠炎，是由鸭瘟病毒引起的鸭、鹅及其他雁形目禽类均可发生的一种急性败血性和高度接触性传染病。其临床症状为体温升高，两脚发软无力，下痢，流泪和部分病鸭头颈部肿大，俗称"大头瘟"。其病理变化可见食道黏膜有出血点并有灰黄色假膜覆盖或溃疡，泄殖腔黏膜充血、出血水肿和坏死，食道与腺胃膨大部的交界处有出血、坏死乃至溃疡，肝脏有不规则、大小不等的坏死灶及出血点。该病传播迅速，发病率和病死率都很高，严重地威胁养鸭业的发展。

（一）病原

鸭瘟病毒属于疱疹病毒科疱疹病毒属中的滤过性病毒。病毒粒子呈球形，有囊膜，基因组为双股 DNA，胰脂酶可消除病毒上的脂类，使病毒失活。

该病毒能在 9～12 日龄鸭胚和 13～15 日龄鹅胚中生长繁殖和连续继代，也能适应鸭胚、鹅胚、鸡胚成纤维细胞的培养。该病毒在细胞培养上可引起细胞病理变化，细胞培养物用吖啶橙染色法，可见核内包涵体。该病毒对禽类和哺乳动物的红细胞没有凝集现象。

该病毒对外界的抵抗力不强，加热至80℃经5分钟即可死亡。夏季阳光直接照射9小时，毒力消失。病毒在4℃～20℃的污染禽舍内可存活5天，但对低温抵抗力较强，在-5℃～70℃经3个月毒力不减弱；-10℃～20℃经一年对鸭仍有致病力。该病毒对乙醚和氯仿等常用消毒剂敏感。

（二）流行病学

1. 传染源　病鸭和带毒鸭是该病的主要传染源。病鸭和带毒鸭主要通过排泄物和分泌物向外排毒，污染饲料、用具、饮水、栏舍等，这是造成鸭瘟病毒传播的重要原因。

2. 传播途径　该病主要通过消化道感染，另外，还可以通过交配、眼结膜和呼吸道传播；吸血昆虫也可能成为该病的传播媒介。健康鸭和病鸭在一起放牧，或是在水中相遇，或是放牧时通过发病的地区，都能发生感染。

3. 易感动物　自然条件下，该病多引起鸭和鹅发病；鸡、火鸡、鸽子、鹌鹑和哺乳动物等均不易感染。鸭对该病毒最易感染，不同品种、性别和年龄的鸭均可感染发病。其中，以麻鸭和番鸭最易感，北京鸭次之。自然感染多见于成鸭，在人工感染时小鸭较大鸭易感染。

4. 流行特点　该病在一年四季都可发生，但一般在春夏之际和秋季流行最为严重。它对不同年龄和品种的鸭均可感染。在自然流行中，成年鸭和产蛋母鸭发病率和死亡率较为严重，一个月以下雏鸭发病较少。

（三）临床症状

人工感染的潜伏期一般为1～3天，自然感染的潜伏期一般为2～5天。一旦出现症状常在1～5天死亡。

病初期体温升高（43℃以上），食欲减退，渴欲增加，精神委顿，羽毛松乱无光泽，两翅下垂。两脚麻痹无力，走动困难，驱赶时，则见两翅扑地而走，走几步后又蹲伏于地上。严重者伏地不起，强迫移动时可见头颈及全身颤抖。

流泪和眼睑水肿是鸭瘟的一个特征性症状，病初期流出浆性分泌物，之后变黏性或脓性分泌物，往往将眼睑粘连而不能张开。严重者眼睑水肿或翻出于眼眶外，眼结膜充血或小点出血，甚至形成小溃疡。

头颈部肿胀是鸭瘟的又一个特征性症状，自然感染和人工感染时，都见有部分病鸭的头颈部肿大，故俗称"大头瘟"。

此外，病鸭从鼻腔流出稀薄和黏稠的分泌物，呼吸困难，个别病鸭频频咳嗽。同时病鸭发生下痢，排出绿色或灰白色稀粪，肛门周围的羽毛被污染并结块。泄殖腔黏膜充血、出血、水肿，严重者黏膜外翻，病程一般为2～5天，慢性可拖至1周以上，生长发育不良。病鸭临死前体温下降，极度衰竭，不久即死亡，病程一般为2～5天，慢性可拖至1周以上，生长发育不良，角膜浑浊，严重的形成溃疡，多为一侧性。

(四) 病理变化

病理变化主要表现为全身出血。体表皮肤有许多散在性出血斑，眼睑常粘连在一起，下眼睑结膜出血或有少许干酪样物覆盖。部分头颈肿胀，皮下组织有黄色胶样浸润。

食道黏膜有纵行排列的灰黄色假膜覆盖或小出血斑点，假膜易剥离，剥离后食道黏膜留有溃疡斑痕，这种病理变化具有特征性。

泄殖腔黏膜的病理变化与食道黏膜相同，也具有特征性，黏膜表面覆盖一层灰褐色或绿色的坏死结痂，不易剥离，黏膜上有出血斑点和水肿，具有诊断意义。

肝脏不肿大，肝脏表面和切面有大小不等的灰黄色或灰白色的坏死点。少数坏死点中间有小出血点，这种病理变化具有诊断意义。

有些腺胃与食道膨大部的交界处有一条灰黄色坏死带或出血带。肠黏膜充血、出血，以十二指肠和直肠最为严重。产蛋母鸭的卵巢滤泡增大，有出血点和出血斑，有时卵泡破裂，引起腹膜炎。

雏鸭感染鸭瘟病毒时，法氏囊呈深红色，表面有针尖状的坏死灶，囊腔充满白色的凝固性渗出物。

(五) 诊断

1. 临床诊断　根据流行病学、临床症状和病理病变，可做出初步诊断，但进一步确诊须进行病原分离鉴定和血清学检查。

2. 实验室诊断　病毒分离与鉴定可采取病鸭的肝脏、脾脏或脑组织，按照常规方法接种鸭胚或雏鸭，如在3～5天死亡，并具有典型鸭瘟病理变化，即可确诊。然后用已知的抗鸭瘟血清与分离的病毒做中和试验。

(六) 防治

1. 治疗　目前对鸭瘟尚无有效的治疗药物，在发病早期使用鸭瘟高免血清或康复血清，能起到一定的预防和治疗效果。

2. 预防　坚持自繁自养，全进全出的饲养方式。需要引进种蛋、种雏或种鸭时，一定要从无病鸭场，并经严格检疫，确实证明无疫病后，方可入场。要禁止到鸭瘟流行区域和野水禽出没的水域放牧。病愈和人工免疫的鸭均能获得免疫力。

免疫目前使用鸭瘟鸡胚化弱毒疫苗，采用皮下或肌肉内注射的方法。雏鸭20日龄首免，4～5月后加强免疫1次即可。3月龄以上的鸭免疫1次，免疫期可达一年。

一旦发生鸭瘟时，立即采取隔离、封锁和消毒等措施，对健康鸭群进行紧急疫苗接种。一般在接种后1周内死亡显著下降，随之发病死亡停止。要禁止病鸭外调和出售，停止放牧，防止病毒扩散。在受威胁区内，所有鸭和鹅应注射鸭瘟鸡胚化弱毒疫苗，母鸭的接种最好安排在停产时或产蛋前一个月。

四、鸭病毒性肝炎

鸭病毒性肝炎是由鸭肝炎病毒引起雏鸭的一种高度致死性的病毒性传染病。以发病急，传播快，死亡率高及肝炎、出血和坏死为特征。给养殖业造成很大的经济损失。

该病最先在美国发现，并首次用鸡胚分离到病毒。其后在英国、加拿大、德国等许多养鸭国家陆续发现该病。我国部分省市和地区亦有本病的发生并有上升趋势。

（一）病原

鸭病毒性肝炎的病原为鸭肝炎病毒（DHV），属于微 RNA 病毒科，肠道病毒属，基因组为 RNA。该病毒呈球形，无囊膜，无血凝性。根据病毒的特性不同，将病毒分为三种类型，即 I、II、III 型。我国流行的鸭肝炎病毒血清型为 I 型，是否有其他型，目前尚无全面的调查和报道。据国外的研究报告，以上三种类型病毒在血清学上有着明显的差异，无交叉免疫性。该病毒可在 12 ～ 14 日龄鸭胚尿囊腔和鸭胚细胞内增值。

该病毒对氯仿、乙醚、胰蛋白酶和 pH3 有抵抗力。在 56 ℃加热 60 分钟仍可存活，但加热至 62 ℃ 30 分钟后即被灭活。该病毒在 1％福尔马林或 2％氢氧化钠中 2 小时（15 ℃～ 20 ℃），在 2％漂白粉溶液中 3 小时，或在 0.25％ β ～丙内酯 37 ℃ 30 分钟均可灭活。

（二）流行病学

1. 传染源　病鸭和带毒鸭是该病的主要传染源，病愈鸭仍可排毒 1 ～ 2 个月。

2. 传播途径　该病主要通过消化道和呼吸道感染，不经种蛋传播。在野外和舍饲条件下，该病可迅速传播给鸭群中的全部易感小鸭，表明它具有极强的传染性。

3. 易感动物　该病主要感染 3 ～ 20 日龄的雏鸭，尤其是 5 ～ 10 日龄的雏鸭最易感染。在自然条件下不感染鸡、火鸡和鹅。

4. 流行特点　雏鸭的发病率与病死率都很高，1 周龄内的雏鸭病死率可达 95％，1 ～ 3 周龄的雏鸭病死率为 50％或更低，4 ～ 5 周龄以上的小鸭发病率与病死率较低。

该病一年四季均可发生，但主要在孵化季节。饲养管理不当、鸭舍内湿度过高、密度过大、卫生条件差、缺乏维生素和矿物质等都能促使该病发生。鸭舍内的鼠类在传播病毒的可能性亦不能排除。野生水禽可能成为带毒者，成年鸭感染不发病，但可成为传染源。

（三）临床症状

该病的潜伏期为 1 ～ 4 天，发病急，传播迅速，一般死亡多发生在 3 ～ 4 天内。

该病的临床症状表现为精神萎靡、食欲废绝，缩颈、翅下垂、不爱活动、行动呆滞或跟不上群，常蹲下，眼半闭呈昏迷状态。发病半日到 1 日即出现神经症状，全身性抽搐，病鸭多侧卧，头向后背，两脚痉挛性地反复踢蹬，有时在地上旋转。出现抽搐后，约十几分钟即死亡。喙端和爪尖瘀血呈暗紫色。死前多数病鸭头向后弯，呈角弓反张姿势，俗称"背脖病"，这是死前的典型症状。

（四）病理变化

特征性病理变化为肝脏肿大，质脆易碎，色暗或发黄，肝脏表面有大小不等的出血斑点，胆囊肿胀充满胆汁，呈长卵圆形，胆汁呈褐色、淡茶色或淡绿色。脾脏有时见有肿大呈斑驳状。心肌苍白、柔软、无光泽，如煮肉样。其他脏器常无明显病理变化。

（五）诊断

1．临床诊断　根据该病的流行病学、临床症状和病理病变，可做出初步诊断，但进一步确诊须进行病原分离鉴定和血清学检查。

2．实验室诊断　取病鸭肝脏加入生理盐水进行研磨，制成 1 : 10 的悬浮液，用青链霉素处理后，经尿囊腔接种 10 日龄鸡胚增殖病毒，然后利用病毒中和试验、琼脂扩散试验、荧光抗体技术等进行鉴定。

3．鉴别诊断　该病应注意和鸭浆膜炎、雏鸭副伤寒、曲霉菌病进行鉴别。

鸭浆膜炎：多见于 2～6 周龄的雏鸭，病鸭眼、鼻分泌物增加，眼周围羽毛湿润，运动失调，全身颤抖，排绿色稀粪。该病的特征病理变化为纤维素性心包炎、肝周炎和腹膜炎。

雏鸭副伤寒：多见于 2 周龄以内的雏鸭，主要表现为剧烈腹泻，浆液性或脓性结膜炎，主要病理变化为心外膜、心包膜炎症，肝脏肿大，表面有大小不等的黄白色坏死灶，十二指肠严重的有卡他性肠炎。

曲霉菌病：多发于阴雨潮湿季节。该病的主要症状为呼吸困难，主要病理变化为气囊或肺脏有黄色针头大至米粒大的结节，有时胸腔内有霉菌菌落。

（六）防治

1．治疗　发病或受威胁的雏鸭群，可经皮下注射康复鸭血清、高免血清或免疫母鸭蛋黄匀浆 0.5～1.0 ml，可起到降低死亡率、制止流行和预防发病的作用。

2．预防　坚持自繁自养和全进全出的饲养管理制度，可防止该病的进入和扩散。对 4 周龄内的雏鸭采取严格隔离饲养，严禁引用野生水禽栖息的露天水塘水。

疫苗接种是有效的预防措施，可用鸡胚化鸭肝炎弱毒疫苗给临产蛋种母鸭皮下免疫，在种鸭产蛋前 4 周进行皮下或肌肉注射免疫，共两次，间隔两周。这些母鸭的抗体至少可维持 4 个月，其后代雏鸭母源抗体可保持 2 周左右，如此即可渡过最易感染的危险期。但在一些卫生条件差，常发肝炎的疫场，雏鸭在 10～14 日龄时仍需进行一次主动免疫。未经免疫的种鸭群，其后代 1 日龄时经皮下或腿肌注射 0.5～1.0 ml 弱毒疫苗，即可受到保护。

五、鸭传染性浆膜炎

鸭传染性浆膜炎又称鸭疫巴氏杆菌病，是由鸭疫巴氏杆菌引起的侵害雏鸭等多种禽类的一种急性或慢性接触性传染病。雏鸭常出现眼鼻分泌物增多、腹泻、共济失调、头颈震颤等症状。剖检以纤维素性心包炎、气囊炎、肝周炎、脑膜炎为主要特征，部分病例出现干酪性输卵管炎、结膜炎、关节炎等特征。我国于1982年首次报道该病的发生，目前各养鸭省区均有发生，发病率与死亡率都很高，是危害养鸭业的主要传染病之一。

（一）病原

该病的病原为鸭疫巴氏杆菌，该菌为革兰氏阴性小杆菌，无芽孢，不能运动，有荚膜，涂片经瑞氏染色法呈两极浓染，初次分离可将病料（心血、肝脏、脑）接种于胰蛋白胨大豆琼脂（TSA）或巧克力琼脂培养基上，在含有 CO_2 的环境中培养，形成的菌落表面光滑、稍突起、圆形。在血琼脂上不产生溶血。该菌不发酵碳水化合物，但少数菌株对葡萄糖、果糖、麦芽糖或肌醇发酵，不产生吲哚和硫化氢，不还原硝酸盐。

该菌的血清学比较复杂，到目前为止共发现有21个血清型。我国调查目前至少存在7个血清型（即1、2、6、10、11、13和14型），以1型最为常见。

（二）流行病学

1. **传染源**　该病的传染源为发病和带菌鸭。

2. **传播途径**　该病可通过污染的饲料、饮水、飞沫、尘土、蚊虫叮咬等多种传播途径感染而发病，库蚊是该病的重要传播媒介。恶劣的饲养环境，如育雏密度过大、空气不流通、潮湿、过冷过热以及饲料中缺乏维生素或微量元素和蛋白水平过低等均易造成发病或发生并发症。

3. **易感动物**　1～8周龄的鸭均易感染，但以2～3周龄的小鸭最易感染。1周龄以下或8周龄以上的鸭极少发病。除鸭外，小鹅亦可感染发病。

4. **流行特点**　该病在感染群中的污染率很高，有时可达90％以上，死亡率为5％～75％不等。该病发生无明显的季节性，但以低温、阴雨、潮湿的季节以及冬季和春季较为多见。

（三）临床症状

该病的潜伏期为1～3天或1周左右，最急性病例常无任何临床症状突然死亡。

1. **急性型**　急性型病例多见于2～3周龄小鸭，症状表现为倦怠，缩颈，食欲减退或废绝，独立离群，眼鼻有分泌物，排淡绿色稀粪，不愿走动或行动迟缓，甚至卧地不起，运动失调；濒死前出现神经症状，头颈震颤，摇头或点头角弓反张，尾部轻轻摇摆，不久抽搐而死，病程一般为1～3天，幸存者生长缓慢。

2. **亚急性型或慢性型**　日龄较大的小鸭（4～7周龄）多呈亚急性型或慢性型经过，病程达1周或1周以上。病鸭表现除上述症状外，时有出现头颈歪斜，不断鸣叫，转圈或倒退运动。这样的病例能长期存活，但发育不良，生长迟缓，平均体重比正常鸭低1～1.5 kg，甚至不到正常鸭的一半。

（四）病理变化

最急性型病例常见肝脏肿大、充血，脑膜充血，无其他明显的、肉眼可见的病理变化。

急性型、亚急性型或慢性型最明显的内眼可见的病理变化是纤维素性渗出物，它可波及全身浆膜面，以及心包膜、肝脏表面和气囊。渗出物可部分地机化或干酪化，即构成纤维素性心包炎、肝周炎或气囊炎，故有"雏鸭三炎"之称。中枢神经系统感染可出现纤维素性脑膜炎。少数病例见有输卵管炎，即输卵管膨大，内有干酪样物蓄积。慢性局灶性感染常见于皮肤，偶尔也出现在关节。皮肤出现坏死性皮炎；关节发生关节炎。

1. 临床诊断　根据流行病学、临床症状和病理变化，可做出初步诊断，但进一步确诊须进行病原分离鉴定和血清学检查。

2. 实验室诊断　可直接采集血液、肝脏、脾脏或脑等病理变化器官做涂片镜检，用瑞氏染色法进行镜检常可见两端浓染的小杆菌，但往往菌体很少，不易与多杀性巴氏杆菌相区别。细菌的分离与鉴定，可无菌采集心血、肝脏或脑等病理变化材料，接种于TSA 培养基或巧克力琼脂培养基上，在含 CO_2 的环境中培养 $24 \sim 48$ 小时，观察菌落形态并做纯培养，对其若干特性进行鉴定。

应用标准定型血清，可进行玻片凝集或琼脂扩散试验进行血清型的鉴定，也可用荧光抗体技术诊断。

（五）防治

1. 治疗　药物治疗应该建立在药敏试验的基础上，应用敏感药物进行治疗。但对于那些临床症状和病理变化比较严重的病鸭，即使使用敏感药物，治疗效果也并不理想。有效控制该病的关键在于预防。

2. 预防　首先要改善育雏的卫生条件，特别要注意通风、干燥、防寒以及改善饲养密度。

减少各种应激因素，由于该病的发生和流行与应激因素有密切关系，因此应减少雏鸭转舍、气温变化、运输和驱赶等应激因素对鸭群的影响。

疫苗接种是预防该病的有效措施，由于该菌的血清型多，各血清型之间缺乏交叉免疫保护，因此在疫苗使用时，要经常分离鉴定各地流行菌株的血清型，选用同型菌株的疫苗，以确保免疫效果。美国近年研制出口服或气雾免疫用的弱毒菌疫苗。我国也研制出油佐剂和氢氧化铝灭活疫苗。

【重点提示】

本章主要学习了水禽常见传染病的诊断方法与防治措施。对小鹅瘟、鹅副黏病毒病、鸭瘟、鸭病毒性肝炎、鸭传染性浆膜炎的病因、流行特点、临床症状和防治措施进行了重点学习。

技能测试题

一、选择题

1．小鹅瘟主要侵害（　　）日龄以内的雏鹅，传播快且死亡率高。

A．20　　　　　　　　B．40　　　　　C．60　　　　　D．80

2．鸭传染性浆膜炎的病原体是（　　）。

A．大肠杆菌　　　　B．沙门氏菌　　C．鸭疫巴氏杆菌　　D．坏死杆菌

3．下列哪种方法属于小鹅瘟的人工被动免疫（　　）。

A．对种鹅接种疫苗　　　　　　　　B．对雏鹅接种疫苗

C．对雏鹅接种高免血清　　　　　　D．对雏鹅进行药物预防

4．成年鸭出现体温升高，两脚发软无力，下痢，流泪和部分病鸭头颈部肿大。病理特征可见食道黏膜有出血点并有灰黄色假膜覆盖或溃疡，泄殖腔黏膜充血、出血水肿和坏死，肝脏有不规则、大小不等的坏死灶及出血点，该病可能是（　　）。

A．鸭病毒性肝炎　　　　　　　　　B．鸭传染性浆膜炎

C．鸭瘟　　　　　　　　　　　　　D．禽流感

5．10日龄雏鸭的神经症状，全身性抽搐，侧卧，头向后背，两脚痉挛性地反复踢蹬，有时在地上旋转。出现抽搐后，约十几分钟即死亡。喙端和爪尖瘀血呈暗紫色。死前多数病鸭头向后弯，呈角弓反张姿势，该病可能是（　　）。

A．禽流感　　　　　　　　　　　　B．鸭传染性浆膜炎

C．鸭瘟　　　　　　　　　　　　　D．鸭病毒性肝炎

二、判断题

（　　）1．雏鹅对小鹅瘟病毒的易感性随日龄的增长而增强。

（　　）2．鸭病毒性肝炎俗称大头瘟，主要侵害成年鸭。

（　　）3．鸭瘟的病理变化以败血症的变化为主。

（　　）4．小鹅瘟的暴发多由病毒的垂直传播引起。

（　　）5．在自然条件下，鹅对鸭瘟病毒不易感染。

（　　）6．鸭病毒性肝炎多发生于成年鸭。

（　　）7．鸭传染性浆膜炎的主要病变是纤维素性渗出。

（　　）8．鹅副黏病毒病又称鹅新城疫。

三、简答题

1．简述小鹅瘟的诊断要点。

2．试述鸭瘟的综合防治措施。

第九章　寄生虫病

第一节　消化系统寄生虫病

家禽的消化系统是寄生虫主要的寄生部位之一，很多种类的寄生虫均在此寄生，如吸虫、绦虫、线虫、棘头虫和一些原虫等。

一、鸡球虫病

鸡球虫病是鸡常见且危害十分严重的寄生虫病，它造成的经济损失是惊人的。雏鸡的发病率和致死率都较高。病愈的雏鸡生长严重受阻，抵抗力降低，易继发其他疾病；成年鸡多为带虫者，增重和产蛋能力降低。当大量的球虫卵囊在鸡舍堆积，鸡群可能会大量感染球虫卵囊，引起明显症状的称为球虫病。该病在集约化养鸡场经常发生，造成大批量死亡，死亡率可高达 80%。全世界因为鸡球虫病造成的损失高达数十亿美元，因此，鸡球虫病是养鸡业中危害最严重的疾病之一。

（一）流行病学

1. 生活史　鸡球虫的发育史包括裂殖生殖、配子生殖和孢子生殖。前两阶段在鸡肠道黏膜上皮细胞内进行，称为内生性发育；后一阶段于鸡体外在适宜的温度、湿度和有氧气条件下进行，称为外生性发育。

裂殖生殖：球虫卵囊壁在肌胃的机械作用下破裂，释放出孢子囊。孢子囊在十二指肠和小肠中部受胆汁、酶的作用下，孢子囊溶解，子孢子逸出，子孢子迅速侵入肠黏膜上皮细胞内，变为球形的滋养体。在感染后 1～2 天内，滋养体迅速生长，细胞核进行无性的复分裂，即裂殖增殖。

配子生殖：经反复数次裂殖生殖之后，有的裂殖子成为雄性的小配子体，有的成为雌性的大配子体。配子体经 1～2 天成熟，小配子体中形成许多具有两根鞭毛的小配子。

小配子离开宿主细胞，进入大配子，完成受精过程。大配子受精成为合子。其表面形成一厚壁，合子即变为卵囊。

孢子生殖：刚随家禽粪便中排出的卵囊是未孢子化卵囊，不具有感染能力。卵囊在外界适宜环境（温度、湿度和氧气）下，细胞核和细胞质发生分裂，最终形成 8 个子孢子，包含在 4 个孢子囊中，即发育成孢子化卵囊，此时才具有感染能力。

2. 易感动物　柔嫩艾美耳球虫引起的急性盲肠球虫病一般发生于 3～6 周龄的小鸡，很少见于 2 周龄以内的鸡群。堆型艾美耳球虫和巨型艾美耳球虫感染引起的慢性小肠球虫病常发生在 40 ～ 60 日龄的鸡；而毒害艾美耳球虫感染引起的急性小肠球虫病常见于8 ～ 18 周龄的大鸡。

3．感染来源与感染途径　鸡球虫病的感染途径是摄入有活力的孢子化卵囊，凡被带鸡球虫的粪便污染的饲料、饮水、土壤及用具等，都有卵囊存在；其他种动物、昆虫、野鸟和尘埃以及管理人员，都可成为球虫病的机械传播者。

4．流行特点　卵囊对恶劣的环境条件和消毒剂具有很强的抵抗力，但卵囊对高温、低温和干燥的抵抗力较弱。当鸡舍潮湿、拥挤、饲养管理不当或卫生条件恶劣时，最易发病，而且往往可迅速波及全群。发病时间与气温和雨量有密切关系，通常在温暖的季节。现代化鸡场中，一年四季均有发病。

（二）临床症状

1．慢性型　该型多见于日龄较大的幼鸡（2 ～ 4 月龄）或成年鸡，临床症状不明显，只表现为轻微拉稀，粪便含水分较多，且粪便中常有较多未消化的饲料颗粒。

2．急性型　急性盲肠球虫病多见于幼鸡。病初精神沉闷，羽毛松乱，不喜活动，食欲减退，泄殖腔周围羽毛为稀粪所粘连。排鲜红色或棕红色血粪，严重时拉大量血水或血凝块。发病后期，病鸡运动失调，翅膀轻瘫，食欲废绝，冠、髯及可视黏膜苍白。急性盲肠球虫病雏鸡死亡率可达 50% 以上，甚至全群死亡。

急性小肠球虫病多见于中大鸡。病鸡拉酱油色血粪。病程可至数周或数月，病鸡逐渐消瘦，足和翅常发生轻瘫。

（三）病理变化

1．柔嫩艾美耳球虫　柔嫩艾美耳球虫寄生于盲肠，致病力最强，常使雏鸡大批量死亡。急性型病理变化为两侧盲肠显著肿大，充满凝固、新鲜、暗红色的血液，盲肠上皮变厚或脱落。

2．毒害艾美耳球虫　毒害艾美耳球虫致病力仅次于柔嫩艾美耳球虫，该球虫主要损害小肠中段，使小肠高度肿胀，有时可达正常体积的两倍以上。肠壁增厚，有明显的淡白色斑点，黏膜上有出血点，涂片可见直径达 66 μm 的巨大的第二代裂殖体，这是该球虫的特征。耐过的雏鸡出现消瘦、继发感染和失去色素。

3．堆型艾美耳球虫　堆型艾美耳球虫致病力中等，病理变化可从十二指肠的浆膜面观察到，病初肠黏膜变薄，覆有横纹状的白斑，外观呈梯状；肠道苍白，含水样液体。轻度感染的病理变化仅限于十二指肠袢；但严重感染时，病理变化可沿小肠扩张一段距离，并可融合成片。该球虫种可引起饲料转化率下降，增重率降低和蛋鸡的产蛋率下降以及皮肤褪色。

4．布氏艾美耳球虫　布氏艾美耳球虫寄生于小肠后段、直肠和盲肠近端区。该球虫主要引起卡他性肠炎，偶见由肠黏膜脱落物和凝固的血性渗出物所形成的肠芯，肠黏膜有出血点，肠壁变厚，排出带血的稀粪，精神不好，持续数天后逐渐恢复，但增重和饲料转化率明显下降。

5．巨型艾美耳球虫　巨型艾美耳球虫主要损害小肠中段，肠管扩张，肠壁增厚，肠内容物呈淡灰色、淡褐色或淡红色，有黏性，有时混有细小血块。由于它有特征性的大卵囊，故很容易鉴别。

（四）诊断方法

生前用饱和盐水漂浮法或粪便涂片查到球虫卵囊，死后取肠黏膜触片或刮取肠黏膜涂片查到裂殖体、裂殖子或配子体，均可确诊为球虫感染，但由于鸡的带虫现象极为普遍，因此，是不是由球虫引起的发病和死亡，应根据临床症状、流行病学、病理剖检情况和病原检查结果进行综合判断。

（五）治疗

治疗球虫病的时间越早越好，因为球虫的危害主要是在裂殖生殖阶段，若不晚于感染后96小时治疗，则可降低雏鸡的死亡率。常用的治疗药物有以下几种：

磺胺二甲基嘧啶：按0.1％混入水中，连用2天；按0.05％混入饮水，连用4天，休药期为10天。

盐酸氨丙啉：按0.012％～0.024％混入水中，连用3天，休药期为5天。

磺胺氯吡嗪钠：按0.012％～0.024％混入水中，连用3天，无休药期。

百球清：2.5％溶液，按0.0025％混入水中，即1L水中加入百球清1 ml。在后备母鸡群可用此剂量混饲或饮水3天。

（六）预防

1. 药物预防　使用抗球虫药物预防球虫病是防治球虫病的重要手段，它不但可以使球虫的感染处于最低水平，而且可使鸡保持一定的免疫力，这样可确保鸡球虫病免于发生。

预防抗球虫的药物有以下几种：

氨丙啉：按0.0 125％混入饲料，从雏鸡出壳第1天到屠宰上市为止，无休药期。

尼卡巴嗪：按0.0 125％混入饲料，休药期4天。

球痢灵：按0.0 125％混入饲料，休药期5天。

克球多：按0.0 125％混入饲料，无休药期；按0.0 250％混入饲料，休药期5天。

常山酮：按0.0 003％混入饲料，休药期5天。

地克珠利：按0.0 001％混入饲料，无休药期。

莫能菌素：按0.0 100％～0.0 121％混入饲料，无休药期。

拉沙洛菌素钠：按0.0 075％～0.0 125％混入饲料，无休药期。

盐霉素：按0.005％～0.006％混入饲料，无休药期。

马杜拉霉素：0.005％～0.007％混入饲料，无休药期。

拉沙里菌素：0.0 075％～0.0 125％，混入饲药，休药3天。

氯嗪苯乙氰：0.0 001％混入饲料，无休药期。

在生产中，任何一种药物在连续使用一段时间后都会使球虫对它产生抗药性，为了避免或延缓此问题的发生，可以采取以下两种用药方案：一是变换用药，即在一年的不同时间段里变换使用不同的抗球虫药。例如，在春季和秋季变换药物可避免抗药性的产生，从而可改善鸡群的生产性能。二是穿梭用药，即在鸡的一个生产周期的不同阶段使用不同的药物。一般来说，生长初期用效力中等的抑制性抗球虫药物，使雏鸡能带有少量球虫以产生免疫力，生长中后期用强效抗球虫药物。

2．免疫预防　为了避免药物残留对人类健康的危害和球虫的抗药性问题，现已研制了多种球虫活疫苗，一种是利用少量强毒的活卵囊制成的活虫疫苗，接种在藻珠中，混入饲料或饮水中。另一种是连续传代选育的早熟虫株制成的虫疫苗，并已在生产上推广使用。

二、鸭球虫病

鸭球虫病主要是由艾美耳科的艾美耳属、泰泽属和温扬属的球虫寄生于鸭的小肠上皮细胞内引起的疾病。其主要特征为出血性肠炎。

（一）流行病学

1．生活史　毁灭泰泽球虫：寄生于小肠黏膜上皮细胞内，严重时盲肠和直肠有球虫寄生，致病力强。卵囊小，短椭圆形，浅绿色，无卵膜，初排出的卵囊内充满含粗颗粒的合子，无空隙。菲莱氏温扬球虫：寄生于小肠黏膜上皮细胞内，主要在回肠段，盲肠和直肠也有球虫寄生。卵囊大，卵圆形，浅淡蓝色，初排出的卵囊内被合子充满，无空隙，有卵膜孔，每个孢子囊内含 4 个子孢子。

它们属直接发育型，无需中间宿主，发育需经以下三个阶段。孢子生殖阶段：在外界完成，又称外生发育；裂殖生殖阶段：在小肠上皮细胞内以复分裂法进行繁殖，毁灭泰泽球虫有两代裂殖生殖；配子生殖阶段：由上述中最后一代裂殖子分化形成大配子，大、小配子结合为合子，合子外周形成囊壁就成为卵囊。

2．易感动物　各种年龄的鸭都有易感性，雏鸭发病严重，死亡率高。病鸭康复后成为带虫鸭。

3．感染来源与感染途径　该病可通过病鸭、带虫鸭、被粪便污染的饲料、饮水、土壤或用具等进行传播，或经饲养员机械性的携带卵囊来传播。易感鸭吃了被孢子化卵囊污染的食物而感染发病。

4．流行特点　该病的发生季节与气温和雨量有密切关系。在外界发育成孢子化卵囊的适宜温度为 20 ℃～ 30 ℃，温度在 9 ℃以下或 40 ℃以上，卵囊停止发育。球虫卵囊的抵抗力有强有弱。该病急性暴发时，发病率高达 80%～ 90%，死亡率为 20%～ 70%。

（二）临床症状与病理变化

急性鸭球虫病多出现于 2～ 3 周龄的雏鸭，于感染后第 4 天出现精神委顿，缩颈，食欲废绝，喜卧，渴欲增加等症状；病初排稀便，随后排暗红色或深紫色血便，发病当天或第二、三天急性死亡，耐过的病鸭逐渐恢复食欲，死亡停止，但生长受阻，增重缓慢。慢性型一般不显症状，偶见有排稀便，常成为球虫携带者和传染源。

毁灭泰泽球虫危害严重，肉眼病理变化为整个小肠呈泛发性出血性肠炎，尤以卵黄蒂前后范围的病理变化严重。肠壁肿胀、出血；黏膜上有出血斑或密布针尖大小的出血点，有的见有红白相间的小点，有的黏膜上覆盖一层糠麸状或奶酪状黏液，或有淡红色或深红色胶胨状出血性黏液，但不形成肠心。组织学病理变化为肠绒毛上皮细胞广泛崩解脱落，几乎为裂殖体和配子体所取代。宿主细胞核被压挤到一端或消失。肠绒毛固有层充血、出血，组织细胞大量增生，嗜酸性粒细胞浸润。感染后第7天肠道变化已不明显，趋于恢复。

菲莱氏温扬球虫致病性不强，肉眼病理变化不明显，仅可见回肠后部和直肠轻度充血，偶尔在回肠后部黏膜上见有散在性的出血点，直肠黏膜弥漫性充血。

（三）诊断方法

鸭的带虫现象极为普遍，所以不能仅根据粪便中有无卵囊做出诊断，应根据临床症状、流行病学资料和病理变化，结合病原检查综合判断。急性死亡病例可从病理变化部位刮取少量黏膜置载玻片上，加入1～2滴生理盐水混匀，加盖玻片用高倍镜检查，或取少量黏膜做成涂片，用姬氏染色或瑞氏液染色，在高倍镜下检查，见到有大量裂殖体和裂殖子即可确诊。耐过病鸭可取其粪便，用常规沉淀法沉淀后，弃去上清液，沉渣加入64.4%（W/V）硫酸镁溶液漂浮，取表层液镜检见有大量卵囊即可确诊。

（四）治疗

在球虫病流行的季节，当饲养达到12日龄的雏鸭，可选择下列药物混于饲料中喂服。磺胺间甲氧嘧啶按0.1%混于饲料中，或复方磺胺间甲氧嘧啶（以5∶1比例）按0.02%～0.04%混于饲料中，连喂5天，停喂3天，再喂5天。磺胺甲基异恶唑按0.1%混于饲料中，或复方磺胺甲基异恶唑（以5∶1比例）按0.02%～0.04%混于饲料中，连喂7天，停3天，再喂3天。克球粉按有效成分0.05%浓度混于饲料中，连喂6～10天。

（五）预防

鸭舍应保持清洁干燥，定期清除粪便，并将粪便堆积发酵。防止鸭粪污染饮水和饲料，经常消毒用具，定期更换垫草，换垫新土。球虫病流行严重时，则应铲除表土，更换新土，防止饲养人员串岗，谢绝外场人员参观，以防带进球虫卵囊。定期使用药物进行预防。

三、鹅球虫病

家鹅和野鹅的球虫种类有3个属16种，即艾美耳属、等孢属、泰泽属。其中截形艾美耳球虫寄生于鹅的肾脏或输尿管连接处的泄殖腔，其余均寄生于小肠、盲肠和直肠。

（一）流行病学

1. 生活史　属直接发育型生活史，不需要中间宿主。鹅球虫发育分为三个阶段：

①裂殖生殖，属无性繁殖。球虫在肠上皮细胞内经过由裂殖体到裂殖子多次裂殖增殖。②配子生殖，属有性繁殖。先为配子生殖，形成大、小配子，大为雌性，小为雄性，大小配子结合为合子，后变成卵囊。球虫外层卵囊壁由胶质膜、卵囊外壁和卵囊内壁三层构成。有些卵囊壁一端有一微孔，有些微孔上有极盖，卵囊内有一团球形原生质，内含物称卵囊质。③卵囊生殖。卵囊在适宜温度、湿度及充足氧气的外界条件下，几天后即可完成孢子化过程，卵囊质分裂4个孢子囊（感染性卵囊），每个孢子囊内有2个子孢子及一团内余体。每个感染性卵囊到宿主体内可释放8个子孢子，进入肠上皮细胞。无性繁殖及有性繁殖阶段在鹅体内进行，称内生性发育。卵囊生殖在外界环境中完成，称外生性发育。寄生在上皮细胞内的球虫，发育到一定阶段形成卵囊进入肠道，随粪便排出体外。在外界适宜的条件下，卵囊内形成孢子囊，每个孢子囊含有子孢子，成为感染性卵囊。鹅经口感染这种卵囊后，子孢子在肠道内破卵囊而出，侵入肠上皮细胞变为裂殖体，再繁殖为裂殖子，并大量繁殖，使上皮细胞破坏，裂殖子从破坏的细胞内逸出，又侵入新的上皮细胞内，又裂体增殖，破坏新的上皮细胞。经多次反复，使上皮细胞严重破坏，并可释放毒素，使鹅发病。无性生殖若干代后，开始有性生殖，形成大小配子，结合为合子，后形成卵囊，随粪便排出，在鹅粪中可检到卵囊。以上为肠型球虫的典型生活史，对肾型球虫的详细生活过程，目前还缺乏资料。

2.易感动物　各品种、年龄阶段鹅均易感染，3周龄至3月龄幼鹅最易感染，死亡率高。

3.感染来源与感染途径　康复鹅为带虫者。病鹅粪便污染过的饮水、饲料、土壤、用具和饲养员都可携带卵囊而造成传播。

4.流行特点　该病的发病季节多在3～5月阴雨潮湿的季节。

（二）临床症状与病理变化

鹅小肠球虫病，病鹅表现为甩头，食物从口中甩出，口吐白沫，垂头闭目，站立不稳，卧伏。粪便初稀糊状，后变成水样稀粪或白色稀粪。重症排红色血粪，混有黏液，有的排长条形腊肠样粪便，表面呈灰白色或灰黄色，约1～2天死亡。耐过的病鹅，生长迟缓。病理变化多在小肠、直肠，肠黏膜增厚，出血，糜烂，且有肠芯；肠腔内充满红褐色黏稠物，黏膜上有白色结节或糠麸样伪膜覆盖。

鹅肾型球虫病，球虫多寄生在肾小管上皮内。病鹅表现为精神委顿，食欲废绝，翅下垂，眼迟钝和下陷，腹泻，粪便呈白色，多呈急性，病程2～3天，死亡率达85%。康复鹅步伐蹒跚，颈扭转，出现眩晕等症状。病理变化见肾脏肿大，有大拇指粗，从荐骨床突出来，肾脏为淡黄色或红色，有出血斑或针大小的灰白色病灶或条纹。病灶中含有大量卵囊和尿酸盐，输尿管膨大数倍。

（三）诊断方法

根据临床症状、流行病学调查、病理变化及粪便或肠黏膜涂片或在肾脏组织中发现各发育阶段球虫体而确诊。

（四）治疗

磺胺六甲氧嘧啶钠：混入饲养中按 0.05% ～ 0.2% 混匀，连用 3 ～ 5 天。

盐酸氨丙啉：混入饲料中按 150 ～ 200 mg/kg 混匀，或混入饮水中按 80 ～ 120 mg/L 混匀，连用 7 天。用药时停喂维生素 B_1。

磺胺二甲基嘧啶：混入饲料中按 0.5% 混匀，或混入饮水中按 0.2% 浓度饮服，连用 3 天，停喂 2 天，再连用 3 天。

（五）预防

鹅按年龄分群饲养；保持鹅舍清洁、干燥；粪便及时清除，做堆肥发酵；栏圈、食槽、饮水器及用具等要常清洗消毒；运动场所勤垫料或换新土。

四、隐孢子虫病

隐孢子虫病是由隐孢子虫寄生于呼吸道和消化道黏膜上皮微绒毛而引起的疾病。我国已发现禽类有 2 种隐孢子虫，即引起鸡、鸭、鹅、火鸡、鹌鹑法氏囊和呼吸道的贝氏隐孢子虫，以及引起火鸡、鸡、鹌鹑肠道感染的火鸡隐孢子虫。

（一）流行病学

1. 生活史　隐孢子虫的发育可分为以下四个阶段。

脱囊：即感染性子孢子从卵囊中释放出来。在鸡体内全部卵囊脱囊约需 8 小时，在鹌鹑体内约需 6 小时。

裂殖生殖：即在上皮细胞上进行无性繁殖。首先从卵囊中释放出来的子孢子，进入宿主上皮细胞，头部变圆，子孢子缩短，然后形成滋养体。由滋养体进一步发育为含 8 个裂殖子的第一代裂殖体。成熟的裂殖体破裂，释放出 8 个裂殖子。第一代裂殖子经滋养体发育为第二代裂殖体，每个裂殖体内含有 4 个第二代裂殖子。第二代裂殖子以类似的方式形成含有 8 个裂殖子的第三代裂殖体。

配子生殖：由第三代裂殖子发育成为小配子体和大配子。成熟的小配子体含有 16 个子弹形的小配子和 1 个大残体，小配子无鞭毛。小配子附着于大配子上受精，受精后大配子即发育为合子。合子外层形成卵囊壁后即发育为卵囊。

孢子生殖：即在卵囊内形成感染性的子孢子。隐孢子虫卵囊有厚壁型和薄壁型两种。厚壁型卵囊的数量多，薄壁型卵囊的数量少。孢子化卵囊内含有 4 个裸露的子孢子。薄壁型卵囊外覆一层单位膜，当卵囊从宿主细胞的带虫空泡中释放出时，单位膜破裂，感染性的子孢子立即进入附近的宿主细胞，重新开始新的发育过程，这样就造成了隐孢子虫的自身感染，以致于即使在摄入少量的隐孢子虫卵囊后也能引起严重的感染。大多数卵囊则发育为多层的、对外界环境有抵抗力的厚壁型卵囊，并随粪便排出体外，由此而引起其他易感禽类的感染。

根据人工感染的结果，贝氏隐孢子虫在接种鸡后的第 3 天，首次在粪便中发现卵囊

（即潜隐期为 3 天），排卵囊的时间可长达 24～35 天，排卵囊的高峰期为接种后的第 9～17 天。雏鸡在接种后的第 7 天即开始出现临床症状。贝氏隐孢子虫在接种北京鸭后的第 3 天，首次在粪便中出现卵囊，排卵囊的时间长达 17 天，排卵囊高峰期在接种后第 6～14 天，雏鸭在接种后第 7 天出现呼吸困难等症状。贝氏隐孢子虫接种小鹅的潜隐期为 4 天，排卵囊时间长达 21 天，排卵囊的高峰期为 7～17 天，人工感染后小鹅的严重发病出现在第 8 天。火鸡隐孢子虫在接种雏鸡后的潜隐期为 3 天，排卵囊的时间可长达 18 天。

2. 易感动物　鸡、鸭、鹅、火鸡、鹌鹑、孔雀、鸽子、麻雀、鹦鹉、金丝雀等禽类都易感染。

3. 感染来源与感染途径　我国各地的鸡、鸭、鹅的隐孢子虫感染是普遍存在的。隐孢子虫既可通过消化道，也可通过呼吸道引起感染。在生产上，消化道感染是由于鸡啄食了被粪便污染的垫草、饲料或饮水中的卵囊，呼吸道感染是由于吸入环境中存在的卵囊。贝氏隐孢子虫卵囊不需在外界环境中发育，一经排出便具有感染性，迄今也尚未发现有传播媒介。由于贝氏隐孢子虫和火鸡隐孢子虫可感染多种禽类，因而野禽也有可能作为该病的携带者。已知禽类隐孢子虫不感染哺乳动物，但是啮齿类动物（如大鼠和小鼠），还有昆虫都有可能作为机械传播者。

4. 流行特点　隐孢子虫存在于任何商品化养禽的地方，其中以贝氏隐孢子虫流行更为严重。在自然病例中，隐孢子虫病多发生于 4～17 周龄的禽类，且以幼禽更为常见。饲养密度大，禽舍通风不良，饲养管理不善，或环境卫生较差的禽场，隐孢子虫的感染率明显升高。

（二）临床症状与病理变化

病禽精神沉闷，缩头呆立，眼半闭，翅下垂，饮、食欲减退或废绝，张口呼吸，咳嗽，严重的呼吸困难，发出"咯咯"的呼吸音，眼睛有浆液性分泌物，腹泻，便血。剖检可见泄殖腔、法氏囊及喉头、气管水肿，有较多的泡沫状渗出物，有时气管内可见灰白色凝固物，呈干酪样。肺脏腹侧充血严重，表面湿润，常带有灰白色硬斑，切面渗出液较多。气囊混浊，外观呈云雾状。双侧眶下窦内含黄色液体。

本原虫在上部气道寄生时会出现呼吸困难、咳嗽和打喷嚏等呼吸道症状。严重发病者可见呼吸极度困难、伸颈、张口、呼吸次数增加，食欲减退或废绝，精神沉闷，眼半闭，翅下垂，喜卧一侧，严重发病后多在 2～3 天内死亡。

（三）诊断方法

1. 根据流行病学　临床症状和病理变化进行初步诊断。

2. 卵囊检查法　饱和蔗糖溶液漂浮法：取新鲜禽粪便，加入 10 倍体积的常水，浸泡 5 分钟充分搅匀，用铜网过滤，取滤液 3 000 转 / 分离心 10 分钟，弃去上清液，加入蔗糖漂浮液（蔗糖 454 g，蒸馏水 355 ml，石炭酸 6.7 ml），充分混匀，3 000 转 / 分离心 10 分钟，用细铁丝圈蘸取表层漂浮液，在 400～1 000 倍光镜下检查。或用饱和食盐水做漂浮液，亦可采肠黏膜刮取物或粪便做涂片，用姬氏液或碳酸品红液染色镜检。

3. 病理组织学诊断 取气管、支气管、法氏囊或肠道做病理组织学切片，在黏膜表面发现大小不一的虫体即可确诊。

（四）治疗

在饲料中添加交沙霉素（8 g/kg）、大蒜素（600 mg/kg）、甲硝唑（4 g/kg）和复方新诺明（8.6 g/kg），连喂 5 天，对雏鸡实验性隐孢子虫病有一定的治疗作用；在饲料中添加乙酰螺旋霉素 400 mg/kg，对雏鸡贝氏隐孢子虫感染也有一定的治疗效果。对该病的临床治疗效果尚可。

（五）预防

隐孢子虫病的预防应加强饲养管理和环境卫生，成年禽与雏禽分群饲养。饲养场地和用具等应经常用热水或 5% 氨水或 10% 福尔马林消毒。粪便污物定期清除，进行堆积发酵处理。

五、组织滴虫病

组织滴虫病是由火鸡组织滴虫引起的禽类盲肠和肝脏机能紊乱的一种急性原虫病。该病主要侵害肝脏和盲肠，被称为盲肠肝炎；因发病后期出现血液循环障碍，头部颜色发紫，因而又称黑头病。该病呈世界性分布，在加拿大、法国、英国、美国、意大利等一些主要火鸡饲养国，非常普遍。该病以侵害火鸡为主，其他家禽易感性不高，但组织滴虫可以引起家禽的生长发育迟缓、产蛋下降，阻碍养禽业健康发展，对畜牧业生产造成巨大的经济损失。

（一）流行病学

1. 生活史 组织滴虫病的病原是组织滴虫，它是一种很小的原虫。该原虫有两种形式：一种是组织型原虫，寄生在细胞里，虫体呈圆形或卵圆形，没有鞭毛，大小约为 6 ~ 20 μm；另一种是肠腔型原虫，寄生在盲肠腔的内容物中，直径为 5 ~ 30 μm，具有一根鞭毛，在显微镜下可以看到鞭毛的运动。随病鸡粪便排出的虫体，在外界环境中能生存很久，鸡食入这些虫体便可感染。但主要的传染方式是通过寄生在盲肠的异刺线虫的卵而传播的。当异刺线虫在病鸡体寄生时，其中卵内可带上组织滴虫。异刺线虫卵中约 0.5% 带有这种组织滴虫。这些虫在线虫卵的保护下，随粪便排出体外，在外界环境中能存活 2 ~ 3 年。当外界环境条件适宜时，则发育为感染性虫卵。鸡吞食了这样的虫卵后，卵壳被消化，线虫的幼虫和组织滴虫一起被释放出来，共同移至盲肠部位繁殖，进入血流。线虫幼虫对盲肠黏膜的机械性刺激，促进盲肠肝炎的发生。组织滴虫钻入肠壁繁殖，进入血流，寄生于肝脏。

2. 易感动物 组织滴虫的自然宿主有很多，如火鸡、鸡、鹧鸪、鹌鹑、孔雀、珍珠鸡、锦鸡等均可感染组织滴虫，其中火鸡最易感染。

3. 感染来源与感染途径 该病通过消化道感染。组织滴虫因有异刺线虫虫卵的卵壳保护，在外界能生存较长的时间，成为重要的传染源。蚯蚓吞食土壤中的异刺线虫虫卵或幼虫后，组织滴虫随即进入蚯蚓体内而使之成为重要的传播媒介。鸡食入这样的蚯蚓和异刺线虫虫卵均可引起发病。在没有异刺线虫虫卵和蚯蚓做保护时，组织滴虫在外界数分钟内即死亡。在野生动物群体中，雉和北美鹑类可充当保护组织滴虫宿主，节肢动物中的蝇、蚱蜢、蟋蟀等都可作为机械性传播媒介。

4. 流行特点。该病一年四季均可发生，主要发生于春末至秋初潮湿温暖季节。卫生良好的鸡场很少发生该病。反之，鸡舍和运动场污秽、潮湿、阴暗、堆放杂物多、隐藏蚯蚓小虫以及鸡群拥挤、营养不良、维生素缺乏或野外放养鸡都易得该病。

（二）临床症状与病理变化

该病的潜伏期一般为 15 ～ 20 天。病火鸡精神委顿，食欲减退，头缩进躯体，卷入翅膀下，羽毛松乱，头皮呈紫蓝色或黑色，行走如踩高跷步态。该病程通常有两种：一种是最急性病例，常见粪便带血或完全血便，另一种是慢性病例，患病火鸡排淡黄色或淡绿色粪便，这种情况的鸡很少见。较大的火鸡慢性病例一般表现消瘦，体重减轻，很少呈现临床症状。感染组织滴虫病后，会引起白细胞总数增加，主要是异嗜细胞增多，但在恢复期单核细胞和嗜酸性粒细胞显著增加，淋巴细胞、嗜碱性细胞和红细胞总数不变。

组织滴虫病的病理变化常限于盲肠和肝脏，盲肠的一侧或两侧发炎、坏死、肠壁增厚或形成溃疡，有时盲肠穿孔、引起全身性腹膜炎，盲肠表面覆盖有黄色或黄灰色渗出物，并有特殊恶臭。有时有干酪样物充塞盲肠腔，呈多层的栓子样。外观呈明显的肿胀和混杂有红灰黄等颜色。肝脏出现稍有凹陷的溃疡状病灶，通常呈黄灰色，或是淡绿色。溃疡灶的大小不等，一般为 1 ～ 2 cm 的环形病灶，也可能相互融合成大片的溃疡区。经过治疗或发病早期的雏火鸡，可能不表现典型病变，大多数感染鸡群通常只有剖检足够数量的病死禽只，才能发现典型的病理变化。

（三）诊断方法

诊断此病一般是以生前排出特征性硫黄色粪便，剖检肝脏典型坏死灶及盲肠的干酪样肠芯和肿大变化为依据。但确诊必须依靠实验室诊断。

虫体检查是该病确诊的依据。采用刚扑杀或刚死亡病禽的肝脏组织和盲肠黏膜制作悬液标本，在显微镜台上观察可见大量圆形或卵圆型的虫体，以其特有的急速的旋转或钟摆状态运动，虫体一端有鞭毛，若维持在 30 ℃～ 40 ℃还可见到虫体的伪足，也可做肝脏组织触片检查虫体。用肝脏组织和盲肠制作石蜡切片时，组织滴虫在 HE 染色时虫体着色较淡，以单个、成群或连片的形式存在于坏死的组织中，虫体大小为 5 ～ 20 μm。

（四）治疗

卡巴砷：混料饲喂，预防量为 150 ～ 200 mg/kg，治疗量为 400 ～ 800 mg/kg。

4- 硝基苯砷酸：混料饲喂，预防量为 187.5 mg/kg，治疗量为 400 ～ 800 mg/kg。

1，2- 二甲基 -5- 硝基咪唑：混料饲喂，预防量为 150 ～ 200 mg/kg，治疗量为 400 ～ 800 mg/kg。

氯苯砷：每千克体重 1 ～ 1.5 mg，用灭菌蒸馏水配成 1% 的溶液静脉注射，必要时 3 日后重复一次。

呋喃唑酮：饲料中含量为 400 mg/kg，连喂 7 天为一个疗程。

甲硝唑（灭滴灵）适量用法：配成 0.05% 水溶液饮水，连饮 7 天后，停药 3 天，再饮 7 天。

（五）预防

由于组织滴虫的主要传播方式是通过盲肠体内的异刺线虫虫卵为媒介，所以有效的预防措施是排除蠕虫卵，减少虫卵的数量，以降低这种病的传播感染。因此，在进鸡和火鸡以前，必须清除禽舍杂物并用水冲洗干净，然后严格消毒。火鸡饲养场内，禁止同时养鸡，以防止寄生在鸡体内的大量的组织滴虫感染火鸡。严格做好禽群的卫生管理，饲养用具不得乱用，饲养人员不能串舍，免得互相传播疾病，及时检修供水器，定时移动饲料槽和饮水器的位置，以减少局部地区湿度过大和粪便堆积。

六、后睾吸虫病

后睾吸虫病是由后睾科多个属的多种吸虫寄生于鸭、鹅等禽类肝脏、胆管及胆囊内引起的疾病。其主要特征为肝脏、胆管及胆囊肿大，下痢，消瘦，幼禽生长发育受阻。

（一）流行病学

1. 生活史　中间宿主：淡水螺类的纹沼螺。

补充宿主：麦穗鱼和爬虎鱼等。

终末宿主：鸭、鹅、鸡等禽类。

发育过程：成虫在终末宿主胆管或胆囊内产卵，虫卵随粪便排到外界，孵出的毛蚴侵入中间宿主体内，经无性繁殖发育为尾蚴，尾蚴侵入补充宿主的肌肉和皮层发育为囊蚴。终末宿主吞食含有囊蚴的补充宿主而感染。感染后 16 ～ 21 天粪便中发现虫卵。

2. 易感动物　主要流行于鸭群中，1 月龄以上的雏鸭感染率较高，感染强度可达百余条。鸡和鹅偶尔感染。

3. 感染来源与感染途径　终末宿主吞食含有囊蚴的补充宿主而感染。

4. 流行特点　主要发生于春末至秋初潮湿、温暖季节。

（二）症状与病理变化

病鸭主要表现不同程度的肝炎、胆囊炎和胆管阻塞的症状，出现贫血、消瘦等全身症状，严重感染时死亡率很高。剖检可见胆囊肿大，囊壁增厚，胆汁变质或消失，肝脏表现不同程度的炎症和坏死，常呈橙黄色，有花斑，胆管阻塞，在胆管或胆囊内可发现大量虫体。

（三）诊断方法

根据流行病学，临床症状和粪便检查以及剖检发现虫体进行综合诊断。粪便检查用沉淀法。

（四）治疗

硫氯酚：剂量为每千克体重 150 ～ 200 mg，一次内服。

吡喹酮：剂量为每千克体重 15 mg，一次内服。

丙硫咪唑：剂量为每千克体重 75 ～ 100 mg，一次内服。

（五）预防

对发现有感染该病的鸭群进行预防性驱虫。鸭粪要经过堆积发酵处理后用作肥料，病鸭在治愈前禁止在水边放养，防止污染水源。在流行区应推广圈养，尤其是养鸭数量大时，鸭群一旦感染则会造成较大的经济损失。

七、棘口吸虫病

棘口吸虫病是由棘口科的各属吸虫寄生于家禽和野禽的大小肠中引起的疾病。棘口科吸虫的种类繁多，分布广泛，病鸭主要特征为下痢、消瘦，幼禽生长发育受阻。图 9-1 为卷棘口吸虫成虫与头冠放大的虫卵。

图 9-1 卷棘口吸虫成虫
与头冠放大的虫卵

（一）流行病学

1. 生活史 棘口吸虫类的发育一般需要两个宿主：中间宿主为淡水螺类，补充宿主为淡水螺类、蛙类及淡水鱼。虫卵随终末宿主的粪便排至体外，在 30 ℃左右的适宜温度下于水中经 7 ～ 10 天孵出毛蚴。毛蚴在水中游动，遇到适宜的淡水螺类，即钻入其体内，脱掉纤毛，发育为胞蚴，进而发育成母雷蚴、子雷蚴及尾蚴。在外界温度适宜的条件下，幼虫在螺体内经 32 ～ 50 天的发育变为尾蚴，后自螺体逸出，游动于水中，遇到补充宿主淡水螺类、蝌蚪与鱼类，即侵入其体内变为囊蚴。终末宿主吞食含囊蚴的补充宿主而受感染。在畜禽体内经 20 天左右发育为成虫。

2. 易感动物 鸡、鸭、鹅和一些野生禽类易感染。

3. 感染来源与感染途径 患病或带虫鸡、鸭、鹅等，虫卵存在于粪便中。终末宿主经口感染。

4. 流行特点 流行广泛，南方普遍发生。

（二）临床症状与病理变化

少量寄生时危害并不严重，雏禽严重感染时可引起食欲减退，消化不良，下痢，粪便中混有黏液，禽体贫血，消瘦，发育停滞，最后因衰竭而死亡。剖检可见肠壁发炎，点状出血，肠内容物充满黏液，有许多虫体附在肠黏膜上。

（三）诊断方法

根据流行病学、临床症状和粪便检查进行初步诊断，剖检发现虫体即可确诊。粪便检查用沉淀法。

（四）治疗

硫氯酚：剂量为每千克体重用 150 ～ 200 mg，禽类可将粉剂拌入饲料中饲喂。

氯硝柳胺：剂量为每千克体重用 50 ～ 60 mg，拌入饲料中喂服。

（五）预防

在流行区，对病禽应有计划地进行驱虫，驱出的虫体和排出的粪便应严加处理。从禽舍中清扫出来的粪便应堆积发酵，杀灭虫卵，改良土壤，施用化学药物消灭中间宿主。因螺类经常夹杂在水草中，勿以浮萍或水草等做饲料。勿以生鱼或蝌蚪及贝类等饲喂畜禽，以防感染。

八、前殖吸虫病

前殖吸虫病是由前殖科前殖属的多种吸虫寄生于家禽及鸟类的输卵管、法氏囊、泄殖腔及直肠所引起的疾病。常引起输卵管炎，病禽产畸形蛋，有的因继发腹膜炎而死亡。前殖吸虫病呈世界性分布，在我国的许多省、市和自治区均有发生，前殖吸虫的种类较多，其中的卵圆前殖吸虫和透明前殖吸虫分布较广。图 9-2 为前殖吸虫的成虫。

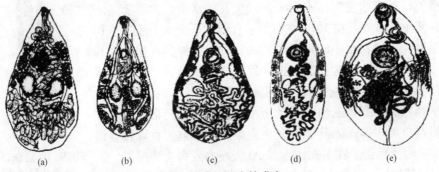

(a)　　　　(b)　　　　(c)　　　　(d)　　　　(e)

图 9-2　前殖吸虫的成虫
（a）卵圆前殖吸虫；（b）透明前殖吸虫；（c）楔形前殖吸虫；（d）鲁氏前殖吸虫；（e）家鸭前殖吸虫

（一）流行病学

1. 生活史　前殖吸虫的发育均需两个宿主：其中间宿主为淡水螺类，补充宿主为各种蜻蜓及其稚虫。卵圆前殖吸虫的中间宿主有豆螺和白旋螺等，透明前殖吸虫有豆螺。其补充宿主是各种蜻蜓。

成虫在宿主的寄生部位产卵，后随粪便和排泄物排出体外。虫卵被中间宿主吞食（或虫卵遇水孵出毛蚴），毛蚴在螺体内发育为胞蚴和尾蚴。无雷蚴阶段。成熟的尾蚴从螺体逸出，游于水中，遇到补充宿主蜻蜓的稚虫时，即由稚虫的肛孔进入其肌肉中形成囊蚴。当蜻蜓稚虫越冬或变为成虫时，囊蚴在其体内仍保持生命力。家禽由于啄食含囊蚴的蜻蜓稚虫或成虫而感染。囊蚴的囊壁在宿主体内被消化，童虫逸出，经肠进入泄殖腔，再转入输卵管或法氏囊。用囊蚴人工感染雏鸡，在第 15 天于法氏囊内可找到成虫，在输卵管内 8 天成熟，在雏鹅和雏鸭的法氏囊内分别需要 26 天和 42 天成熟。

2．易感动物　鸡、鸭、鹅、野鸭及其他鸟类均易感染。

3．感染来源与感染途径　患病或带虫鸡、鸭、鹅等是主要感染来源，虫卵存在于粪便和排泄物中。终末宿主经口感染。

4．流行特点　前殖吸虫病多呈地方性流行，其流行季节与蜻蜓的出现相一致，家禽的感染多因到水池岸边放牧，捕食蜻蜓所引起。

（二）临床症状与病理变化

初期病鸡临床症状不明显，食欲、产蛋和活动均正常，但开始产薄壳蛋。后来产蛋率下降，逐渐产畸形蛋或流出石灰样的液体。食欲减退，消瘦，羽毛蓬乱，脱落。腹部膨大，下垂，产蛋停止。少活动，喜蹲窝。后期体温上升，渴欲增加。全身乏力，腹部压痛，泄殖腔突出，肛门潮红，腹部及肛周羽毛脱落，严重者可致死。

其主要病理变化是输卵管发炎。输卵管黏膜充血，极度增厚，在黏膜上可找到虫体。此外尚有腹膜炎，腹腔内含有大量黄色浑浊的液体。脏器被干酪样凝集物粘着在一起；肠子间可见到浓缩的卵黄；浆膜呈现明显的充血和出血。

（三）诊断方法

根据临床症状和剖检所见病变，发现虫体，或用沉淀法检查粪便发现虫卵，即可确诊。

（四）治疗

丙硫咪唑：剂量为每千克体重 120 mg，1 次口服。

吡喹酮：剂量为每千克体重 60 mg，1 次口服。

氯硝柳胺：剂量为每千克体重 100 ～ 200 mg，1 次口服。亦可用吡喹酮治疗。

（五）预防

在流行区进行计划性驱虫，驱出的虫体以及排出的粪便应堆积发酵处理后再利用。改变家禽散养方式，避免在蜻蜓出现的季节或到其稚虫栖息的池塘岸边放牧。

九、戴文绦虫病

戴文绦虫病主要是由戴文科赖利属和戴文属的多种绦虫寄生于鸡小肠中引起的疾病。其主要特征为小肠黏膜发炎、下痢、生长缓慢和产蛋率下降。

（一）流行病学

1. 生活史　中间宿主：四角赖利绦虫的中间宿主是家蝇和蚂蚁；棘沟赖利绦虫的中间宿主为蚂蚁；有轮赖利绦虫的中间宿主为家蝇、金龟子、步行虫等昆虫；节片戴文绦虫的中间宿主为蛞蝓和陆地螺。

终末宿主：主要是鸡，还有火鸡、孔雀、鸽子、鹌鹑、珍珠鸡、雉等。

发育过程：成虫在鸡小肠内产卵，虫卵随粪便排至体外，被中间宿主吞食后发育为似囊尾蚴。含有似囊尾蚴的中间宿主被终末宿主吞食后，似囊尾蚴在小肠内发育为成虫。进入中间宿主体内的虫卵发育为似囊尾蚴需要 14 ～ 21 天；进入终末宿主体内的似囊尾蚴发育为成虫需要 12 ～ 20 天；（终末宿主体）似囊尾蚴发育为成虫需要 12 ～ 20 天。

2. 易感动物　不同年龄的禽类均可感染该病，但以幼禽为主，25 ～ 40 日龄死亡率最高。常为几种绦虫混合感染。

3. 感染来源与感染途径　患病或带虫鸡等是主要感染来源，孕卵节片存在于粪便中。终末宿主经口感染。

4. 流行特点　戴文绦虫病的分布广泛，与中间宿主的分布面广有关。

（二）临床症状与病理变化

病鸡食欲下降，渴欲增强，行动迟缓，羽毛蓬乱，粪便稀且有黏液，贫血，消瘦，有时出现神经中毒症状。产蛋鸡产蛋量下降或停止。雏鸡生长缓慢或停止，严重者可继发其他疾病而死亡。肠黏膜增厚、出血，内容物中含有大量脱落的黏膜和虫体。棘沟赖利绦虫为大型虫体，大量感染时虫体积聚成团，导致肠阻塞，甚至肠破裂引起腹膜炎而死亡。

（三）诊断方法

根据流行病学、临床症状、粪便检查见到虫卵或节片诊断，剖检发现虫体确诊。粪便检查用漂浮法。

（四）治疗

丙硫咪唑：剂量为每千克体重 10 ～ 20 mg，1 次口服。

吡喹酮：剂量为每千克体重 10 ～ 20 mg，1 次口服。

氯硝柳胺：剂量为每千克体重 80 ～ 100 mg，1 次口服。

（五）预防

对鸡群进行定期驱虫，及时清除鸡粪并做无害处理。雏鸡应放入清洁的鸡舍和运动场上，新购入鸡应驱虫后再合群，转舍或上笼之前必须进行驱虫。定期检查鸡群，治疗病鸡，以减少病原扩散。

十、微小膜壳绦虫病

微小膜壳绦虫病主要是由膜壳科剑带属和双盔属的多种绦虫寄生于鸭、鹅等水禽小肠内引起的疾病。其主要特征为引起小肠黏膜发炎、下痢、生长缓慢和产蛋率下降。

（一）流行病学

1. 生活史　中间宿主：矛形剑带绦虫的中间宿主为剑水蚤；冠状双盔带绦虫的中间宿主为小的甲壳类动物、蚯蚓及昆虫。淡水螺可作为补充宿主。

终末宿主：鸭、鹅等水禽。

发育过程：成虫寄生于终末宿主的小肠内，孕节或虫卵随粪便排至体外，在水中被中间宿主吞食后发育为似囊尾蚴。含有似囊尾蚴的中间宿主被终末宿主吞食后，似囊尾蚴在小肠内发育为成虫。

发育时间：矛形剑带绦虫卵在中间宿主体内发育为似囊尾蚴需 20 ～ 30 天；进入终末宿主的似囊尾蚴发育为成虫约需 19 天。

2. 易感动物　鸭、鹅等水禽都易感染。

3. 感染来源与感染途径　患病或带虫鸭、鹅等水禽是主要感染来源，孕卵节片存在于粪便中。终末宿主经口感染。

4. 流行特点　微小膜壳绦虫病多呈地方性流行，多种水禽膜壳绦虫的感染率均较高。

（二）临床症状与病理变化

病禽常表现为下痢，排绿色粪便，有时带有白色米粒样的孕卵节片。食欲减退，消瘦，行动迟缓，生长发育受阻。当出现中毒症状时，运动发生障碍，机体失去平衡，常常突然倒地。若病势持续发展，最终死亡。

（三）诊断方法

根据流行病学、临床症状、粪便检查见到虫卵或节片，剖检发现虫体即可确诊。

（四）治疗

丙硫咪唑：剂量为每千克体重 10 ～ 20 mg，1 次口服。

吡喹酮：剂量为每千克体重 10 ～ 20 mg，1 次口服。

氯硝柳胺：剂量为每千克体重 80 ～ 100 mg，1 次口服。

（五）预防

每年在春、秋两季进行计划性驱虫；禽舍和运动场上的粪便及时清理，堆积发酵以便杀死虫卵；幼禽与成禽分开饲养；放牧时尽量避开剑水蚤孳生地。

十一、鸡蛔虫病

鸡蛔虫病是由禽蛔虫属的鸡蛔虫寄生于鸡小肠中引起的疾病。鸡蛔虫偶见于食道、嗉囊、肌胃、输卵管和体腔中，主要危害2～4月龄的鸡，引起生长发育迟缓或停滞，甚至发生死亡，对养鸡业造成很大危害。

（一）流行病学

1. 生活史　发育过程：鸡蛔虫为土源性寄生虫，不需要中间宿主，虫卵随鸡的粪便排至体外，在空气充足及适宜的温度和湿度条件下，发育为感染性虫卵。鸡吞食感染性虫卵而感染，幼虫在肌胃和腺胃逸出，钻进肠黏膜发育一段时期后，重返肠腔发育为成虫。

发育时间：虫卵在外界发育为感染性虫卵需要17～18天；进入鸡体内的感染性虫卵发育为成虫需要35～50天。

2. 易感动物　2～4月龄的雏鸡易感性强，病情严重，1岁以上多为带虫者。

3. 感染来源与感染途径　患病或带虫鸡是主要感染来源，虫卵存在于粪便中。经口感染。

4. 流行特点　虫卵对外界的环境因素和消毒药有较强的抵抗力，在阴暗潮湿环境中可长期生存，但对于干燥和高温敏感，特别是在阳光直射、沸水处理和粪便堆积发酵时，虫卵可迅速死亡。蚯蚓可作为虫卵的贮藏宿主，虫卵在蚯蚓体内可长期保持其生命力和感染力，还可以避免干燥和阳光直射。因此该病流行广泛，且四季均可感染发病。

（二）临床症状与病理变化

病鸡常表现为精神不振，营养不良，羽毛松乱，鸡冠苍白，行动迟缓，呆立不动，消化机能紊乱，食欲减退，下痢和便秘交替出现，稀粪中常混有带血黏液，病鸡逐渐消瘦，甚至衰竭而死亡。

4月龄以上的成年鸡一般不表现临床症状，个别感染严重的鸡生长不良、贫血，母鸡产蛋减少和有下痢症状。

成虫寄生数量多时常引起肠阻塞，甚至肠破裂。幼虫破坏肠黏膜、肠绒毛和肠腺，造成出血和发炎，并易导致病原菌继发感染，此时在肠壁上常见颗粒状化脓灶或结节。

（三）诊断方法

通过流行病学和临床症状进行初步诊断。采用水洗沉淀法或饱和盐水漂浮法检查粪便中的虫卵，如果发现大量虫卵或通过剖检发现大量虫体即可确诊。

（四）治疗

枸橼酸哌嗪（驱蛔灵）的用法：混在饲料或饮水中喂服，按1 kg体重0.25 g用药。

噻咪唑（驱虫净）的用法：混在饲料中一次喂服，按1kg体重40～60 mg用药。

吩噻嗪的用法：混于饲料中一次喂服，按1 kg体重成鸡0.5～1 g、雏鸡0.3～0.5 g用药。

左旋咪唑的用法：混于饲料中一次喂服，按 1 kg 体重 20 ～ 40 mg 用药。

（五）预防

每年进行 2 ～ 3 次驱虫，雏鸡在 2 月龄左右进行第 1 次驱虫，第 2 次驱虫在冬季。成年鸡第 1 次驱虫在 10 ～ 11 月份，第 2 次驱虫在春季产蛋前 1 个月进行。加强饲养管理，增强雏鸡抵抗力；成、雏鸡应分群饲养；鸡舍和运动场上的粪便逐日清除，集中发酵处理；饲槽和用具定期消毒。

十二、异刺线虫病

异刺线虫病是由异刺科异刺属的几种异刺线虫寄生于鸡的盲肠内引起的一种常见的线虫病。由于该虫体寄生于鸡、火鸡的盲肠内，所以又称为盲肠虫病。异刺线虫卵能携带组织滴虫，因此，异刺线虫感染常导致组织滴虫病的爆发，造成严重的经济损失。

（一）流行病学

1. 生活史 异刺线虫为直接发育型，在生活史中无中间宿主。虫卵随鸡粪排到体外，在适宜的温度、湿度条件下发育为含二期幼虫的感染性虫卵，感染性虫卵污染饲料或饮水，被鸡食入后，在小肠中虫卵内孵出二期幼虫，二期幼虫移行至盲肠，钻进盲肠壁深处寄生，并第二次蜕皮为第三期幼虫，第三期幼虫在盲肠腔中再蜕两次皮发育为第四期、第五期幼虫，并进一步发育为成虫。鸡食入感染性虫卵后，经 25 ～ 34 天，虫体发育成熟并开始产卵。成虫在鸡体内可生存 10 ～ 12 个月。另外，蚯蚓食入异刺线虫感染性虫卵后，虫卵能在其体内长期生存，鸡吞食蚯蚓后，也能感染异刺线虫病。

2. 易感动物 任何年龄的鸡体对该病均有易感性，尤其是营养不良或饲料中缺乏矿物质（磷、钙）的幼鸡最易感染。除鸡以外，鸭、鹅、火鸡等也能感染异刺线虫病。

3. 感染来源与感染途径 异刺线虫是鸡体内很常见的一类线虫，其虫卵在潮湿的土壤中可生存 9 个月以上。蚯蚓可充当其贮藏宿主，蚯蚓吞食感染性异刺线虫卵后，二期幼虫在蚯蚓体内可存活 1 年以上。鼠妇类昆虫吞食异刺线虫卵后，能起机械传播的作用。

4. 流行特点 鸡终年均可感染，感染高峰期在 7 ～ 8 月份。

（二）临床症状与病理变化

该病的临床症状不典型，主要表现为食欲减退或停食、消瘦、下痢和贫血，虫体代谢产物可使鸡体中毒，病鸡表现为食欲减退、营养不良、发育停滞，严重可致死亡。小鸡生长发育停滞，严重时可引起死亡。成年鸡产蛋量下降或停产。异刺线虫寄生于肠黏膜上，能机械损伤盲肠组织，引起肠炎、下痢、盲肠肿大、肠壁增厚和产生结节病变。

（三）诊断方法

剖检病死鸡，可见尸体消瘦、盲肠肿大，肠壁明显增厚，发炎，间或有溃疡和结石。盲肠内容物中若发现大量异刺线虫即可确诊。实验室诊断可用饱和盐水漂浮法检查粪便，发现大量虫卵即可确诊。

（四）治疗

可参照鸡蛔虫病。

（五）预防

保持鸡舍内外的清洁卫生，及时清扫粪便并进行堆积发酵。保持饲槽、饮水器的清洁，并按期消毒。应将雏鸡与成年鸡分开饲养，防止成年鸡带虫传播给雏鸡。加强饲养管理，饲料中应保持足够的维生素 A、B 和动物性蛋白。按期进行驱虫，幼鸡每两个月驱虫一次，成年鸡每年驱虫 2～4 次。倡导笼养，减少鸡的感染机会。夏天应每隔 10～15 天用开水或热碱水烫洗地面、饲养槽以及其他一切用具一次。

十三、禽毛细线虫病

禽毛细线虫病是由毛细线虫属的多种线虫寄生在家禽的嗉囊、食道及肠道所引起的疾病。家禽常见的毛细线虫有下列四种：封闭毛细线虫或称鸽毛细线虫、膨尾毛细线虫、鹅毛细线虫、捻转毛细线虫。封闭毛细线虫和膨尾毛细线虫寄生在鸡、火鸡、鸽的小肠内，鹅毛细线虫寄生在家鹅和野鹅的小肠前半部，捻转毛细线虫寄生在家禽的食道黏膜和嗉囊上。轻度感染时，没有明显的危害性，严重感染时，可引起家禽的死亡。

（一）流行病学

1. 生活史

直接发育型：虫卵随家禽的粪便排出体外，在适宜的外界条件下，经过一段时间发育为感染性虫卵，家禽食入被感染性虫卵污染的饲料或饮水后，感染性虫卵会进入家禽体内，幼虫钻入十二指肠黏膜内发育，经过 20～26 天发育为成虫，成虫在肠道内的寿命约为 9 个月。

间接发育型：虫卵随家禽的粪便排出体外后，被中间宿主蚯蚓吞食，并在其体内孵化出幼虫，经过一段时间的发育，蜕皮 1 次发育为第二期幼虫，这时的幼虫就具有感染性而被称为感染性幼虫，家禽啄食了含有二期幼虫的蚯蚓后，蚯蚓被消化、释放出幼虫，幼虫分别钻入嗉囊、食道、小肠、盲肠黏膜，经过 3～4 周逐渐发育为成虫。成虫的寿命约为 10 个月。

2. 易感动物　终末宿主广泛，如膨尾毛细线虫有 20 多种，捻转毛细线虫有 30 多种，鸟、禽可被感染。

3. 感染来源与感染途径　虫卵对外界的抵抗力较强，在外界能长期保持活力。未发育的虫卵比已发育的虫卵的抵抗力强，耐寒。中间宿主蚯蚓分布广泛，禽类喜欢啄食，这就增加了感染机会。在污染严重、蚯蚓出没的鸡场，鸡只很容易感染。

（二）临床症状与病理变化

轻度感染时，不显示临床症状。但大量寄生时，在寄生部位出现不同程度的炎症，由卡他性炎到伪膜性炎，重者达实质性炎，表现的临床症状也较严重。封闭毛细线虫对鸽子的危害严重，是养鸽业的大敌。0.5～2月龄的雏鸡和雏鸽，在严重感染时可呈急性发作，表现以肠炎为主的症状，并在3～10天内趋于死亡。成年禽重度感染时呈现营养不良、消瘦、贫血、脱毛、产卵减少或停止，2～4周内死亡。捻转毛细线虫寄生时，可引起嗉囊扩张，有时扩张的嗉囊压迫迷走神经而引起呼吸困难，有时出现运动共济失调或麻痹。感染禽毛细线虫病而死亡的病禽，尸体剖检时可见肠黏膜广泛受损，表面细胞脱落，但有时也可见肠壁增厚。

（三）诊断方法

根据临床症状，粪便检查（用饱和盐水漂浮法）是否有虫卵（毛细线虫虫卵两端栓塞物明显），剖检病死禽在消化道黏膜中是否有大量虫体，进行综合判断。

（四）治疗

选用药物有左旋咪唑（每千克体重25 mg，口服）、甲苯达唑（每千克体重70～100 mg，口服）、甲氧嘧啶（每千克体重20 mg，用蒸馏水稀释成10%溶液，皮下注射或口服）。

（五）预防

平时搞好禽舍卫生工作，及时清除粪便并发酵处理以杀灭虫卵。严重流行区，进行定期预防性驱虫。主要应做好家禽啄食蚯蚓的预防，禽舍要建在通风干燥的地方，干燥环境不利于虫卵发育和中间宿主蚯蚓的生存，笼养是防止家禽啄食蚯蚓的好方法。

十四、禽胃线虫病

禽胃线虫病是由华首科华首属和四棱科四棱属的多种线虫寄生于禽的食道、腺胃、肌胃和小肠内引起的线虫病。其主要表现为胃黏膜发炎、下痢，幼龄鸡生长缓慢，成年鸡产蛋下降。

（一）流行病学

1. 生活史　病原主要有钩斧钢华首虫、旋形化首线虫和美洲四棱线虫三种。

中间宿主：禽胃线虫属间接发育型线虫。斧钩华首线虫的中间宿主为蚱蜢、拟谷盗虫、象鼻虫等。旋形华首线虫的中间宿主为光滑鼠妇、粗糙鼠妇等足类昆虫。美洲四棱线虫的中间宿主为赤腿蚱蜢、长额负蝗和德国小蜚蠊等直翅类昆虫。

发育过程：虫卵随终末宿主的粪便排至体外，被中间宿主吞食后，在其体内发育为感染性幼虫。终末宿主由于吞食了含有感染性幼虫的中间宿主而被感染。

发育时间：由虫卵发育至感染性幼虫，斧钩华首形线虫需要20天，旋形华首线虫需要26天，美洲四棱线虫需要42天；由感染性幼虫发育至成虫，斧钩华首形线虫需要120天，旋形华首线虫需要27天，美洲四棱线虫需要35天。

2. 易感动物　鸡等禽类易感染。

3. 感染来源与感染途径　终末宿主由于吞食了含有感染性幼虫的中间宿主而被感染。

4. 流行特点　春末至秋初感染较多。

（二）临床症状与病理变化

幼虫移行到腺胃壁，由于虫体刺激，常引起腺胃壁损伤和发炎，虫体寄生量大时，病鸡消化不良，精神沉闷，翅膀下垂，消瘦，贫血、下痢，雏鸡生长缓慢，严重者可出现胃溃疡或胃穿孔而导致死亡。

（三）诊断方法

粪便检查发现虫卵和剖检发现虫体即可确诊。粪便检查可采用直接涂片法或漂浮法。

（四）治疗

甲苯达唑的用法为每千克体重 30 mg，1 次口服。丙硫咪唑的用法为每千克体重 10 ～ 15 mg，1 次口服。盐酸左旋咪唑的用法为每千克体重 30 mg，配成 5% 水溶液对全群鸡嗉囊内注射，连用 3 天。

（五）预防

在流行区，满 1 月龄的雏鸡可进行预防性驱虫，消灭中间宿主。充分清扫鸡舍，并用喷灯烘烤地面墙壁，以杀死虫卵。2.5% 溴氰菊酯喷洒鸡舍墙壁和四周地面。做好禽舍的清洁卫生，及时清除鸡舍的粪便，并拉到远离鸡舍的地方进行堆积发酵。

十五、鸭棘头虫病

鸭棘头虫病是由多种棘头虫寄生于鸭禽的小肠所引起的寄生虫病。该病除鸭禽发生感染外，其他家禽如鸡、鹅、天鹅以及其他野生游禽均可发生感染。寄生于鸭禽的棘头虫有四种，即大多形棘头虫、小多形棘头虫、鸭细颈棘头虫和腊肠状棘头虫。最常见的是大多形棘头虫。

（一）流行病学

1. 生活史　中间宿主：大多形棘头虫的中间宿主为湖沼钩虾；小多形棘头虫的中间宿主为蚤形钩虾、河虾和罗氏钩虾；腊肠状棘头虫的中间宿主为岸蟹；鸭细颈棘头虫的中间宿主为栉水蚤。

发育过程：以大多数棘头虫的生活史为例。成熟的虫卵随鸭禽粪便排出体外，进入水中被钩虾吞食，经一昼夜孵化出棘头蚴。约经 20 天的发育，在钩虾体内形成棘头体，感染后 25 ～ 27 天，就可以分化出雌虫或雄虫。到感染后 54 ～ 60 天，发育为感染性幼虫。鸭吞食了含有感染性幼虫的钩虾后，幼虫在鸭禽消化道逸出，附着在小肠壁上，经 27 ～ 30 天发育为成虫共产卵。另外，小鱼可作为棘头虫的贮藏宿主（即小鱼吞食了含有感染性幼虫的钩虾后，虾被消化掉，感染性幼虫可长期存活在小鱼体内），鸭禽吞食了含有感染性幼虫的小鱼也可发生感染。

2．易感动物　鸭、鹅等禽类易感染。

3．感染来源与感染途径　患病或带虫鸭是主要的感染来源，虫卵存在于粪便中。

4．流行特点　不同种鸭棘头虫病的地理分布不同，多呈地方性流行，春、夏季流行。部分感染性幼虫可在钩虾体内越冬。

（二）临床症状与病理变化

患病鸭生长发育不良，精神不振，口渴，食欲减退，消瘦腹泻，常排出带有血黏液的粪便，逐渐衰弱死亡，病程一般为 5 ～ 7 天。

虫体寄生于鸭的小肠前段，其吻突牢固地附着在肠黏膜上，引起肠道黏膜出血，呈卡他性炎症，有时吻突埋入黏膜深部，穿过肠壁的浆膜层，甚至造成肠壁穿孔，继发腹膜炎。虫体固着部位的肠道黏膜严重出血，并出现溃疡，肠道黏膜可见大量的黄白色小结节和出血点。

（三）诊断方法

剖检病死鸭，可见肠壁上有外突的黄色结节，剪开小肠，可见肠黏膜发炎或化脓，有出血点或出血斑，小肠内有大量棘头虫，吻突和虫体前部的小棘体深深地刺入肠壁，有时可见肠穿孔。实验室诊断可用饱和盐水漂浮法或水洗沉淀法检查鸭禽粪便，如果发现大量棘头虫卵，也可确诊。

（四）治疗

硝硫氰醚是治疗该病的首选药，用法为每千克体重 100 ～ 125 mg，1 次投服。四氯化碳的用法为每千克体重 0.5 ～ 2 mg。甲苯达唑也可治疗该病。

（五）预防

在流行区，应坚持定期对鸭禽进行粪便检查和驱虫，防止棘头虫卵落入水中，驱虫后的鸭群应转入安全的水域放牧。成年鸭禽往往带虫，因此，应将成年鸭和幼鸭分群放养，以防幼鸭感染。

第二节　呼吸系统寄生虫病

家禽呼吸系统的寄生虫病较少，这里主要介绍比翼线虫病。

比翼线虫病，又称开口嘴虫病，是由比翼科，比翼属的线虫寄生在禽类（主要是鸡）的喉头、气管内引起的疾病。该病在全国各地均有发生，呈地方性流行。该病主要危害雏禽，死亡率可达 100%，成年鸡很少发病和死亡。比翼线虫常见的种类有气管比翼线虫和斯里亚平比翼线虫。

（一）流行病学

1. 生活史 比翼线虫的发育不需要中间宿主。虫卵随粪便排出或随痰咳出，在外界适宜温度下，经 8 ～ 10 天发育为感染性虫卵，家禽如食到感染性虫卵或幼虫即被感染。幼虫在肠道孵出，穿过消化道，随血液进入肺脏，再上行到气管，于感染后 14 ～ 17 天发育为成虫。蚯蚓、蜗牛、蝇类可作为贮藏宿主，当家禽吞食了带感染性幼虫的贮藏宿主同样可以被感染。

2. 易感动物 在家禽中常被感染的是鸡，其他易感禽类还有火鸡、雉鸡、松鸡、鹧鸪等。

3. 感染来源与感染途径 感染性虫卵或幼虫常污染牧地、饲料和饮水，对外界的抵抗力较弱。但在蚯蚓体内可保持其感染力 4 年，在蛞蝓和蜗牛体内可存活一年以上。一些野鸟和野火鸡在任何年龄都有易感性而不出现症状，是本虫的天然宿主。这些野鸟体内排出的虫卵，通过蚯蚓体内发育后，对鸡的感染力增强，成为鸡的重要感染来源。

4. 流行特点 该病在夏秋季多发，多呈散发性或地方性流行。

（二）临床症状与病理变化

雏鸡对比翼线虫病耐受性较低，少量感染便出现临床症状。病鸡的临床症状为伸颈，张嘴呼吸，咳嗽，头部下垂，闭眼蹲坐，呼吸有哨音，左右甩头，有时可甩出虫体，口腔内充满泡沫状液体。雏鸡初期症状为精神不振，贫血消瘦，后出现呼吸困难，窒息而死亡。成年鸡症状轻微或无症状。幼虫移行时，可引起肺脏出血、水肿、大叶性肺炎。成虫吸附在气管黏膜上吸血，刺激了气管黏膜，使宿主出现卡他性炎、黏液气管炎、贫血等症状。

（三）诊断方法

根据流行病学、临床症状进行初步检查。进行粪便检查、尸体剖检或口腔检查，当发现有虫卵和虫体即可确诊。

（四）治疗

治疗可选用碘溶液（碘 1 g、碘化钾 1.5 g、无菌蒸馏水 1 500 ml），气管注射，雏鸡每只 1 ～ 1.5 ml。

在育肥料内添加 0.1％的噻苯达唑，连用 2 ～ 3 周；在饲料内添加氟苯达唑或伊维菌素。

丙硫咪唑的用法为每千克体重用 10 ～ 20 mg，一次口服；如发病数量少，可用小镊子夹出虫体或用棉签伸入气管将虫体裹出。

（五）预防

做好鸡舍卫生，粪便堆积发酵以杀灭虫卵；防止野鸟飞入鸡舍；注意消灭贮藏宿主。

第三节　循环系统寄生虫病

寄生于家禽循环系统的寄生虫相对于消化系统要少得多，其主要种类有鸡住白细胞虫病、鸭毛毕吸虫病等。

一、鸡住白细胞虫病

鸡住白细胞虫病是由住白细胞虫属的多种住白细胞虫寄生于鸡的血细胞和一些内脏器官中引起的一种血孢子虫病。它分布于我国台湾、广东、广西、海南、福建、江苏、陕西、河南、河北，东南亚各国及北美洲一些国家。

（一）流行病学

1. 生活史　白细胞虫的发育过程需要两个宿主：卡氏住白细胞虫的传播媒介是库蠓；沙氏住白细胞虫的传播媒介是蚋。以卡氏住白细胞虫为例说明本虫的发育过程。

卡氏住白细胞虫的发育包括裂殖生殖、配子生殖和孢子生殖三个阶段。裂殖生殖和配子生殖的大部分在鸡体内完成，而配子生殖的一部分及孢子生殖则在库蠓体内完成。具体发育过程如下：

裂殖生殖：含有成熟子孢子的卵囊聚集在库蠓的唾液腺中，在库蠓叮咬鸡体时即进入鸡体内，子孢子首先寄生于宿主血管内皮细胞，每个子孢子在此至少繁殖成十多个裂殖体，感染后第9～10天，宿主细胞被破坏，释放出裂殖体，这些裂殖体随血液流转到其他寄生部位，主要是肾脏、肝脏和肺，其他器官组织如心、脾、胰、胸腺、肌肉、腺胃、肌胃、肠道、气管、卵巢、睾丸及脑等也可寄生。从血管内皮细胞释放出来的裂殖体在上述器官组织内继续发育成熟。到第14～15天裂殖体破裂，释放出成熟的球形裂殖子，这些裂殖子有三个去向：一是再次进入肝脏实质细胞形成肝裂殖体；二是被巨噬细胞吞食而发育为巨型裂殖体；三是进入红细胞或白细胞开始配子生殖（图9-3）。

配子生殖：从裂殖子进入血液至大、小配子体发育成熟，是在鸡体的末梢血液或组织中完成的，宿主细胞是红细胞或成红细胞以及白细胞。配子生殖的后期，即大小配子体成熟后释放出大、小配子，是在媒介昆虫库蠓体内完成的。

孢子生殖：当媒介昆虫库蠓叮咬受感染的鸡体时，这些鸡体末梢血液中的大、小配子体即进入库蠓的胃内，并在胃壁内迅速发育为大、小配子。大、小配子结合成合子，以后增长为动合子，进而形成卵囊。卵囊进一步发育成含有大量子孢子的孢子化卵囊，此时即具有感染力。这种卵囊聚集在库蠓的唾液腺中，在库蠓叮咬易感鸡体时随即进入其血液中，新的感染发生（图9-4）。

2. 易感动物　该病在3～6周龄的雏鸡中发生最多，病情最严重，死亡率可高达50%～80%；育成鸡也会严重发病，但死亡率不高，一般在10%～30%；成年鸡的死亡率通常为5%～10%。据观察外来品种的鸡，如AA肉鸡、来航鸡等对该病较本地黄鸡更为易感，发病和死亡较严重。

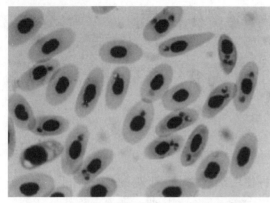
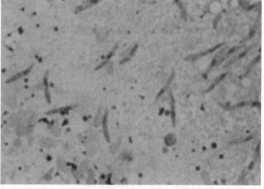

图 9-3　从裂殖体的裂殖子侵入到红细胞内　　图 9-4　在库蠓唾液腺中的子孢子，呈柳叶状

3. 感染来源与感染途径　鸡住白细胞虫病的发生及流行与库蠓的活动有直接关系。

4. 流行特点　当气温在 20 ℃以上时，库蠓繁殖快，活力强，该病发生和流行也就日趋严重。热带、亚热带地区气温高，故该病终年发生。该病多发生于 5 ～ 10 月份，6 ～ 8 月份为发病高峰期。

（二）临床症状与病理变化

严重感染的病例，常因内出血、咯血和呼吸困难而突然死亡。特征性症状是死前口流鲜血，因而常见水槽和料槽边沾有病鸡咯出的红色血液。育成鸡和成年鸡感染该病，死亡率一般不高，临床症状是白冠、拉稀，粪便呈白色或绿色水状，产蛋量下降。

全身性出血症状为全身皮下出血；肌肉出血，常见胸肌和腿肌有出血点或出血斑；内脏器官广泛出血，其中又以肺、肾脏和肝脏出血最为常见。

胸肌、腿肌、心肌以及肝脏、脾等实质器官常有针尖大至粟粒大的白色小结节，这些小结节与周围组织有明显的分界，它们是裂殖体的聚集点。

（三）诊断方法

可根据临床症状、剖检病变及发病季节做出初步诊断。从病鸡的血液涂片或脏器（肝脏、脾、肺、肾脏等）涂片中，或从肌肉小白点的组织压片中发现配子体或裂殖体即可确诊。也可采用琼脂凝胶扩散试验来进行血清学检查。

（四）治疗

可选用复方泰灭净（SMM+TMP），它的用法为 0.003% ～ 0.005% 混料做预防；0.01% 饮水治疗。

（五）预防

防止库蠓进入鸡舍；消灭库蠓，可用 0.1% 溴氰菊酯、0.05% 辛硫磷或 0.01% 的速灭杀丁定期喷雾，每 3 ～ 5 天一次；淘汰病鸡；免疫学预防；药物预防。药物预防方法有以下几种。

磺胺喹恶啉预防的用法为：0.005% 混料或饮水。

乙胺嘧啶：预防用法为每千克体重用 1 mg 法为混于饲料。治疗用法为每千克体重用 4 mg，配合磺胺二甲氧嘧啶每千克体重用 40 mg 混于饲料，连续服用 1 周后改用预防剂量。

痢特灵：预防用法为每千克体重用 100 mg 混于饲料。治疗用法为每千克体重用 250 mg 混于饲料，连续服用。

克球粉：预防用法为每千克体重用 125 ～ 250 mg 混于饲料。治疗用法为每千克体重用 250 mg 混于饲料，连续服用。

二、鸭毛毕吸虫病

鸭血吸虫病是鸭毛毕吸虫病的俗称，是由毛毕吸虫寄生于野鸭、家鸭等水禽的肝门静脉引起的疫病。该病分布于世界各地，在我国的黑龙江、吉林、辽宁、江苏、上海、福建、江西、广东及四川等地均有报道。毛毕吸虫尾蚴可侵入人体皮肤，虽然不能发育为成虫，但是能引起人尾蚴性皮炎，或称稻田皮炎，使人手足有痒感，出现丘疹，甚至溃烂。

（一）流行病学

1. 生活史　毛毕吸虫的发育需一个中间宿主，即椎实螺。虫卵随鸭禽粪便排在水中，孵化出毛蚴，毛蚴钻入椎实螺体内，经母胞蚴、子胞蚴和尾蚴阶段，尾蚴成熟后离开螺体，遇到鸭及其他水禽又钻入其皮肤内，移行至肝门静脉发育为成虫。尾蚴在水中遇到人，也钻入其皮肤，停留在皮下，引起皮炎，但不能在人体内发育为成虫。

2. 易感动物　野鸭、家鸭等水禽易感染。

3. 感染来源与感染途径　尾蚴经皮肤侵入鸭体内。

4. 流行特点　发病有明显的季节性，春夏季节多发。

（二）临床症状与病理变化

鸭轻度感染时，无明显症状出现，严重感染时可引起消瘦、发育受阻。人感染时可引起尾蚴性皮炎。在病鸭的感染部位出现红肿痒痛，患病禽有厌食、精神不振、呼吸困难等症状，表现为消瘦、发育受阻。剖检发现肺充血，肺部可检出童虫，在肝脏和门静脉中可找到成虫。虫体在寄生和移行的过程中，可引起鸭血管、肠黏膜及肝脏等脏器的损害、炎性反应，形成结节，影响肠吸收功能等。

（三）诊断方法

可根据临床症状、剖检病变及发病季节做出初步诊断。粪便检查到虫卵或解剖看到成虫，即可确诊。

（四）治疗

可用吡喹酮按 10 ～ 15 mg 每千克体重口服；丙硫咪唑按 50 ～ 100 mg 每千克体重口服。

（五）预防

有效的预防方法是消除传染源和切断传播途径。鸭禽粪便堆积发酵。阳性椎实螺于早晨逸出大量尾蚴，鸭和人下水时即受感染，因此在椎实螺较集中的地区可用药物（氨水、五氯酚钠等）消灭椎实螺，防止鸭到有椎实螺的地区放牧。人的尾蚴性皮炎预防可在下水前用松香精擦剂涂擦，防护时间可达 4 个小时以上。

第四节　皮肤寄生虫病

家禽皮肤寄生虫病主要侵害禽类皮肤、羽毛，使其生产能力下降，主要种类有鸡皮刺螨病、鸡奇棒恙螨病、鸡虱病等。

一、鸡皮刺螨病

鸡皮刺螨也称红螨、鸡螨，寄生于鸡体及其他鸟类引起疾病。其主要特征为鸡日渐消瘦、贫血，产蛋量下降。

（一）流行病学

1. 生活史　发育过程包括卵、幼虫、若虫、成虫 4 个阶段。

鸡皮刺螨的雌螨侵袭鸡体吸饱血后，爬到鸡窝等的缝隙、灰尘或碎屑中产卵，每次可产 10 多个卵，在 20 ℃～ 25 ℃条件下，卵经过 2 ～ 3 天孵化为 3 对足的幼虫，再经过 2 ～ 3 天，蜕化变为 4 对足的一期若虫，一期若虫吸血后，经 3 ～ 4 天蜕化为二期若虫，二期若虫经 0.5 ～ 4 天后蜕化变为成虫。

2. 易感动物　除鸡外，火鸡、鸽子和一些鸟类也可以遭受侵袭。

3. 感染来源与感染途径　鸡皮刺螨栖息在鸡舍的缝隙、物品及粪便下面等阴暗处，夜间吸血时才侵袭鸡体，吸饱血后离开鸡体返回栖息地，但如鸡白天留居舍内或母鸡孵卵时亦可遭受侵袭。成虫耐饥能力较强，4 ～ 5 个月不吸血仍能生存。

4. 流行特点　成虫适应高湿环境，故一般多出现于春、夏雨季，干燥环境容易死亡。

（二）临床症状与病理变化

鸡皮刺螨吸食鸡体血液后，引起鸡禽不安，日渐消瘦，贫血，产蛋量下降。雏鸡常因失血严重而死亡。

（三）诊断方法

在鸡体上或窝巢缝隙内等处发现鸡皮刺螨即可确诊。

（四）治疗

由于鸡皮刺螨夜间侵袭鸡体，而白天栖息于环境中，所以必须采取内外兼治的措施方可彻底消灭虫体。

舍内虫体聚集处带鸡喷洒杀虫剂。选用高效低毒杀虫剂，如 0.05% 浓度的蝇毒磷或 0.02% 浓度的溴氰菊酯，对虫体聚集处仔细喷洒，不留死角。注意炎热夏季时鸡体呼吸频率较快，易吸入较多的药液雾滴，应选凉爽天气时进行喷洒。

在鸡体患部涂擦 70% 酒精、碘酊或 5% 硫黄软膏，效果良好。涂擦 1 次即可杀死虫体，病灶逐渐消失，数日后痊愈。

在体外喷洒杀虫剂的同时，使用伊维菌素或阿维菌素给鸡饲喂，以杀死鸡体表面的虫体。用 0.2% 的伊维菌素或阿维菌素预混剂，每吨饲料加入 1.5 kg 连续饲喂 5 ～ 7 天，间隔一周后再饲喂 5 ～ 7 天。

（五）预防

使用过的空鸡舍要彻底消毒、杀虫。每批鸡群淘汰后要对鸡舍内的全部用具用杀虫剂彻底浸泡冲刷，放在阳光下晾晒。对鸡舍的墙壁、地面、鸡笼的所有缝隙要做到彻底清洁，然后用杀虫剂蝇毒磷彻底喷洒杀虫两次后，间隔 20 天以上方可再进新鸡。

二、鸡奇棒恙螨病

鸡奇棒恙螨属于恙螨科，是由恙螨的幼虫寄生于鸡及其他鸟类引起的一种螨病。其主要寄生于鸡及其他禽类的翅膀内侧、胸部两侧和腿内侧皮肤上。该病分布于全国各地，为鸡的重要外寄生虫之一，放养后的雏鸡体表最易感染。其幼虫很小，不易发现，饱食后呈橘黄色。

（一）流行病学

1. 生活史　恙螨在发育过程中包括卵、幼虫、若虫和成虫四个阶段。恙螨，仅幼虫营寄生生活，其他各期营自生生活。若虫和成虫多生活于潮湿的草地上，以植物液汁和其他有机物为食。雌虫受精后，将卵产于泥土上，约经 2 周时间孵化出幼虫。幼虫常爬到低洼地的小石块或草尖上，遇到鸡或鸟类经过时，便爬至其体上，刺吸体液和血液，饱食时间，快者 1 天，慢者可达 30 多天，寄生在鸡体上的时间可达 5 周以上。幼虫饱食后落地，数日后发育为若虫，再过一定时间发育为成虫。由卵发育为成虫，约需 1 ～ 3 个月。鸡群一旦被感染，危害性很大。

2. 易感动物　鸡及鸟类易感染。

3. 感染来源与感染途径　易感动物接触泥土中的幼虫后感染。

4. 流行特点　在自然界分布很广，特别是低洼湿热地方分布最多。温暖潮湿的夏秋季节多发。

（二）临床症状与病理变化

病鸡患部奇痒，翅膀内侧、胸部两侧和腿内侧皮肤羽毛脱落，并出现痘疹状病灶，有的形成脓肿。病灶周围隆起，中间凹陷，变成结节状溃疡，溃疡上面形成黑色的结痂，用剪刀刮掉结痂，中间凹陷，中央可见一小红点，即恙螨幼虫。由于皮肤不断受到刺激，引起疼痛、发痒和不安，造成鸡发育受阻，患病鸡贫血、逐渐消瘦、精神委顿和食欲废绝，严重者死亡。

（三）诊断方法

根据流行病学及临床症状进行初步诊断，确诊需要通过显微镜镜检检出虫体。将病变部黑色结痂用剪刀刮掉，在中央凹陷部用小镊子将小红点取出放于载玻片上进行镜检，或刮取病变周围皮屑滴入生理盐水浸泡镜检，可见椭圆形、具3对足、0.42 mm×0.32 mm大小的幼虫。

（四）治疗

在鸡体患部涂擦70%酒精、碘酊或5%硫黄软膏，效果良好。涂擦1次即可杀死虫体，病灶逐渐消失，数日后痊愈。

在体外喷洒杀虫剂的同时，使用伊维菌素或阿维菌素给鸡饲喂，以杀死鸡体表面的虫体。用0.2%的伊维菌素或阿维菌素预混剂，每吨饲料加入1.5kg连续饲喂5～7天，间隔一周后再饲喂5～7天。

（五）预防

用氯吡硫磷按每亩250 g，喷洒鸡放牧地；避免在潮湿草地上放牧。

三、鸡虱病

鸡虱病是由各种鸡羽虱寄生于家禽体表引起的疾病。羽虱分别属于长角羽虱科和短角羽虱科。其主要特征为禽体瘙痒，羽毛脱落，食欲减退，生产力降低。

（一）流行病学

1. 生活史　禽羽虱的全部发育过程都在宿主体上完成，包括卵、幼虫、若虫、成虫四个阶段，其中若虫有3期。虱卵成簇附着于其羽毛上，需要4～7天孵化出若虫，每期若虫间隔约3天。完成整个发育过程约需3周。

2. 易感动物　羽虱主要寄生在鸡、珍珠鸡、鸭等家禽的羽轴上，大多数羽虱以羽毛和皮肤分泌物为食。鸡体虱可刺破柔软羽毛根部吸血，并嚼咬表皮下层组织。

3. 感染来源与感染途径　易感动物通过直接接触感染。

4. 流行特点　每种羽虱均有其一定的宿主，但一种宿主常被数种羽虱寄生。各种羽虱在同一宿主体表常有一定的寄生部位，鸡圆羽虱多寄生在鸡的背部、臀部的绒毛上；

广幅长羽虱多寄生于鸡的头、颈部等羽毛较少的部位；鸡翅长羽虱主要寄生在翅膀下面。秋冬季家禽绒毛浓密，体表温度较高，适宜羽虱的发育和繁殖。羽虱的正常寿命为几个月，一旦离开宿主则只能活 5 ～ 6 天。

（二）临床症状与病理变化

羽虱在采食过程中会造成禽体瘙痒，并伤及其羽毛或皮肉，表现不安，食欲减退，消瘦，生产力降低。严重者可造成雏鸡生长发育停滞，体质日衰，甚至死亡。

（三）诊断方法

根据流行病学、临床症状及羽毛中检出的虫体进行诊断。

（四）治疗

饲料中添加适量的阿维菌素或伊维菌素。用溴氢菊酯溶液喷洒鸡体。鸡舍和用具用除虫菊酯或敌百虫喷洒，并注意多数的杀虫药物对鸡体毒性较大，喷洒时应将料桶、水桶吊高，避免料桶、水桶被药液污染或药液被鸡体直接采食，导致中毒。

（五）预防

使用过的空鸡舍要彻底消毒、杀虫。每批鸡群淘汰后要对鸡舍内的全部用具用杀虫剂彻底浸泡冲刷，放在阳光下晾晒。对鸡舍的墙壁、地面、鸡笼的所有缝隙要做到彻底清洁，然后用杀虫剂蝇毒磷彻底喷洒杀虫两次后，间隔 20 天以上方可再进新鸡。

第五节　其他寄生虫病

本节仅以鸟蛇线虫病作为案例进行讲述。

鸟蛇线虫病是由台湾鸟蛇线虫寄生于鸭下颌、颈、腿等皮下结缔组织，形成瘤样肿胀，主要侵害雏鸭。

（一）流行病学

1. 生活史　该虫发育为间接发育。中间宿主为剑水蚤。

雌虫成熟后在寄生部位钻一小孔，头部破裂，释放出大量幼虫，落入水中。第一期幼虫到水中被中间宿主剑水蚤吞食，经两次蜕皮后发育为感染性幼虫。被鸭吞食后，幼虫在腺胃内逸出，然后穿过腺胃壁，逐渐移行到皮下结缔组织寄生。移行到皮下结缔组织寄生的虫体均为雌虫，而雄虫则寄生于腹壁。感染后 26 ～ 28 天，雌虫成熟，寄生部位的肿胀达到最大。此时，雌虫头部穿破皮肤，体壁破裂，幼虫逸出，以后雌虫逐渐死去。该虫的整个生活史为 36 ～ 40 天。

2. 易感动物　该病主要侵害 2 月龄以下的雏鸭，未见成年鸭发病。

3．感染来源与感染途径　剑水蚤喜欢在比较肥沃的稻田、水塘和流动较小的河流孳生，当在这些地方放牧时，鸭极易感染。

4．流行特点　发病季节在 3～10 月，7～9 月为高峰期。

（二）临床症状与病理变化

雌虫所寄生的部位形成鸡蛋大的瘤结，压迫该部位，使雏鸭呼吸、吞咽、行走困难，采食不饱，掉队离群，发育迟缓，逐渐消瘦，常因身体衰竭或体弱受到鸭群挤压而死亡。临床症状以出现下颌、腿部瘤结为特征。起初寄生部位充血肿胀，瘤节小而柔软，以后逐渐变大、变硬，瘤结上有小孔，孔上有线头样虫体。轻度感染时症状不重，中重度感染时可见幼鸭皮下有多处瘤结，步态蹒跚或不能行走，呼吸、吞咽困难，结节外翻。患病鸭在饥饿、疲惫下急剧消瘦，逐渐陷于恶病质而死亡。病理变化可见瘤结中有缠绕成团的虫体，后期虫体逐渐被吸收，病变部位呈胶胨样浸润。尸体贫血消瘦。

（三）诊断方法

根据流行季节、临床症状、尸体剖检切开瘤结找到虫体即可做出诊断。

（四）治疗

手术法：用钩针穿进瘤结，稍转动，慢慢拉出虫体；或将大号缝针烧红，刺入结节，停留数秒钟；或切开瘤结取出虫体。

药物治疗：可用 1％左旋咪唑水溶液或 1％丙硫咪唑油悬浮液，每个瘤结内注射 0.3～0.5 ml，作扇形注射，安全有效；也可注射 1～3 ml 0.5％高锰酸钾液、1％碘溶液、2％食盐溶液等杀死虫体。

（五）预防

加强育雏管理：育雏场地应在流动较大的水面或清洁的池塘，不要到疑有病原的水域放养雏鸭。

消灭中间宿主：育雏水域可用 0.00 001％～0.0 001％敌百虫消灭中间宿主剑水蚤。

在流行季节要注意观察雏鸭状态，坚持早发现、早治疗，这样既能阻止病程发展又能防止病原传播。

用左旋咪唑、丙硫咪唑药物进行预防。两种药物均按每千克体重用 50～70 mg，混入饲料中内服，每日两次，连服一周。

第十章　营养代谢病

第一节　脂肪、蛋白质代谢障碍疾病

一、家禽痛风

家禽痛风是一种由蛋白质代谢障碍所引起的高尿酸血症。其病理特征为血液中尿酸水平增高，大量尿酸盐在关节囊、关节软骨、内脏、肾小管及输尿管中沉积。临床表现为运动迟缓，腿、翅关节肿胀，厌食、衰弱和腹泻。该病多见于鸡、火鸡和水禽，鸽子偶尔见之。

（一）病因

过高的蛋白饲料在痛风的发生上起一定的作用。在圈舍潮湿、缺乏维生素（尤其是维生素A）、肾脏机能不全的条件下易发生严重的内脏痛风。后经降低饲料中的蛋白质以及给予充分的饮水和维生素，病情很快好转。

1. 饲料中蛋白质含量过高，超过30%。主要由于大量饲喂富含核蛋白和嘌呤碱的蛋白质饲料，如动物内脏（肝脏、脑、肾脏、胸腺、胰腺）、肉屑、鱼粉、大豆、豌豆等。

2. 肾脏功能不全。凡是能引起肾脏功能不全（肾炎、肾病等）的因素皆可使尿酸排泄障碍，导致痛风。如磺胺类药中毒，引起肾脏损害和结晶的沉泻；霉玉米中毒，引起肾病；家禽患肾病变型传染性支气管炎、传染性法氏囊病等传染病，患球虫病、盲肠肝炎等寄生虫病，都可能继发或并发痛风。

3. 饲养在潮湿和阴暗的畜舍，饲养密集，通风不良，饲料中含钙或镁过高，维生素A缺乏等因素都是促使该病发生的诱因。

另外，遗传因素也是致病原因之一，如新汉普夏鸡就有关节痛风的遗传因子。

（二）临床症状及病理变化

由于尿酸盐的沉积部位不同，可分为内脏型痛风和关节型痛风。

1. 内脏型痛风　病禽精神不振，食欲减退，逐渐消瘦，贫血，冠苍白，羽毛蓬乱。排白色石灰水样稀粪，肛门周围羽毛常被粪便污染。血液中尿酸水平持续增高至15 mg/100 ml以上，但不可单凭此为诊断依据。成年母鸡产蛋量减少或停止。病鸭不愿下水或下水后不愿戏水，雏鸭出水后羽毛不易干。

剖检可见肾脏肿大、苍白，有尿酸盐沉积，输尿管高度扩张，内有石灰样物质沉积。在胸膜、腹膜、心包、肝脏、脾、肠系膜的表面有尿酸盐沉积，有石灰样的白色尖屑状或絮状物质，形成一层白色的膜。鸭皮下尿酸盐沉积，尤其两翅下最多。

2. 关节型痛风　多在趾前关节、趾关节发病，也可侵害腕前及肘关节。关节肿胀，起初软而痛，后肿胀部逐渐变硬，形成不能移动或稍能移动的结节。病禽行动迟缓，跛行，站立困难，往往呈蹲坐或独肢站立姿势。

剖检时切开肿胀关节，可流出浓厚、白色黏稠的液体，或排出灰黄色干酪样物，关节面上有白色尿酸盐沉积，滑液含有大量由尿酸、尿酸铵、尿酸钙形成的结晶，形成"痛风石"。

（三）诊断方法与要点

根据病因、临床症状和病理变化即可诊断。

诊断要点：排白色石灰水样稀粪；关节肿大、跛行；内脏和关节中有尿酸盐沉积。

必要时采集病禽血液检测尿酸含量，以及采取肿胀关节的内容物进行化学诊断即可进一步确诊。

（四）防治

1. 降低饲料中蛋白质含量。在饲养管理上要注意蛋白质（尤其是动物性蛋白质）的用量，将蛋白质含量降至20%以下，7天后逐渐恢复正常水平。

2. 增加饲料中维生素A、维生素D的含量，每吨饲料中可加入鱼肝油2 000 ml，连喂7天。

3. 停喂磺胺类及其他对肾脏有害的药物。

4. 加强饲养管理，保持适宜的温度，给予充足的饮水，注意卫生清洁，饲养密度要合适，通风要良好，营养要全面。

二、家禽脂肪肝综合征

家禽脂肪肝综合征是由饲喂高能低蛋白饲料引起的以肝脏发生脂肪变性为特征的家禽营养代谢性疾病。临床上以病禽个体肥胖，产蛋减少，个别病禽因肝脏功能障碍或肝脏破裂、出血而死亡为特征。该病主要发生于蛋鸡，特别是笼养蛋鸡的产蛋高峰期，但平养的肉用型种鸡也有发生。

（一）病因

1. 饲料中能量高，蛋白低，鸡运动量小，多余的能量为脂肪，沉积于肝脏、皮下、腹腔。

2. 胆碱、含硫氨基酸、维生素B和维生素E缺乏，使脂肪代谢障碍，引起脂肪大量沉积。

3. 饲料保存不当会发霉变质。各种霉菌及其毒素，特别是黄曲霉毒素易使肝脏受损而致肝脏功能障碍和脂蛋白的合成减少，从而导致肝脏代谢障碍和脂肪的沉积。

此外，使用某些药物，限制家禽运动，应激刺激如高温、突然停电、惊吓等均可促使该病的发生，该病的发生还和遗传有关。

（二）临床症状及病理变化

病初无明显的特征性症状，主要表现为过度肥胖，其体重比正常体重高出20%～30%，尤其是体况良好的鸡、鸭更易发病。发病鸡群产蛋率常由80%以上降低至50%左右，有的停止产蛋。有的病鸡突然死亡，受到惊吓时死亡率更高。

剖检可见尸体过于肥胖，冠、髯苍白，腹腔、肝脏和肾脏沉积大量脂肪，肝脏因脂肪变性而呈黄色，肝肥大，质地柔软，易碎。肝包膜下有大小不等的出血点或出血包。有的病例肝脏破裂，腹腔内有大量凝血块。其他脏器无明显变化。

（三）诊断

1. 鸡群无明显症状，但生产性能下降，死亡率升高。

2. 鸡体肥胖，肝脏变黄、出血、易碎。

（四）防治

1. 合理搭配日粮，降低日粮中的能量，增加蛋白质含量，特别是含硫氨基酸。

2. 通过限制饲养来控制家禽对能量的摄入量，以减少脂肪肝综合征的发生。控制蛋鸡育成期的日增重。在8周龄时应严格控制体重，不可过肥。

3. 在饲料中添加某些营养物质。每吨饮料中添加氯化胆碱 1 000 g，维生素 B_{12} 12 g、生物素 0.2 g、维生素 E 10 000 IU，对该病有良好的防治效果。

4. 加强饲养管理，减少应激刺激，控制光照时间，保证舍内安静，对该病的预防有较好的效果。不饲喂发霉变质的饲料。

第二节　维生素代谢障碍病

一、维生素 A 缺乏症

维生素 A 是家禽正常生长发育、视觉及黏膜完整所必需的维生素。它能保持皮肤和黏膜的完整性、抵抗微生物和寄生虫病的侵袭、增强机体的特异性免疫机能、促进机体和骨骼的生长、提高繁殖力、增加视色素。植物中的维生素 A 主要以维生素 A 原（胡萝卜素）的形式存在，维生素 A 原能转变成维生素 A。家禽缺乏维生素 A，多因日粮中供应不足或者吸收障碍导致，幼龄禽易发生该病。

（一）病因

1. 饲料中维生素 A 和维生素 A 原不足 青绿饲料、黄色玉米、胡萝卜、南瓜等富含维生素 A 原，而经过曝晒的秸秆、马铃薯、甜菜等缺乏维生素 A 原，长期饲喂可导致维生素 A 缺乏。

2. 饲料中其他成分的影响 饲料中维生素 E、维生素 C 缺乏，可导致维生素 A 的破坏增加，脂肪含量低，使维生素 A 吸收下降。

3. 继发因素 肝脏疾病、胃肠疾病可使维生素 A 的贮存和吸收减少，引起该病的发生。

（二）临床症状

缺乏维生素 A 时，病禽精神萎靡，食欲减退，生长停滞、消瘦，羽毛松乱，趾爪蜷缩，步态不稳，严重者可呈现呼吸困难。

该病的特征性症状为病禽眼分泌一种浆液性分泌物，随后角膜角化，形成云雾状，有时呈现溃疡和畏光。成年鸡严重缺乏维生素 A 时，经 2～5 天，鼻孔和眼有黏液分泌物，上下眼睑往往粘着在一起，后变为干酪样渗出物，眼睑肿胀、黏合，最后角膜软化，眼球萎缩凹陷，甚至穿孔。

此外，病禽雏鸡喙和小腿皮肤的黄色（来杭鸡）消失。缺乏维生素 A 可引起肾脏机能障碍，导致尿酸盐不能正常排泄，在肾小管内可见蓄积大量尿酸盐，在心脏、心包、肝脏和脾脏表面也可见尿酸盐的沉积。

（三）诊断方法

根据饲养病因和临床症状作为初步诊断。具有长期缺乏青绿饲料和饲料中未添加维生素 A 的历史，可做出初步诊断。可以通过添加青绿饲料和饲料中添加维生素 A 来诊断性治疗。

（四）防治

1. 保证日粮中有足够的维生素 A 和胡萝卜素。给家禽多喂青绿饲料、胡萝卜和块根类及黄玉米，必要时应给予鱼肝油或维生素 A 添加剂。一旦发现病禽，应尽快在日粮中添加富含维生素 A 的饲料。维生素 A 是一种脂溶性维生素，容易受到热和氧化而破坏，因此，配合日粮不要存放过久，勿使其发霉、发热或氧化。

2. 当禽群中发生该病时，可在每千克日粮中补充 10 000 IU 的维生素 A，雏鸡对维生素 A 缺乏敏感性，每千克日粮中补充 200 IU 的维生素 A_1，产卵鸡和种鸡可增加一倍，或维生素 A 440 IU/kg，肌肉注射。

3. 对症治疗。眼部病变可用 3% 硼酸水冲洗，每日一次，效果良好。

二、维生素 D 缺乏症

维生素 D 缺乏症是由于维生素 D 的摄取量不足所致的钙、磷代谢障碍，使幼禽发生佝偻病、骨软化症和笼养蛋鸡疲劳症。

（一）病因

饲料中维生素 D_3 含量不足，缺乏阳光照射，皮肤的 7- 脱氢胆固醇不能在紫外线的照射下合成维生素 D_3。舍饲缺乏日晒，阴雨天过长时也容易发生。

消化吸收功能障碍和患肾脏、肝脏病等影响维生素 D_3 的吸收。

（二）临床症状

雏禽食欲减退，异嗜，生长停滞，严重时患佝偻病，喙和爪变软，跗关节肿大，两腿无力，腿软、变形或瘫痪，走路不稳，常蹲伏，如同企鹅，严重者不能站立，勉强站立时两脚叉开呈八字形；喙变软弯曲；肋骨、胸骨、骨盆等发生畸形，羽毛无光泽。下痢，排出灰色或灰白色水样粪便。成年母禽类产蛋率下降，产软壳蛋，种蛋孵化率下降。

（三）诊断

根据临床症状可以初步进行诊断，进一步诊断需要进行饲料检测和血液生化测定。

（四）防治

1. 调整饲料。家禽维生素 D_3 的需要量视日粮中磷的来源、磷的总量和钙与磷的比例及阳光照射时间长短而定。幼禽发生佝偻病时应用 15 000 IU 的维生素 D_3 治疗，成禽的饲料中添加浓鱼肝油 10 ～ 20 ml/kg 料或维生素 AD_3 粉。

2. 防治肠道寄生虫病、肝肾疾病，消除对维生素 D 吸收和转化的不利因素。阴雨和产蛋高峰期，适当增加钙、磷和维生素 D 的供应量。

3. 病重者，可以肌内注射维丁胶性钙 1 ml。

三、维生素 E 缺乏症

维生素 E 缺乏使机体抗氧化机能障碍，临床上是以渗出性素质、脑软化和白肌病等为特征的一种营养代谢病。

（一）病因

1. 饲料中维生素 E 缺乏　长期饲喂经过日晒、品质不良的干草、干稻草，饲料加工、储藏方法不当，维生素 E 受破坏，导致饲料中维生素 E 含量不足。长期饲喂这种饲料，容易引起家禽维生素 E 缺乏症。禽饲料中维生素 E 添加不足等因素，都可导致该病的发生。

2. 饲料中其他成分的影响　饲料中不饱和脂肪酸过多，会使维生素 E 的有效含量降低。缺硒时，可使维生素 E 受到破坏。

3. 继发因素　慢性消化道疾病、肝胆疾病、球虫病等使维生素 E 吸收利用率降低，也会引起该病。

（二）临床症状和病理变化

1. 成年鸡无明显症状，仅表现为母鸡产蛋率和孵化率降低；公鸡睾丸变小，性欲不强，精液中精子减少甚至无精子。

2. 雏鸡可表现为三种类型：脑软化症、渗出性素质和肌肉营养不良。

（1）脑软化症又称小鸡癫狂病，肉鸡饲喂高能量饲料，且缺少维生素E容易引起此病。雏鸡头后仰或头颈扭曲，站立不稳，运动失调，走路时常跌倒，受惊吓时症状较明显。

剖检时，小脑软化，表面有出血点，有的区域混浊坏死，有的轻微肿胀。

（2）渗出性素质是维生素E与硒缺乏时引起的雏鸡一种以嗉囊、腹部、大腿等皮下水肿为特征的疾病，发病日龄一般比脑软化症稍晚。有的患病鸡腹部皮下液体较多致使站立时两腿向外叉开。水肿部位颜色发青，呈胶胨状浸润，皮下剪开时流出稍黏稠的蓝绿色液体。

（3）肌肉营养不良。当饲料中维生素E和含硫氨基酸同时不足时，患病鸡表现为鸡体消瘦，行走无力，陆续死亡。剖检时可见骨骼肌，尤其是胸肌、腿肌的肌纤维因营养不良而苍白，并有灰白色条纹及出血点，肌胃、心肌苍白、柔软。

（三）诊断

1. 神经症状，运动障碍。

2. 脑软化、肌肉变性、渗出性素质。

（四）防治

1. 补充维生素E　脑软化症可按50 IU/只口服维生素E连用3～5天。渗出性素质和白肌病可在每千克饲料中添加维生素E 20IU或植物油5 g、亚硒酸钠0.2 mg、蛋氨酸3～5 g，连用2周，并酌情饲喂青绿饲料。

2. 补硒　0.1%亚硒酸钠0.5～0.1 ml/kg体重，皮下或肌肉注射，1次/天。

3. 加强饲养管理。

四、维生素B缺乏症

维生素B缺乏症是由饲料中维生素B不足引起的一种疾病。

（一）病因

1. 饲料中缺乏维生素B　维生素B的来源很广泛，在青绿饲料、酵母、麸皮、米糠及发芽的种子中含量最高，只有玉米中缺乏维生素B_3。如长期饲喂缺乏该维生素日粮的家禽，精磨谷物缺少糠麸类饲料，或饲料中添加不足会导致该病发生。

2. 继发因素　饲料在中性或碱性环境中加工，长期贮存而发霉变质，维生素B被破坏。鸭在放牧时采食小鱼虾等动物性饲料，这些动物体内含有硫胺酶可以分解维生素 B_1，造成维生素 B_1 缺乏。饲料中长期缺钴致 B_{12} 的合成和吸收有障碍，或患消化道疾病时影响维生素 B 的吸收而诱发该病。天气闷热、应激等因素，使维生素 B 大量消耗也可引发该病。

（二）临床症状和病理变化

1．维生素 B_1 缺乏症　维生素 B_1 又称为硫胺素，缺乏时其症状表现为厌食和多发性神经炎，生长不良，羽毛松乱，翅下垂，腿前伸，尾着地，头后仰，似观星姿势。

2．维生素 B_2 缺乏症　维生素 B_2 又称为核黄素，缺乏时其症状表现为精神不振，不愿走动，下痢，消瘦，贫血，鸡冠苍白，足趾内弯，飞节着地，行走困难。成年鸡产蛋率和孵化率下降，死胚羽毛卷曲呈球状。

3．维生素 B_{12} 缺乏症　维生素 B_{12} 缺乏时其症状表现为生长慢，贫血，消瘦，饲料利用率低，蛋重减轻，种蛋孵化率低，蛋鸡产蛋量下降。鸡胚多于孵化后期死亡，胚胎出现出血和水肿。

4．维生素 B_3 缺乏症　维生素 B_3 缺乏时期症状表现为胫跗关节肿大，双腿变曲，羽毛生长不良，爪和头部出现皮炎。雏鸡典型的维生素 B_3 缺乏症是"黑舌"病，病鸡口腔及食道发炎，生长迟缓，采食量降低。产蛋鸡体重减轻，产蛋量和孵化率下降，蛋重减轻。产蛋鸡肝脏颜色变黄、易碎。

（三）防治

1．饲料配合合理，避免饲料单一，饲喂富含 B 族维生素的酵母、麸皮、米糠等饲料，调整日粮中玉米的比例，保证维生素 B_1 的含量。

2．合理加工和保存饲料，防止饲料的发霉变质。贮存环境要避开热和碱性环境，不宜对饲料久贮，应在 7～10 天内用完。鸭采食大量鱼虾饲料时，应补充维生素 B_1。

3．治疗　用复合维生素 B 溶液灌服，每只每次 0.2～0.5 ml，每日 2 次。

第三节　矿物质缺乏症

一、钙磷缺乏症

（一）病因

1．饲料中钙、磷含量不足或比例失调；单用谷物饲料而饲喂骨粉、鱼粉含量少。

2．产蛋禽开产过早或高产鸡没有及时补充钙质。

3．笼养蛋鸡缺乏活动，无阳光照射，饲料中缺乏维生素 D。

（二）临床症状

患病鸡生长缓慢，产蛋量下降，跗关节肿胀，以飞节着地，行走困难。长骨变形，严重时两腿变形外展。造成佝偻病。肋骨呈念珠状，严重时喙、龙骨变软变弯。产蛋鸡表现为产软壳蛋、薄壳蛋、麻壳蛋、畸形蛋，产蛋量下降，甚至停产。

（三）防治

1. 在日粮中给予充足的骨粉、贝壳粉、石粉等含钙丰富的矿物质饲料。
2. 日粮中掌握适当的钙磷比例。雏鸡 2.2 : 1，青年鸡 2.5 : 1，产蛋禽为 6.5 : 1。
3. 给予充足的光照，注意补充维生素 D。

二、锰缺乏症

锰缺乏症是家禽的一种营养缺乏症，家禽对锰的需要量比较高，对缺锰敏感。病鸡表现为生长停滞，骨短粗症，脱腱症等。

（一）病因

1. 原发性病因　长期饲喂玉米、大麦等含锰量低的饲料；饲喂低锰土壤中生长的作物。
2. 继发性病因　饲料中钙、磷以及植酸含量过多导致禽体对锰的吸收障碍；家禽患球虫病等胃肠道疾病或药物使用不当，影响对锰的吸收；饲养密度过高也是该病的诱因。

此外，不同品种的家禽对锰的需要量也有较大的差异。重型品种比轻型品种的需要量多。

（二）临床症状和病理变化

该病多发生于雏鸡和育成鸡阶段，特别多见于体重大的品种。雏禽表现为生长停滞，腿骨短粗，跛行。脱腱症表现为跗关节肿胀与明显错位，胫跗关节增大，胫骨下端和跖骨上端向外弯转，腿外展，常一只腿强直，膝关节扁平，使腓肠肌腱从跗关节的骨槽中滑出。病禽瘫痪，多因无法行走采食而死亡。成年禽孵化率下降，鸡胚大多在快要出壳时死亡，胚胎畸形，腿短粗，翅膀缺，头呈圆球形或呈鹦鹉嘴。

（三）防治

1. 在饲料中添加富含锰的糠麸类饲料。调整钙磷比，降低日粮中植酸的含量。
2. 添加碳酸锰、氯化锰、硫酸锰、高锰酸钾等锰补充剂。
3. 患病家禽日粮中每 100 kg 饲料添加 12 ～ 24 g 硫酸锰，也可用 1 : 3 000 高锰酸钾溶液饮水，每日 2 ～ 3 次，连用 4 天。

三、硒缺乏症

硒缺乏症是由硒缺乏引起的一种代谢病。

（一）病因

1. 饲料中硒缺乏　在硒缺乏的土壤中生长的植物，其含硒量较低，将其作为饲料供给家禽，不能满足其正常的生理需要。禽饲料中添加不足或需要量过大，均可引起该病的发生。

2. 继发因素　饲料中维生素 E 缺乏，使硒的消耗量增大。生长过快或应激情况下，动物对硒的需求量增加，饲料中添加不足，易引发该病。

（二）临床症状及病理变化

病禽腿麻痹，生长发育停滞，营养不良，全身无力，贫血，冠苍白，站立不稳，共济失调，翅下垂，卧地不起。头、颈、胸成片脱羽，胸腹下皮肤呈蓝绿色。

剖检见肌肉变性、坏死、呈苍白色，胸、腹部皮下水肿，有蓝绿色胶胨样物。

（三）防治

1. 加强饲养管理，饲喂富含硒和维生素 E 的饲料。

2. 补硒和维生素 E 鸡可用 10 mg/L，连用 3～5 天。在饲料中添加适量维生素 E。

参 考 文 献

[1] 杨慧芳.养禽与禽病防治 [M].北京：中国农业出版社，2006.

[2] 刘振湘，王晓楠.养禽与禽病防治 [M].北京：中国农业大学出版社，2015.

[3] 郑万来，徐英.养禽生产技术 [M].北京：中国农业大学出版社，2014.

[4] 甘孟侯.中国禽病学 [M].北京：中国农业出版社，1999.

[5] 王小芬，石浪涛.养禽与禽病防治 [M].北京：中国农业大学出版社，2012.

[6] 宁中华.养禽技术 [M].北京：中央广播电视大学出版社，2014.

[7] 陈溥言.兽医传染病学 [M].5 版.北京：中国农业出版社，2006.

[8] 马学恩，王凤龙.家畜病理学 [M].5 版.北京：中国农业出版社，2016.

[9] 陈怀涛.兽医病理学原色图谱 [M].北京：中国农业出版社，2008.

[10] 陈溥言.兽医传染病学 [M].6 版.北京：中国农业出版社，2015.

[11] 蔡宝祥.家畜传染病学 [M].4 版.北京：中国农业出版社，2001.

[12] 费恩阁.动物传染病学 [M].长春：吉林科学技术出版社，1995.

[13] 殷震，刘景华.动物病毒学 [M].2 版.北京：科学出版社，1997.

[14] 中国农业科学院，哈尔滨兽医研究所.兽医微生物学 [M].北京：中国农业
出版社，1998.

[15] 刘振湘，姚卫东.畜禽传染病 [M].北京：中国农业大学出版社，2008.

[16] 吴清民.兽医传染病学 [M].北京：中国农业大学出版社，2002.

[17] 黄炎坤，赵云焕.养鸡实用新技术大全 [M].北京：中国农业大学出版社，
2012.

[18] 陈杖榴.兽医药理学 [M].3 版.北京：中国农业出版社，2009.